STRUKTUR DER MATERIE IN EINZELDARSTELLUNGEN

HERAUSGEGEBEN VON
M. BORN-GÖTTINGEN UND J. FRANCK-GÖTTINGEN

XI

ASTROPHYSIK

AUF ATOMTHEORETISCHER GRUNDLAGE

VON

Dr. SVEIN ROSSELAND

PROFESSOR AN DER UNIVERSITÄT OSLO

MIT 25 ABBILDUNGEN

SPRINGER-VERLAG BERLIN HEIDELBERG GMBH

1931

ISBN 978-3-662-24533-0   ISBN 978-3-662-26679-3 (eBook)
DOI 10.1007/978-3-662-26679-3

Vorwort.

Das vorliegende kleine Buch verfolgt ein doppeltes Ziel. Veranlassung zu seinem Entstehen war in erster Linie der Wunsch, den Physikern eine kurzgefaßte Einführung in die Probleme der Astrophysik zur Verfügung zu stellen. Es schien andererseits möglich, daß ein solches Buch auch in der astronomischen Literatur eine Lücke ausfüllen könnte. Deshalb richtet es sich auch an diejenigen Astronomen, welche sich mit astrophysikalischen Anwendungen der Physik beschäftigen.

Wegen des kleinen Umfanges des Buches ist es unmöglich gewesen, Vollständigkeit anzustreben, und manche wichtigen Probleme sind fast unerwähnt geblieben. Hier sind vor allem die mit dem Sonnenmagnetismus zusammenhängenden Probleme zu nennen. Die diesbezügliche Anwendung des Zeeman-Effektes enthält aber keine Züge, die dem Physiker fremd sind. Andererseits sind die vorliegenden Hypothesen über den Ursprung des Sonnenmagnetismus wohl noch zu unreif, als daß eine einheitliche Darstellung derselben aktuell sein dürfte. Das Manuskript wurde während der ersten Monate dieses Jahres abgeschlossen, und die Literatur nach 1929 konnte nur teilweise berücksichtigt werden.

Den Herren Herausgebern und Herrn Dr. HECKMANN, Göttingen, bin ich für sorgfältige sprachliche Abrundung des Textes zu großem Dank verpflichtet. Auch ist es mir eine angenehme Pflicht, Herrn B. BOK von der Harvard-Sternwarte für wertvolle Ratschläge zu danken, dem Verlag aber für wohlwollendes Entgegenkommen bei der Drucklegung, die infolge äußerer Umstände sehr verzögert wurde.

Oslo, den 25. November 1930.
Universitätssternwarte.

SVEIN ROSSELAND.

Inhaltsverzeichnis.

I. Astrophysikalische Beobachtungstatsachen.

Seite

1. Die Spektralklassen. 1
2. Effektive Temperatur 5
3. Die Helligkeit der Sterne 7
4. Masse, Dichte und Dimensionen 10

II. Physikalische Grundlagen zum Problem des Sterninnern.

5. Allgemeine Gesichtspunkte 13
6. Die Zustandsgleichung der Sternsubstanz 14
7. Statistische Grundlagen 17
8. Dissoziationsgleichgewicht einer Gasmischung 21
9. Temperaturionisation von Atomen 26
10. Die Wechselwirkungsenergie 30
11. Zweite Näherung 34
12. Fortbewegung der Energie im Inneren eines Sterns 37
    a) Molekulare Leitung S. 38. — b) Transport von Strahlung durch
ein absorbierendes Medium S. 39. — c) Der Strahlungsfluß S. 40.
13. Theorie des stellaren Absorptionskoeffizienten 44
    a) Freie Elektronen S. 46. — b) Wirkung der Zusammenstöße
S. 48. — c) Absorptionswirkung der Atome S. 51. — d) Die Stoßwirkung S. 53. — e) Kontinuierliche Absorptionsbanden S. 54.
14. Der obere Grenzwert des Absorptionskoeffizienten 57

III. Hydrodynamik der Sterne.

    a) Erhaltung des Impulses S. 60. — b) Erhaltung der Energie
S. 61. — c) Hydrostatik S. 63.
15. EDDINGTONs Theorie 65
    a) Spezielle Beispiele S. 69.
16. Der elektrische Druck 70
17. Die Bedeutung der Oberflächenschicht für die innere Struktur eines
Sternes 72
18. Die Korrelation zwischen Masse, Helligkeit und effektiver Temperatur eines Sternes 74
19. Innere Strömungen der Sterne 77
20. Stabilitätskriterien 78
21. Rotierende Sterne 82
    a) POINCARÉs Satz S. 84.

Seite
22. Viskosität der Sternsubstanz 85
    a) Turbulente Viskosität S. 87. — b) Astronomische Konsequenzen S. 88. — c) Rotationsgesetz der Sonne S. 90.
23. Die Sonnenflecke 92
24. Flecken auf anderen Sternen 96
25. Die Pulsationstheorie 97
26. Verteilung der Elemente in einem Stern 99
    a) Anomalie des Wasserstoffs S. 100.
27. Ausbildung elektrischer Felder durch Diffusion von Elektronen . 101

IV. Energetik und Entwicklungsgeschichte.

28. Über die Zeitdauer der Sternentwicklung 105
29. Die Relaxationszeit 107
30. Energiequellen der Sterne 111
31. Entwicklungsgeschichte des Sternsystems 115
32. Das Pauli-Verbot und die Theorie der weißen Zwerge 117
    a) Wärmetod? S. 119.

V. Physik der Sternatmosphäre.

33. Strahlungsgleichgewicht einer Sternatmosphäre 121
    a) Grenzfall der reinen Absorption S. 123. — b) Grenzfall der reinen Streuung S. 126. — c) Gleichzeitige Streuung und Absorption S. 128. — d) Allgemeinere Lösungen S. 130. — e) Historische Bemerkungen zur Theorie des Strahlungsgleichgewichts S. 132.
34. Das kontinuierliche Spektrum der Sterne 133
35. Über die Ausbildung von dunklen Linien in den Sternspektren . 136
    a) Die Linienformen S. 141. — b) Die Restintensität S. 144.
36. Anregung und Ionisation der Elemente in der Sonnenatmosphäre 145
37. Methode von Adams und Russell 146
38. Häufigkeit und Anregung der Elemente auf der Sonne 149
    a) Die Wasserstoffanomalie S. 154.
39. Häufigkeit und Ionisation von Kalzium in Sternatmosphären . . 156
40. Die Deutung der Spektralklassen 157
    a) Intensitäten von Bogenlinien S. 159. — b) Intensität der Funkenlinien S. 162. — c) Intensitätsabfall der Linien S. 164.
41. Elektronendichte der umkehrenden Schicht 165
42. Häufigkeit der Elemente in den Sternatmosphären 167
43. Spektrale Unterschiede zwischen Riesen- und Zwergsternen . . 168
    a) Verbreiterung der Linien durch Druck S. 171. — b) S. 172.
44. Der kontinuierliche Absorptionskoeffizient 176
45. Molekulare Banden in Sternspektren 178
46. Problem der Chromosphäre 181
    a) Das Flash-Spektrum S. 182. — b) Dichteverteilung der Chromosphäre S. 185. — c) Dynamik der Wasserstoffchromosphäre S. 188.

Seite

47. Die Kalziumchromosphäre 189
    a) Bemerkungen zu dieser Theorie S. 195.

48. Problem der hellen Linien in Sternspektren. 198
    a) Die Spektren der Wolf-Rayet-Sterne S. 198. — b) O- und
    B-Sterne mit hellen Linien S. 200. — c) Die Novae S. 203. —
    d) Helle Linien in Spektren der späteren Spektralklassen S. 204.

VI. Problem der Gasnebel.

49. Die allgemeinen Eigenschaften der Nebel 208
    a) Die galaktischen Nebel S. 208. — b) Die planetarischen Nebel
    S. 210. — c) Das Nebuliumproblem S. 213. — d) Über den physika-
    lischen Zustand der galaktischen Nebel S. 218.

50. Strahlungsgleichgewicht der Nebelsubstanz 224
    a) Die Bevorzugung verbotener Übergänge S. 227. — b) Ver-
    botene Linien in Sternspektren S. 228. — c) Das Ionisationsgleich-
    gewicht S. 230.

51. Anwendung der Ionisationstheorie auf die Nebel 232
    a) Der Trifid-Nebel S. 232. — b) Planetarische Nebel S. 236.

52. Der interstellare Raum 240

Anhang 243
Namen- und Sachverzeichnis 248

I. Astrophysikalische Beobachtungstatsachen.

Bei der Erforschung des physikalischen Zustandes der Sterne stehen die spektroskopischen Methoden im Vordergrund des Interesses. Man bestimmt die effektive Temperatur eines Sternes aus der Energieverteilung im Spektrum leichter als aus der Gesamtstrahlung. Aus Linienverschiebungen, Verbreiterungen, Verdopplungen usw. lassen sich wichtige Schlüsse auf den Bewegungszustand der Sterne ziehen. Die Intensitäten der Linien sind mit der Temperatur, der Schwerebeschleunigung, der Dichte und der relativen Häufigkeit der Elemente in den Sternatmosphären eng verknüpft. Die Rolle der hellen Linien, die in einigen Sternspektren vorkommen, ist freilich noch nicht geklärt; aber die wenigen bisher gewonnenen Erkenntnisse versprechen wichtige Resultate für die Zukunft. Neben der Spektroskopie spielen auch andere Zweige der Astronomie eine große Rolle. Rein astrometrische Daten über Parallaxen, Eigenbewegungen und Doppelsternbahnen neben rein photometrischen Daten sind nötig, um absolute Helligkeiten, Massen und Dimensionen der Sterne zu bestimmen.

1. Die Spektralklassen.

Nach internationaler Übereinkunft teilt man die eigentlichen Sternspektren (die Spektren der Nebelflecke also ausgenommen) in 10 Hauptklassen, von denen jede wieder in 10 Unterklassen geteilt wird. Jede Hauptklasse wird mit einem großen Buchstaben bezeichnet. Die Reihenfolge der Klassen nach gewissen empirischen Gesichtspunkten ist O—B—A—F—G—K—M, R—N, S. Die Unterklassen werden durch nebengestellte Zahlen von 0 bis 9 bezeichnet. So steht ein Spektrum A 5 etwa in der Mitte zwischen A 0 und F 0. Diese Klassifizierung der Sternspektren verdankt man besonders den Astronomen der Harvard-Sternwarte, vor allem Frl. Cannon, die den großen „Henry Draper Catalogue of Stellar Spectra" gemacht hat. Die etwas merkwürdige Reihenfolge der Buchstaben ist nur historisch verständlich als Rest einer ursprünglich rein phänomenologisch gebildeten alphabetischen Folge. Streng genommen verläuft die Reihe bilinear; jede Klasse zerfällt in Riesen- und Zwergsterne, die frühesten Klassen (O und B)

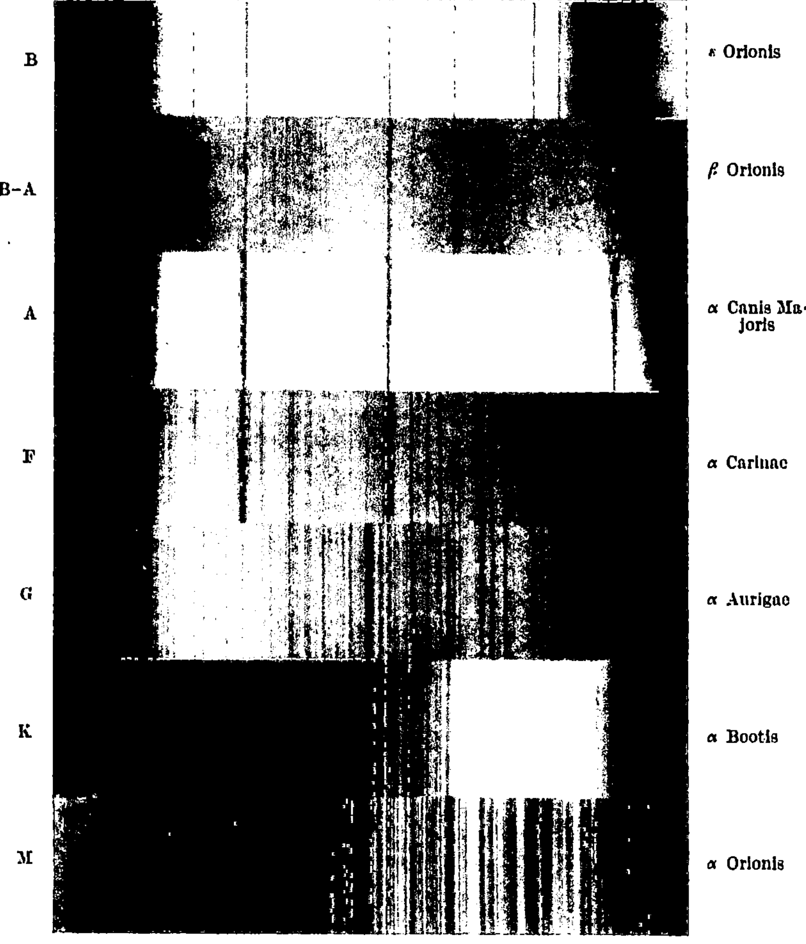

Abb. 1. Typische Sternspektren (Harvard College Observatory).

ausgenommen. Diese Zweiteilung wird durch vorgestellte Buchstaben g (giant) und d (dwarf) gekennzeichnet. So bedeutet gK3 ein K-Spektrum der 3. Unterklasse des Riesenastes, und

dK3 das entsprechende Spektrum des Zwergastes. Emissionslinien werden durch ein angehängtes e angedeutet, sonstige
Besonderheiten durch p (peculiar). Weiter ist zu bemerken, daß
die Klassen R, N und S zwar mit den K- und M-Sternen eng
verwandt, aber doch nicht stetig an diese Klassen anzureihen sind.

Klasse O. Die ersten Unterklassen von O umfassen Sterne,
deren Spektren aus breiten, hellen Banden auf einem schwach
leuchtenden Untergrund bestehen (Wolf-Rayet-Sterne). In den
letzten Unterklassen treten an die Stelle der hellen Banden
meist Absorptionslinien, die wesentlich ionisiertem Helium und
Stickstoff entstammen.

Klasse B. Die Linien des neutralen Heliums herrschen vor.
Daneben sind auch Wasserstofflinien vorhanden, sowohl in Absorption wie in Emission, und mehrere Funkenlinien von Silizium,
Kohlenstoff und Sauerstoff. Die hellen Wasserstofflinien sind
in etwa 5% der B-Spektren vorhanden.

Klasse A. Die Balmerlinien des Wasserstoffs erreichen ihre
Maximalintensität. Die Heliumlinien verschwinden in der Klasse A2.

Klasse F. Die Wasserstofflinien nehmen an Intensität ab,
sind aber noch ein wesentliches Charakteristikum der Klasse.
Viele neue Linien, die neutralen Metallatomen angehören, und
die ersten Spuren von Molekülbanden treten auf.

Klasse G. Die Metallinien sind vorherrschend, Wasserstofflinien nicht auffallend. Die Resonanzlinien H und K des einfach
ionisierten Kalziums sind sehr intensiv, Molekülbanden deutlich.

Klasse K. Die Ca^+-Linien erreichen ihre Maximalintensität.
Die in G aufgetauchten Bandensysteme sind kräftiger geworden.
Die Unterklasse K0 gibt das typische Spektrum der Sonnen-
flecke wieder.

Klasse M ist besonders durch Banden des Titan-Monoxyds
ausgezeichnet.

Klasse R. Die Spektren der ersten Unterklassen von R wären
ihren Hauptzügen nach etwa zwischen G5 und K0 einzuordnen.
Sie unterscheiden sich aber von den G- und K-Spektren durch
das Auftreten von neuen Bandensystemen, die Kohlenstoffverbindungen entstammen.

Klasse N. Volle Entwicklung der Bandensysteme der R-Klasse.

Klasse S ist durch das Auftreten von Bandensystemen des
Zirkonoxyds gekennzeichnet.

1*

Diejenigen Spektren der letzten 5 Spektralklassen — K, M, R, N, S —, die langperiodisch veränderlichen Sternen angehören, weisen helle Linien auf, vorwiegend Linien des Wasserstoffs,

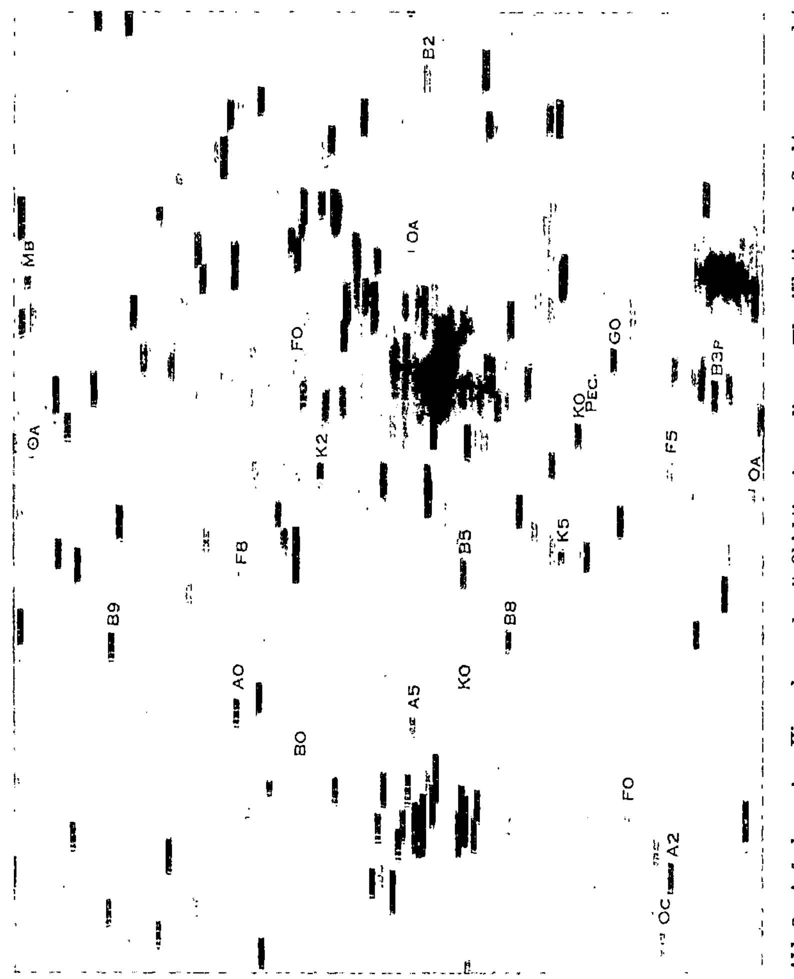

Abb. 2. Aufnahme einer Himmelsgegend mit Objektivprisma, die zur Klassifikation der Spektren verwendet wurde. (Harvard College Observatory.)

daneben aber auch des Eisens, des Magnesiums und des Kalziums.

Diese Übersicht zeigt, daß die Reihenfolge der Spektren der Harvard-Reihe im wesentlichen durch abnehmende Anregung der

Atome in den Sternatmosphären bestimmt ist. Denn die in den „späten" Spektraltypen (G bis S) vorherrschenden Linienfolgen sind fast sämtlich leicht anregbare Bogenlinien oder Linien und Banden neutraler Atome und Moleküle, während die Linien der „frühen" Spektralklassen (O bis F) schwer anregbare Funkenlinien sind.

2. Effektive Temperatur.

Dieser Anregungsreihe fast genau parallel verlaufen die effektiven Temperaturen der Sterne, was darauf hindeutet, daß die beobachtete Anregung thermischen Ursprungs ist. Die Messung der effektiven Temperatur erfolgt in der Praxis nach zwei verschiedenen Prinzipien. Man leitet die Temperatur entweder mittels des STEFAN-BOLTZMANNschen Gesetzes aus der Gesamtstrahlung pro Flächeneinheit des Sternes ab oder aus der spektralen Verteilung der Strahlungsenergie, die man so gut wie möglich einer PLANCKschen Kurve anpaßt. Die erste Methode setzt die Kenntnis des Sterndurchmessers voraus, ist also praktisch nur auf die Sonne und die wenigen Sterne anwendbar, deren Durchmesser interferometrisch bestimmt werden konnten. Die zweite Methode kann in zwei verschiedenen Formen angewandt werden; entweder mißt man wirklich die relativen Intensitäten in verschiedenen Spektralbereichen und vergleicht sie mit denen des schwarzen Körpers, oder man bestimmt die Lage des Maximums der Energieverteilung, dessen Wellenlänge nach dem WIENschen Verschiebungsgesetz umgekehrt proportional der Temperatur ist. Da dieses Maximum nur bei den mittleren Spektraltypen in den beobachtbaren Bereich fällt, wird man im allgemeinen bei der Bestimmung effektiver Temperaturen auf das PLANCKsche Gesetz zurückkommen müssen.

Nur wenige Forscher haben bisher versucht, die Energieverteilung in Sternspektren direkt zu messen (WILSING, ROSENBERG, SAMPSON, ABBOT, H. H. PLASKETT), um den Grad der Annäherung an die PLANCKsche Verteilung zu prüfen. Im allgemeinen hat man sich damit begnügt, Temperaturen unter Voraussetzung der Gültigkeit des PLANCKschen Gesetzes aus gewissen Integralwerten der Sternstrahlung (Farbenindex, effektive Wellenlänge) abzuleiten. Man muß natürlich in allen Fällen die Extinktion der Strahlung in der Erdatmosphäre berücksichtigen. Da die Atmosphäre jede Strahlung mit Wellenlängen kürzer als etwa

2900 Å abschirmt, werden die obenerwähnten Methoden zur Bestimmung der Temperatur immer unempfindlicher, je mehr sich
das Energiemaximum jenseits 2900 Å verschiebt ($T > 10\,000°$).

Damit man sich eine Vorstellung von dem Verlauf der effektiven Temperaturen und von der Abweichung zwischen den
Resultaten verschiedener Beobachter bilden kann, stellen wir
einige Resultate von WILSING[1], SEARES[2] und SAMPSON[3] zusammen
(Tab. 1). Die erste Kolonne dieser Tabelle gibt die Spektralklasse. Die zweite entspricht WILSINGs visuellen spektralphoto-
metrischen Beobachtungen in der Darstellung von BRILL[1]. Die
dritte Kolonne gibt Temperaturen aus Farbenindizes von SEARES.
Die vierte Kolonne entspricht SAMPSONs Messungen der Energieverteilung in den Spektren einiger individueller Sterne, deren
Namen und Spektralklassen beigefügt sind. Die fünfte Kolonne
gibt Mittelwerte, die BRILL[4] aus allen bisherigen Bestimmungen
abgeleitet hat.

Tabelle 1. Effektive Temperaturen der Sterne.

Sp.-Typ	WILSING	SEARES	SAMPSON	BRILL
B 0	12300	10500	16900 (γ Cas)	22000
A 0	10250	9230	11200 (α Lyr)	13500
F 0	7950	7000	10000 (α Aql)	8550
G 0	5980	5300	8800 (β Cas)	5980
K 0	4570	3860	5100 (ε Cyg)	4370
M 0	3500	3080	3500 (β And)	3240

Man sieht, daß die von verschiedenen Beobachtern gegebenen
Temperaturen schlecht übereinstimmen. Sie zeigen lediglich denselben allgemeinen Gang: eine Abnahme in der Richtung B, A...M,
d. h. die Harvard-Einteilung ist eine ausgesprochene Temperatur-
klassifikation. Die Temperaturen der O-Sterne sind noch höher
als die der B-Sterne, aber die genannten Methoden sind ungeeignet,
um Auskünfte über die Temperatur dieser Sterne zu geben.

Um zu einer endgültigen Temperaturskala der Harvard-Klassen
zu gelangen, ist ein eingehender Vergleich zwischen den verschiedenen Meßmethoden notwendig, wie ihn BRILL[4] durchgeführt

---

[1] Siehe A. BRILL, Astron. Nachr. Bd. 219, S. 353, 421. 1923.
[2] Astrophys. Journ. Bd. 55, S. 198. 1922.
[3] Month. Not. Bd. 83, S. 174. 1923.
[4] ZS. f. Phys. Bd. 52, S. 767. 1929.

hat. Damit die angegebenen Temperaturwerte auch denselben physikalischen Verhältnissen entsprechen, muß außerdem die Zweiteilung der Sterne in Riesen und Zwerge beachtet werden, da die Zwerge einer gegebenen Spektralklasse höhere Temperatur haben als die Riesen der gleichen Klasse. Diesen Unterschied zeigt die folgende Tabelle:

Tabelle 2. (Nach RUSSELL, DUGAN und STEWART: Astronomy.)

Sp.-Typ	Temperatur	
	Riesen	Zwerge
G0	5500	6000
G5	4700	5600
K0	4100	5100
K5	3300	4400
M0	3050	3400
N	2200	—

3. Die Helligkeit der Sterne.

Die Kenntnis der Energiestrahlung der Sterne ist von grundlegender Bedeutung sowohl für das Verständnis der inneren Struktur der Sterne wie für die Energetik der Sternentwicklung im allgemeinen. Wenn man den Weltraum als vollkommen durchsichtig annimmt, kann man die absolute Helligkeit eines Sternes aus seiner scheinbaren Helligkeit und der Parallaxe nach dem Gesetz der inversen Quadrate berechnen. Für die nächsten Sterne ist die Annahme der vollkommenen Durchsichtigkeit des Weltraums sicher zutreffend, dagegen nicht für Sterne in den fernsten Milchstraßenwolken, deren Licht durch deutlich nachgewiesene dunkle Nebel teilweise geschwächt wird. Man hat gute Gründe zu der Annahme, daß aber außerhalb dieser Nebelregionen die allgemeine Durchsichtigkeit des Raumes praktisch vollkommen ist.

Wegen der beschränkten Reichweite der Methoden zur Parallaxenbestimmung ist die Kenntnis der absoluten Helligkeiten individueller Sterne sehr lückenhaft. Erst zu Anfang dieses Jahrhunderts hatte man wenigstens so viel Material beisammen, daß man etwas über den Zusammenhang zwischen absoluter Helligkeit und anderen Eigenschaften der Sterne aussagen konnte. Die erste Arbeit in dieser Richtung verdankt man HERTZSPRUNG[1], der darauf hinwies, daß die roten Sterne deutlich in 2 Gruppen von verschiedener absoluter Helligkeit zerfallen. Die Sterne der einen Gruppe, die Riesensterne, sind durchschnittlich 1000 mal heller als die Sonne. Die Sterne der anderen Gruppe, die Zwerge, haben kleine absolute Helligkeiten, die in extremen Fällen nur ein Zehntausendstel der Sonnenhellig-

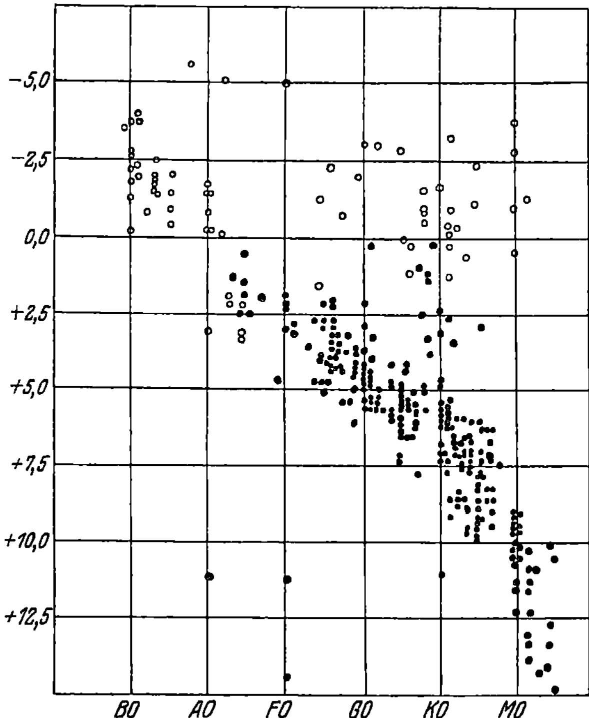

Abb. 3. Zusammenhang zwischen Spektraltypen und absoluten Helligkeiten der Sterne näher als 65 Lichtjahre (schwarze Punkte). Die offenen Kreise bezeichnen Sterne, die heller als die dritte Sterngröße und weiter als 65 Lichtjahre entfernt sind (nach RUSSELL, DUGAN, STEWART: Astronomy).

keit betragen. Diese Zweiteilung ist besonders ausgesprochen für die Sterne, die am Ende der Spektralreihe stehen; sie ist weit weniger ausgeprägt für die Sterne der Klassen G und F, und verschwindet allmählich für A- und B-Sterne.

Es ist kein Zweifel, daß die Zwerge den Riesen an Zahl außerordentlich überlegen sind. Wir kennen mehrere hundert Sterne,

---

[1] ZS. f. wiss. Photogr. Bd. 4, S. 43. 1906.

die näher als 65 Lichtjahre sind. Unter diesen sind aber nur
4 oder 5 typische Riesen. Wenn man Sterne betrachtet, deren
individuelle Parallaxen unbekannt sind, kann man mittels statistischer Methoden, unter Heranziehung plausibler Annahmen,

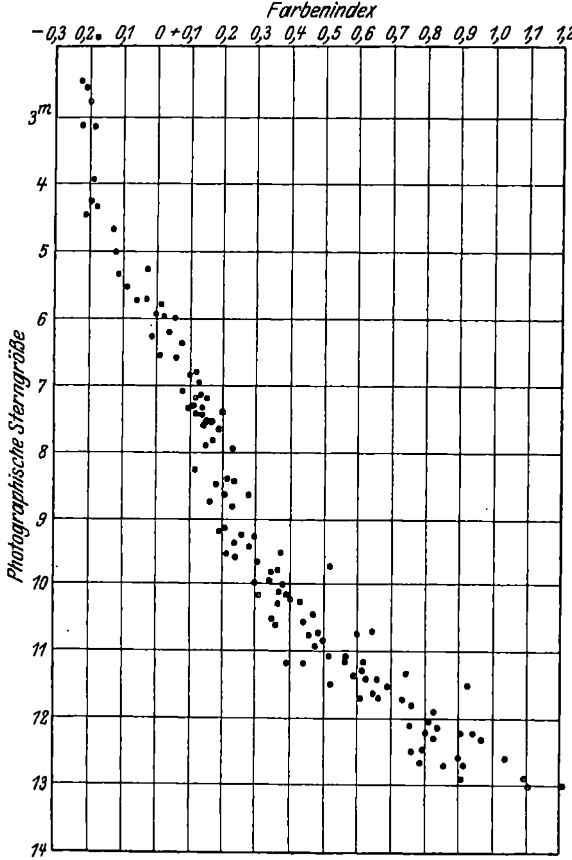

Abb. 4. Farbenhelligkeitsdiagramm der Plejaden (nach HERTZSPRUNG). Wachsender
Farbenindex entspricht abnehmender Temperatur. Man sieht, daß die Plejadensterne
ausnahmslos der Hauptreihe angehören.

die relative Häufigkeit von Sternen verschiedener Leuchtkraft
an einer Stelle im Raum bestimmen. Dabei zeigt sich, daß die
eigentlichen Riesen für diese Verteilungsfunktion keine Rolle
spielen; je schwächer die Sterne sind, desto größer ist ihre relative
Häufigkeit. Nur weil die Riesen so hell sind, finden wir sie unter

der Unzahl der Zwergsterne, denn man sieht sie bis in viel größere Entfernungen. Es ist daher irreführend, Riesen und Zwerge als vergleichbare Gruppen zu betrachten, und wir nennen nach dem Vorbilde Hertzsprungs[1] die Zwerggruppe die Hauptreihe und betrachten die Riesensterne als eine Nebengruppe, die entweder das Resultat eines von wenigen Sternen durchlaufenen (d. h. sehr seltenen) oder eines von allen Sternen sehr rasch durchlaufenen Prozesses der Sternentwicklung ist.

Eine weitere Nebengruppe bilden die sog. weißen Zwerge. Eine charakteristische Eigenschaft dieser Sterne (von denen wir allerdings erst 3 kennen) ist wahrscheinlich die Verbindung von außergewöhnlich kleinen Helligkeiten, großen Dichten und kleinen Durchmessern. Bis jetzt ist aber unser positives Wissen von diesen Sternen sehr beschränkt (siehe Tab. 4).

4. Masse, Dichte und Dimensionen.

Unsere Kenntnis der Massen und Dichten der Sterne ist sehr begrenzt, weil diese Größen nur in ganz vereinzelten Fällen bestimmt werden können. Jede direkte Massenbestimmung beruht auf der Anwendung der für das Zweikörperproblem geltenden Gesetze; es ist deshalb bisher nicht die Masse eines isolierten Sternes hypothesenfrei zu erhalten.

Tabelle 3. Massen von visuellen Doppelsternen.

Stern	Abs. Hell.	Sp.	Masse	Stern	Abs. Hell.	Sp.	Masse
α Aur.	−0,2	G0	4,2	α CMa	1,3	A0	2,44
	0,1	F5	3,3		11,3	F0	0,96
ε Hydr	0,2	} F8	0,2	ξ UMa	5,2	F9	0,7
	1,7		1,7		5,7	G2	0,7
85 Peg	5,7	} G0	0,35	α Cen	4,7	G0	1,10
	11,2		0,65		6,1	K5	0,94
ζ Her	3,2	} G0	1,1	70 Oph	5,7	K0	0,9
	6,7		0,5		7,4	K6	0,8
α CMi	3,0	} F5	1,1	ξ Boo	5,9	G6	0,53
	15,5		0,4		7,8	K4	0,47
β 416	7,2	} K2	0,4	o_2 EriBC	11,4	A0	0,44
	9,2		0,3		12,9	M6	0,20
μ HerBC	10,2	} M2	0,5	η Cas	5,0	F8	0,8
	11,2		0,4		8,7	K0	0,6
Krüger 60	11,8	} M3	0,27	σ CrB	4,2	} G0	1,7
	13,4		0,18		5,1		0,8

---

[1] Publ. Astrophys. Obs. Potsdam Bd. 22, S. 34. 1911.

Tab. 3 gibt die zuverlässigsten Massenwerte, die aus Doppel-
sternbeobachtungen berechnet worden sind. Die Tatsache, daß
diese Massen innerhalb der Grenzen 0,18 bis 4,2 Sonnenmassen
liegen, deutet auf eine sehr große Gleichförmigkeit der Massen
hin. Man muß indessen bedenken, daß die Tabelle vielleicht
durch Auswahl entstellt ist: die Massen der visuellen Doppelsterne
brauchen nicht typisch zu sein für die Massen der Mehrzahl der
Sterne. Ob dies der Fall ist oder nicht, ist schwer zu sagen. Die
Statistik der spektroskopischen Doppelsterne scheint nicht für
eine Sonderstellung der visuellen Doppelsterne zu sprechen. Man
darf aber nicht allzu großes Gewicht legen auf diese Gleichförmigkeit der Massen. So hat J. S. PLASKETT[1] einen Doppelstern gefunden (B.D. 6° 1309), dessen Gesamtmasse von der Größenordnung 150 Sonnenmassen ist, und vor kurzem hat O. STRUVE[2]
einen 4fachen Stern (27 Canis Majoris) mit einer Gesamtmasse
von 950 Sonnenmassen entdeckt.

Es scheint nicht ausgeschlossen, daß man in Zukunft die Berechnung der Massen aus den mühsam erhaltenen Daten der
Doppelsterne vermeiden kann. Wenn man nämlich die bekannten
Massen gegen die absoluten Helligkeiten in einem Diagramm
aufträgt, kommt eine sehr enge Korrelation zum Vorschein, die
auf einen funktionalen Zusammenhang zwischen Masse und
Leuchtkraft hindeutet. Wenn diese Relation sich als allgemein-
gültig erweisen sollte, wäre die Massenbestimmung auf Messung
von Parallaxen und scheinbaren Helligkeiten zurückgeführt. Wir
kommen auf diese Frage später zurück.

Die Durchmesser der Sterne können mit mäßiger Sicherheit
aus der absoluten Helligkeit und der effektiven Temperatur bestimmt werden. Die absolute Helligkeit gibt nämlich die Gesamtemission des Sternes, während die Emission pro Flächeneinheit
durch die effektive Temperatur bestimmt ist. Daraus bekommt
man durch eine einfache Rechnung die Oberfläche des Sternes.
Für den Spezialfall der Verfinsterungsveränderlichen kann man die
Durchmesser aus dem Verlauf der Lichtkurve berechnen. Theoretisch kann man auch die Durchmesser aus den Massen und
der EINSTEINschen Rotverschiebung der Spektrallinien erhalten.
Diese Methode konnte bisher nur auf den Siriusbegleiter ange-

---

[1] Publ. Domin. Astrophys. Obs. Victoria Bd. 2, Nr. 4. 1922.
[2] Astrophys. Journ. Bd. 65, S. 273. 1927.

wandt werden. Die wenigen bisher über die Durchmesser vorliegenden Daten lassen auf eine verhältnismäßig geringe Streuung innerhalb der Hauptreihe schließen. Dagegen scheint für die Durchmesser der Riesen — von denen einige Dimensionen von der Größenordnung des Radius der Marsbahn besitzen — fast keine obere Grenze vorhanden zu sein. Andererseits sind die Dimensionen der weißen Zwerge etwa von der Größenordnung der Erde. Hieraus folgt, wenn man sich der Gleichförmigkeit der Massen erinnert, daß die mittleren Dichten der Sterne der

Tabelle 4. Physikalische Daten einiger Sterne.

	Stern	Sp.-Typ	Temperatur (abs.)	Radius (in Einh. des Sonnenradius)	Masse (in Einh. der Sonnenmasse)	Mittlere Dichte $(g \cdot cm^{-3})$
Hauptreihe	β Centauri	B 1	21 000	11	(25)	0,018
	ν Scorpii	B 3	17 000	3,2	(5,2)	0,16
	β Aurigae A . . .	A 0	11 200	2,4	2,2	0,13
	α Lyrae	A 0	11 200	2,4	(3,0)	0,11
	α Can. maj. A . .	A 0	11 200	1,8	2,4	0,42
	α Aquilae	A 5	8 600	1,4	(1,7)	0,6
	α Can. min. . . .	d F 5	6 500	1,9	1,1	0,16
	α Centauri A . . .	d G 0	6 000	1,0	1,1	1,1
	70 Ophiuchi A . .	d K 0	5 100	1,0	0,9	0,9
	61 Cygni A . . .	d K 7	3 800	0,7	(0,45)	1,3
	Krüger 60 A . . .	d M 3	3 300	0,34	0,26	9
	Barnards Stern . .	d M 4	3100?	0,16	(0,18)	45
Riesen	α Aurigae A . . .	g G 0	5 500	12	4,2	0,0024
	α Bootis	g K 0	4 100	30	(8)	0,0003
	α Tauri	g K 5	3 300	60	(4)	$2 \cdot 10^{-5}$
	β Pegasi	g M 5	2 900	170	(9)	$2 \cdot 10^{-6}$
	α Orionis	c M 0	3 100	290	(15)	$6 \cdot 10^{-7}$
	α Scorpii A	c M 0	3 100	480	(30)	$3 \cdot 10^{-7}$
Weiße Zwerge	α Can. maj. B . .	F	7 500	0,034	0,76	27 000
	40 Eridani B . .	A 0	11 000	0,019	0,44	64 000
	van Maanens Stern	F	7 500	0,007	(0,14)	400 000

Die eingeklammerten Massenwerte sind aus dem Masse-Leuchtkraftgesetz gewonnen. Mit vorgesetztem „c" bezeichnet man allgemein Sterne mit ungewöhnlich scharfen Linien. Während die Unterscheidung zwischen „g"- und „d"-Sternen vor F0 sinnlos wird, kann der „c"-Charakter bei allen Spektralklassen von B bis M auftreten. In den Spektren der c-Sterne sind die Funkenlinien der Metalle (Fe, Ti) ungewöhnlich intensiv und scharf. Die Leuchtkraft der c-Sterne ist abnorm hoch. Man nennt sie deshalb auch Übergiganten.

Hauptreihe nicht sehr von der mittleren Dichte der Sonne verschieden sind, während die Dichten der Riesen bis auf 10^{-7} (gcm^{-3}) abnehmen, die der weißen Zwerge aber auf 10^4 (gcm^{-3}) ansteigen. Tabelle 4 gibt die wichtigsten physikalischen Daten typischer Vertreter der drei Sterngruppen (nach Russell-Dugan-Stewart).

II. Physikalische Grundlagen zum Problem des Sterninnern.

5. Allgemeine Gesichtspunkte.

Der Ausgangspunkt für die Theorie des Sterninnern ist das Vorkommen von Sternen mit extrem kleiner Dichte, das unzweifelhaft dahin zu deuten ist, daß diese Sterne sich weder in festem noch in flüssigem Zustand befinden. Wenn die Sternsubstanz aber den gewöhnlichen Gesetzen der idealen Gase gehorcht, muß die Innentemperatur dieser Sterne wenigstens mehrere Millionen Grade betragen, damit der Gasdruck groß genug sei, um der Gravitationskraft der Sternmasse das Gleichgewicht zu halten. Dieses Resultat ist von grundsätzlicher Bedeutung für eine der wichtigsten Fragen der Astrophysik, die nach dem Ursprung der Strahlungsenergie der Sterne. Es liegt nämlich in der Natur der Sache, daß man ein Temperaturgefälle von innen nach außen in einem Stern nicht aufrechterhalten kann, ohne daß den zentralen Teilen des Sternes irgendwie Wärme zugeführt wird; denn durch Erwärmung der Oberfläche kann man niemals die Innentemperatur über diejenige der Oberfläche erhöhen. Die kaum zu bezweifelnde Schlußfolgerung, daß es Sterne gibt, deren Innentemperatur tausendmal über die Oberflächentemperatur anwächst, zeigt, daß jedenfalls bei diesen Sternen die Energiezufuhr im Innern stattfindet. Dadurch erscheinen alle mit äußeren Einflüssen arbeitenden Hypothesen, wie etwa die Meteoreinsturzhypothese von Mayer, unmittelbar als unhaltbar. Da auch die Helmholtzsche Hypothese, daß die Strahlung auf Kosten der durch Kontraktion freigewordenen Schwereenergie gedeckt wird, als unzureichend erkannt wurde, ist man, wenigstens was die Riesensterne betrifft, auf die Annahme unbekannter Energiequellen subatomarer Natur angewiesen. Dabei drängt sich natürlich die Vermutung auf, daß Ähnliches auch für alle übrigen Sterne gelten muß.

Der Weg zum Verständnis des Sterninnern geht also über die Theorie der Eigenschaften hochtemperierter Materie und ist daher eine reine Frage der Molekularstatistik, die nur mathematische Schwierigkeiten enthält. Ein wesentlicher Unterschied gegenüber irdischen Verhältnissen liegt in dem Umstand, daß die hohe Temperatur des Sterninnern zu einer weitgehenden Berücksichtigung der Strahlungserscheinungen bei der Behandlung des Energie- und Impulstransportes zwingt.

6. Die Zustandsgleichung der Sternsubstanz.

Eine Hauptaufgabe in der Physik des Sterninnern ist die Ermittelung der für die Sternsubstanz gültigen Zustandsgleichung, denn die relativen Dimensionen der aus inkompressibler Substanz gebauten Sterne werden vollständig durch die relativen Massenwerte bestimmt, während man für gasförmige Sterne noch weitere Bestimmungsstücke benötigt, um die Dimensionen zu berechnen.

Früher hat man vielfach geglaubt, daß die meisten Sterne in flüssigem Zustand seien. Dies wurde im besonderen in der LANE-RUSSELLschen Theorie der Sternentwicklung angenommen, welche den Übergang eines Sternes aus dem Riesenast in den Zwergast durch einen Übergang der Sternsubstanz aus einer kompressiblen, gasförmigen Phase in eine inkompressible, flüssige Phase begründete. Dieser Gedankengang war um so natürlicher, als die mittleren Dichten der Zwerge etwa von der Größenordnung der Dichten terrestrischer Flüssigkeiten sind, während die Riesen ja eine um Größenordnungen kleinere Dichte besitzen.

Allmählich erkannte man aber, daß eine naive Übertragung der in irdischen Laboratorien erhaltenen Resultate über die Kompressibilität der Körper auf stellare Verhältnisse nicht ohne weiteres gestattet ist. Die in den Sternen herrschenden extremen Temperatur- und Druckverhältnisse schließen einen direkten Vergleich mit terrestrischen Experimenten ganz aus, und zwingen uns dazu, bei jedem Schritt direkt auf die Atomtheorie und die Molekularstatistik zurückzugreifen. Die Zweifel an der Möglichkeit einer unmittelbaren Anwendung der terrestrischen Gasgesetze in der Astrophysik wurden zuerst ernstlich besprochen gelegentlich der ersten Arbeit EDDINGTONS über das Strahlungsgleichgewicht der Sterne[1]. Es wurde von verschiedenen Seiten (LINDE-

---

[1] Siehe The Observatory Bd. 40, S. 41. 1917.

MANN, NEWALL, JEANS) hervorgehoben, daß der Druck in einem
Stern durch Ionisationserscheinungen wesentlich beeinflußt werden
müsse, da nach der kinetischen Gastheorie alle freien Teilchen
den gleichen Druck ausüben. Also müssen auch freie Elektronen
zum Gasdruck beitragen, und es ist klar, daß bei genügend großer
Ionisation der eigentliche Gasdruck neben dem Elektronendruck
praktisch zu vernachlässigen ist. Aus dieser Tatsache folgt, daß
die Kenntnis des Atomgewichtes der Sternmaterie für die Theorie
des hydrostatischen Gleichgewichts des Sternes ziemlich unwesentlich ist, im Gegensatz zu dem, was man für den Fall elektrisch neutraler Gase erwarten würde. Wir wissen nämlich, daß
die Atomgewichte ungefähr zweimal so groß sind wie die Zahl
der Elektronen im neutralen Zustande des Atoms. Wenn man
die Temperatur des Gases so weit steigert, daß alle Elektronen
der Atome völlig abgespalten sind, wird das mittlere Atomgewicht,
d. h. die mittlere Masse pro freie Partikel, fast unabhängig von
der speziellen Wahl des Elements und liegt in der Nähe von 2.
Die einzige größere Ausnahme ist Wasserstoff mit 0,5 als Grenzwert des mittleren Atomgewichts im ionisierten Zustand. Wenn
es erlaubt ist, jedem freien Teilchen denselben Druck zuzuschreiben,
wird bei derselben Temperatur und Dichte der Druck für alle
Elemente derselbe sein, Wasserstoff speziell ausgenommen. Die
verschiedenen Gase sind deshalb in diesem Zustand dynamisch
nicht zu unterscheiden. Praktisch werden die Verhältnisse nicht
ganz so günstig sein, weil das Atomgewicht doch etwas rascher
ansteigt als mit dem Zweifachen der Atomnummer und weil
die Ionisation für den Fall der schwereren Elemente nicht vollständig sein wird. Man kann sich aber eine Vorstellung von der
Bedeutung der Ionisation bilden aus der Tatsache, daß ein Ballon,
mit ionisiertem Helium gefüllt und in ionisiertem Quecksilber
freigelassen, einen fast dreimal so kleinen Auftrieb erfahren
würde wie ein gewöhnlicher Heliumballon in unserer Atmosphäre.

Auf dem Wege der Berücksichtigung der Ionisation hat man
zunächst nur diesen ersten Schritt getan. EDDINGTON hat die
Theorie der Zwergsterne auf dem Boden der RUSSELLschen
Theorie zu entwickeln versucht, indem er geeignete, durch die
Raumerfüllung der Atome hervorgerufene Abweichungen der
Sternsubstanz von den idealen Gasgesetzen einführte. Erst

7 Jahre später hat er erkannt[1], daß auch für diese Frage eine naive Übertragung der terrestrischen Erfahrungen unzulässig ist, da die Atome durch den Verlust der äußeren Elektronen so stark verkleinert werden, daß man zweifeln muß, ob es überhaupt einen Sinn hat, die Raumerfüllung, sogar bei den dichtesten Zwergsternen (die weißen Zwerge natürlich ausgenommen), zu berücksichtigen.

Den obigen Überlegungen liegt die Auffassung zugrunde, daß der Ionisationsprozeß als ein fast diskontinuierlicher zu betrachten ist; d. h. ein Elektron ist entweder fest an ein Atom gebunden und übt keinen selbständigen Druck aus, oder es ist ganz frei und gibt den vollen Beitrag kT zum Druck. Diese Auffassung ist aber sicher nicht streng richtig, da man nicht so scharf zwischen gebundenen und freien Elektronen unterscheiden kann. In Wirklichkeit ist es richtiger, den Ionisationsprozeß als eine Auflockerung der Elektronenhülle aufzufassen, wodurch die Druckwirkung eines Elektrons allmählich von Null im gebundenen Zustand auf kT im freien Zustand ansteigt. Es ist praktisch vorteilhaft, alle Elektronen, die nicht in den tiefsten Quantenzuständen gebunden sind, als frei zu bezeichnen und ihnen die volle Druckwirkung zuzuschreiben. Die Wechselwirkung zwischen freien Elektronen und Kernen bringt andererseits eine gesonderte Druckwirkung mit sich, die wir den elektrischen Druck nennen wollen. Es ist vielleicht nützlich, qualitativ zu beschreiben, wie die elektrischen Kräfte zwischen den Teilchen zu einem Druckeffekt Anlaß geben. Betrachten wir ein individuelles Teilchen auf seiner Wanderung durch das ionisierte Gas. Das Teilchen wird dann auf benachbarte Teilchen Kräfte ausüben; entgegengesetzt geladene Teilchen werden angezogen und gleichgeladene abgestoßen. Dies hat eine Polarisation des umgebenden Mediums zur Folge, wodurch sich das Teilchen mit einer entgegengesetzt geladenen elektrischen Wolke umgibt, in der die Elektrizitätsdichte Funktion der Temperatur und der Massendichte ist. Wenn diese Größen räumlich konstant sind, wird die elektrische Polarisation in der Umgebung des Teilchens symmetrisch sein und keine resultierende Kraft auf das hervorgehobene Teilchen ausüben. Sobald aber Temperatur und Dichte räumlich veränderlich sind, wird die Polarisation unsymmetrisch, und wird eine Rück-

---

[1] Month. Not. Bd. 84, S. 311. 1924.

wirkung auf das polarisierende Teilchen ausüben, und zwar in
der Richtung der stärksten Polarisation, d. h. in Richtung fallender Temperatur oder wachsender Dichte. Da Temperatur und
Dichte in einem Stern in der gleichen Richtung wachsen, kann
der elektrische Druck den Gasdruck sowohl verkleinern als vergrößern. Es zeigt sich aber, daß die Wirkung der Dichte so
viel größer ist als die der Temperatur, daß der elektrische Druck
in den Sternen immer zu einer Druckverminderung Anlaß gibt.

Wie vorsichtig man in allen astrophysikalischen Anwendungen
der Physik sein muß, wird besonders klar durch die quantentheoretische Umdeutung der Raumerfüllung der Atome, die auf
dem sog. Pauli-Verbot fußt. Es ist sicher, daß die Gruppenteilung der Elektronen im Atom wesentlich durch das Pauli-
Verbot bestimmt ist und nicht allein durch die zwischen den
Elektronen und den Kernen wirkenden elektrischen Kräfte. In
der gleichen Weise ist das Auseinanderstieben zweier in Zusammenstoß geratenen Atome auch als eine Folge des Pauli-Verbots aufzufassen. Es kommt hier der unmechanische Charakter der Quantentheorie klar zum Ausdruck. Die folgerichtige Analyse zeigt
nun, daß diese unmechanische Raumerfüllung für punktförmige
freie Teilchen, und also auch für freie Elektronen, nicht auf Null
herabgeht. Hierdurch muß ein bisher unerkannter Druckeffekt
entstehen, der für große Dichten die Hauptrolle übernehmen
dürfte. Wieviel Vertrauen man zu solchen, vielleicht etwas gewagten Folgerungen der Atomphysik hegen soll, bleibt natürlich
dahingestellt. Immerhin sieht man, wie nötig es ist, in der Astrophysik mit abschließenden Urteilen zurückzuhalten und alle
Möglichkeiten gründlich abzuwägen.

Wegen der Bedeutung der Frage für das Problem des Sterninnern im besonderen und für die Astrophysik im allgemeinen
wollen wir im folgenden die Ionisationstheorie der Sternsubstanz
in ihrer vollen Breite entwickeln, obgleich wir dabei vielleicht
Gefahr laufen, den Leser durch Allgemeinheiten und Abschweifungen zu ermüden.

7. Statistische Grundlagen.

Wir nehmen allgemein an, daß das Ionisationsgleichgewicht
im Innern eines Sternes lediglich durch die Temperatur und die
Zahl von Atomen und Elektronen pro Volumeneinheit bestimmt

und von der Änderung dieser Größen im Raume unabhängig ist. Daß dies zulässig ist, erfordert natürlich eine besondere Untersuchung[1].

Die kinetische Theorie des Dissoziationsgleichgewichts wurde zuerst von BOLTZMANN[2] entwickelt. Die BOLTZMANNsche Theorie ist später von verschiedenen Autoren, wie TETRODE, SACKUR, STERN und im besonderen EHRENFEST und TRKAL[3], durch quantentheoretische Betrachtungen ergänzt worden. Eine systematisch-kritische Übersicht dieser Theorie wurde von FOWLER[4] gegeben, auf Grund der speziellen Methode Mittelwerte in mikrokanonischen Systemen zu bilden, die DARWIN und FOWLER[5] in die statistische Mechanik eingeführt haben.

Die obengenannten Autoren haben die statistischen Eigenschaften von Systemen betrachtet, deren Gesamtenergie konstant ist, während die übrigen Eigenschaften in jeder möglichen Weise geändert werden. Im folgenden werden wir uns aber der von GIBBS[6] eingeführten formalen Methode bedienen, in der die Gesamtenergie von System zu System veränderlich ist. Diese Verallgemeinerung ist natürlich für eine allgemeine kinetische Begründung der Thermodynamik, und es scheint, als ob auch viele spezielle Probleme der Molekularstatistik nach dieser Methode am einfachsten zu behandeln wären. Die GIBBSsche Theorie war natürlich ursprünglich entwickelt, ohne irgendwelche Berücksichtigung der Quantentheorie. Es zeigte sich aber, daß die Statistik von quantenhaften Systemen sich einfach nach der GIBBSschen Methode durchführen läßt. Sogar das Pauli-Verbot bereitet keine Schwierigkeiten, da es nach einer von GIBBS gegebenen Erweiterung der Theorie zu behandeln ist[7]. Vorläufig beziehen wir uns aber auf die GIBBSsche Theorie in ihrer gewöhnlichen Form, wobei also das Pauli-Verbot nicht berücksichtigt ist.

Wir betrachten in größter Allgemeinheit irgend ein mechanisches System von s Freiheitsgraden, dessen instantaner Zustand durch

---

[1] P. A. M. DIRAC, Proc. Cambridge Phil. Soc. Bd. 22 II, S. 132. 1924.

[2] Ges. Abh. Bd. 3, S. 66; Vorlesungen über Gastheorie Bd. II, S. 179.

[3] Ann. d. Phys. Bd. 65, S. 608. 1921.

[4] Phil. Mag. Bd. 45, S. 1. 1923; siehe auch sein Buch: Statistical Mechanics.

[5] Phil. Mag. Bd. 44, S. 450. 1922.

[6] W. GIBBS, Statistical Mechanics, 1902.

[7] Theorie der „Grand Ensembles" am Ende des GIBBSschen Buches.

generalisierte Lagekoordinaten $q_1, q_2, \ldots, q_s$ und durch generalisierte Impulse $p_1, p_2, \ldots, p_s$ bestimmt ist. Die Bewegung des Systems ist dann bekanntlich durch die HAMILTONschen kanonischen Gleichungen

$$\dot{p}_k = -\frac{\partial E}{\partial q_k}; \qquad \dot{q}_k = \frac{\partial E}{\partial p_k}; \qquad k = 1, 2, \ldots, s \qquad (1)$$

bestimmt, wo E die Gesamtenergie des Systems ist und wo ein Punkt über dem Funktionszeichen die Ableitung nach der Zeit bedeutet. Wir betrachten jetzt rein gedanklich eine unendliche Zahl von mechanischen Systemen derselben Art, aber mit verschiedenen Phasen (dies ist gerade das Charakteristikum der GIBBSschen Methode). Wir nehmen dabei an, daß die Systeme kontinuierlich im Phasenraum verteilt sind, so daß wir den Bruchteil von Systemen, deren Koordinaten und Impulse sich in den Intervallen q_1 bis $q_1 + dq_1$; q_2 bis $q_2 + dq_2, \ldots, p_s$ bis $p_s + dp_s$ befinden, durch einen Ausdruck der Form

$$dW = P d\omega; \qquad d\omega = dq_1 \ldots dp_s$$

darstellen können. Die Größe P wird Wahrscheinlichkeitskoeffizient genannt, und das Integral

$$W = \int P d\omega$$

für willkürliche Integrationsgrenzen nennt man Phasenwahrscheinlichkeit, was natürlich ist, da es die relative Wahrscheinlichkeit mißt, daß ein willkürlich hervorgehobenes System innerhalb des gegebenen Volumens des Phasenraums gefunden wird. Der numerische Wert dieses Integrals ist also definitionsgemäß unabhängig von der Zeit, falls die Integrationsgrenzen sich mit der Geschwindigkeit der angrenzenden Systeme bewegen. Hieraus folgt unmittelbar, daß P die mehrdimensionale Kontinuitätsgleichung

$$\frac{\partial P}{\partial t} + \sum_k \left\{ \frac{\partial}{\partial p_k} (\dot{p}_k P) + \frac{\partial}{\partial q_k} (\dot{q}_k P) \right\} = 0 \qquad (2)$$

befriedigen muß. Für konstantes P geht diese Gleichung in

$$\sum_k \left\{ \frac{\partial \dot{p}_k}{\partial p_k} + \frac{\partial \dot{q}_k}{\partial q_k} \right\} = 0 \qquad (3)$$

über, welche auf Grund der kanonischen Gleichungen (1) identisch erfüllt ist. Hieraus folgt also direkt, daß das Integral

$$\omega = \int dq_1 \ldots dp_s \qquad (4)$$

über einen willkürlich vorgegebenen Teil des Phasenraums genommen auch konstant ist, falls die Integrationsgrenzen sich mit der Geschwindigkeit der angrenzenden Systeme bewegen. Dies ist der Inhalt des sog. LIOUVILLEschen Theorems.

Im statistischen Gleichgewicht ist natürlich $\partial P/\partial t$ gleich Null, und Gleichung (2) reduziert sich, unter Benutzung der kanonischen Bewegungsgleichungen (1), auf:

$$\sum_k \left\{ \dot{p}_k \frac{\partial P}{\partial p_k} + \dot{q}_k \frac{\partial P}{\partial q_k} \right\} = 0 \,. \tag{5}$$

Um diese Gleichung zu befriedigen, ist es notwendig, daß P eine solche Funktion der Koordinaten und Impulse ist, die nicht geändert wird während der natürlichen Bewegung des Systems. Solche Funktionen sind für alle konservativen Systeme die Energie, der lineare Impuls und der Drehimpuls. Da die Thermodynamik die explizite Voraussetzung macht, daß die Gleichgewichtsbedingungen nicht von speziellen Eigenschaften des betrachteten Systems abhängen, müssen wir voraussetzen, daß der Wahrscheinlichkeitskoeffizient eine Funktion der Energie und der Impulse ist. P muß eindeutig, endlich und reell sein und die Bedingung erfüllen, daß die Gesamtwahrscheinlichkeit gleich Eins ist:

$$\overset{\text{alle}}{\underset{\text{Phasen}}{\int}} P\, d\omega = 1 \,. \tag{6}$$

Im übrigen ist P willkürlich. GIBBS zeigte, daß für ein ruhendes System die sog. kanonische Verteilung

$$\log P = \frac{\Psi - E}{kT} \tag{7}$$

sich in einfacher Weise für eine statistische Deutung der Thermodynamik eignet ,und auch die obigen mehr trivialen Forderungen befriedigt. Dabei ist T die absolute Temperatur und k die Gaskonstante pro Atom. Ψ entspricht der freien Energie, die nach (6) und (7) durch die Gleichung

$$e^{-\frac{\Psi}{kT}} = \overset{\text{alle}}{\underset{\text{Phasen}}{\int}} e^{-\frac{E}{kT}} d\omega \tag{8}$$

bestimmt wird. Ferner entspricht der Mittelwert von $k \log P$

der Entropie, während der Druck durch

$$p = - \frac{\partial \Psi}{\partial V} \qquad (9)$$

gegeben ist, wo V das Volumen bedeutet. Wenn die Zahl der
Freiheitsgrade des Systems sehr groß ist, wie dies für ein aus
vielen Atomen bestehendes System tatsächlich der Fall ist, läßt
sich einfach zeigen, daß die kinetische und potentielle Energie
jede für sich fast konstante Werte behalten, die nur um Größen
von der Ordnung kT schwanken. Hierdurch sind die Hauptzüge
der GIBBSschen Statistik gegeben.

8. Dissoziationsgleichgewicht einer Gasmischung.

Wir gehen jetzt dazu über, die GIBBSsche Theorie auf Gase
anzuwenden. Wir nehmen also an, es sei eine Mischung von r
verschiedenen Elementen im Gaszustand in einem Volumen V
gegeben. Diese Atome können sich in sehr verschiedener Weise
chemisch verbinden, sagen wir zu p verschiedenen chemischen
Kombinationen. Es sei x_k die Zahl der Moleküle der $k$ten Sorte,
und m_i^k die Zahl der Atome $i$ter Art in einem Molekül $k$ter Sorte.
Es bestehen dann offensichtlich r Gleichungen der Form

$$\sum_k x_k m_i^k = X_i; \quad i = 1, 2, \ldots, r, \qquad (10)$$

wo X_i die Gesamtzahl der Atome $i$ter Art ist.

Durch diese Definitionen und Annahmen ist der funktionellen
Abhängigkeit der Systemenergie von den Teilenergien der Atome
eine gewisse Beschränkung auferlegt. Damit der Begriff „Molekül"
einen eindeutigen Sinn habe, ist es notwendig anzunehmen, daß
die zwischen den Molekülen wirkenden Kräfte die Bewegung
eines Moleküls um seinen Schwerpunkt im allgemeinen nicht
stören (d. h. abgesehen von schnell vorübergehenden Zusammenstößen) oder, was dasselbe ist, daß die interne Bewegung eines
Moleküls unabhängig von seiner Schwerpunktsbewegung erfolgt.
Diese Forderung wird in allen praktisch interessanten Fällen
erfüllt sein; sie hindert nicht, daß große Abweichungen von den
idealen Gasgesetzen im System vorkommen können. Durch die
Gleichungen (10) ist ferner die FERMI-DIRACsche Quantenstatistik
von unseren Betrachtungen ausgeschlossen, die nach PAULI[1] eine

---

[1] ZS. f. Phys. Bd. 41, S. 81. 1927.

kanonische Verteilung der Atomzahlen fordert. Wir kommen auf diese Frage später zurück.

Wir betrachten Moleküle derselben Art, aber in verschiedenen Quantenzuständen durchweg als dieselben Moleküle, so daß x_k sich auf einen bestimmten Atomkomplex bezieht. Die momentanen Werte der Zahlen x_k sind im allgemeinen nicht beobachtbar, da sie von Augenblick zu Augenblick wechseln. Beobachtbar sind nur die Mittelwerte, die offenbar durch

$$\bar{x}_k = \int\limits_{\text{Phasen}}^{\text{alle}} x_k\, e^{\frac{\Psi - E}{kT}}\, d\omega \tag{11}$$

gegeben sind, wo die Integration über denjenigen Teil des Phasenraums zu erstrecken ist, der die Gleichungen (10) nicht verletzt.

Wir wollen jetzt versuchen, obiges Integral auf eine solche Form zu bringen, daß die Mittelwerte der x_k durch makroskopisch meßbare Größen ausgedrückt werden. Zu diesem Zwecke sei zuerst bemerkt, daß das gegebene Integral sich als eine Summe von Teilintegralen schreiben läßt, jedes über einen solchen Teil des Phasenraums genommen, in dem die x_k gewisse konstante Werte haben. Also

$$\bar{x}_k = \sum x_k \int\limits_x e^{\frac{\Psi - E}{kT}}\, d\omega\,, \tag{12}$$

wo der Index x am Integralzeichen andeuten soll, daß die Integration sich auf konstante x_k-Zahlen bezieht, und wo die Summe über alle mit den Gleichungen (10) verträgliche Kombinationen der x_k zu erstrecken ist. In der gleichen Weise ist die freie Energie des Systems durch die Zustandssumme

$$e^{-\frac{\Psi}{kT}} = \sum \int\limits_x e^{-\frac{E}{kT}}\, d\omega \tag{13}$$

bestimmt.

Um die Ausdrücke weiter zu vereinfachen, müssen wir auf die funktionale Form der Energie eines Moleküls zurückgreifen. Es seien m die Masse und u, v, w die rechtwinkligen Komponenten der Schwerpunktsgeschwindigkeit eines Moleküls, ε^i seine innere Energie und ε^x seine potentielle Energie in dem von der Gesamt-

heit aller Moleküle herrührenden Kraftfelde. Die Systemenergie
ist somit

$$E = \sum \left\{ \frac{m}{2}(u^2 + v^2 + w^2) + \varepsilon^i + \varepsilon^x \right\}, \qquad (14)$$

wo die Summation über alle Moleküle zu erstrecken ist. Wegen
der früher auferlegten Beschränkung muß ε^i unabhängig sein
von den Schwerpunktskoordinaten des Moleküls, während ε^x von
den inneren Koordinaten unabhängig ist. Also läßt sich jedes
Integral

$$W_x = \int\limits_x e^{-\frac{E}{kT}} d\omega \qquad (15)$$

in unabhängige Faktoren aufspalten. Es kommt zuerst für jedes
Molekül ein Faktor von der Form

$$f = \int e^{-\frac{1}{kT}\left\{\frac{m}{2}(u^2 + v^2 + w^2) + \varepsilon^i\right\}} m^3 \, du \, dv \, dw \, d\omega , \qquad (16)$$

wo $d\omega$ sich auf den Phasenraum der inneren Bewegung des Moleküls bezieht. Die Integration über die Koordinaten und Ge-
schwindigkeitskomponenten des Schwerpunkts läßt sich einfach
ausführen. Es ist ja nach der Theorie des Fehlerintegrals

$$m^3 \int e^{-\frac{m}{2kT}(u^2 + v^2 + w^2)} du \, dv \, dw = (2\pi m kT)^{\frac{3}{2}}. \qquad (17)$$

Also ist

$$f = (2\pi m kT)^{\frac{3}{2}} f', \qquad (18)$$

wo ein Strich am Funktionszeichen andeuten soll, daß die Zustandssumme sich nur auf die innere Bewegung des Moleküls
bezieht.

Es kommt weiter ein Faktor, der sich auf die Schwerpunktskoordinaten bezieht,

$$F = \int e^{-\frac{E^x}{kT}} dx \, dy \, \ldots, \qquad E^x = \Sigma \varepsilon^x, \qquad (19)$$

wo also E^x die Wechselwirkungsenergie der Moleküle bedeutet.

Die Zustandssumme F läßt sich einfach durch die mittlere
intermolekulare Wechselwirkungsenergie ausdrücken. Es ist

$$\overline{E^x} = \frac{\int e^{-E^x/kT} E^x dx \ldots}{\int e^{-E^x/kT} dx \ldots} = kT^2 \frac{\partial \log F}{\partial T},$$

also

$$\log F = -\int\limits_{T}^{\infty} \overline{E^x}\,\frac{dT}{k\,T^2} + \log V^{\sum_k N_k}, \tag{20}$$

wo die Integrationsgrenzen sich aus der Forderung ergeben, daß die mittlere Wechselwirkungsenergie für unendlich große Temperatur verschwinden und F sich auf $V^{\sum_k x_k}$ reduzieren muß.

Schließlich müssen wir bedenken, daß wir durch Vertauschen von Atomen, die in verschiedenen Molekülen sitzen, neue und bisher unberücksichtigte Zustände des Systems erhalten. Die Zahl der Permutationen aller Atome $i$ter Art ist X_i! Wenn man also die Atome innerhalb jeder Art vertauscht, bekommt man im ganzen $\prod\limits_{i} X_i$! Permutationen. Hierbei sind solche Permutationen, die innerhalb einer homogenen Klasse von Molekülen vorgenommen sind, überzählig. Ihre Anzahl setzt sich zusammen erstens aus allen Permutationen gleichartiger Moleküle, d. h. $\prod\limits_{k} x_k$!, und zweitens aus allen Permutationen von Atomen gleicher Sorte innerhalb jedes Moleküls, d. h. $\prod\limits_{ik}(m_i^k!)^{x_k}$. Die richtige Zahl der fraglichen Permutationen ist also

$$\prod\limits_{ik} \frac{X_i!}{x_k!\,(m_i^k!)^{x_k}} \, .$$

Somit ist die vollständige Zustandssumme des Systems für ein gegebenes System der Molekülzahlen N_k:

$$W_x = \prod\limits_{ik} \frac{X_i!}{x_k!} \left(\frac{f_k}{m_i^k!}\right)^{x_k} F. \tag{21}$$

Bisher haben wir keine spezielle Voraussetzung über die Molekülzahlen x_k gemacht. Wir interessieren uns aber besonders für den Fall, wo die x_k große Zahlen sind, entsprechend den Verhältnissen in einer Gasmischung. Die Berechnung der Mittelwerte x_k mittels Formel (11) läßt sich dann sehr vereinfachen, weil Ausdrücke wie (21) für ein gewisses System der x_k ein sehr scharfes Maximum besitzen. Dies hat zur Folge, daß die Zustandssumme des Systems größenordnungsmäßig durch das größte Glied der Reihe (13) gegeben ist, und daß die Mittelwerte der x_k mit denjenigen Werten zusammenfallen, für die W_x ein Maximum ist. Einen näheren Beweis dieser Behauptung wollen wir hier nicht geben, sondern nur bemerken, daß er wohl am einfachsten durch Anwendung des CAUCHYschen Theorems in der von FOWLER und DARWIN[1] angegebenen Weise zu führen ist. Statt dessen gehen wir gleich daran, den Maximalwert von W_x zu berechnen. Wir betrachten also die Änderung, die W_x erfährt, wenn jedes x_k durch $x_k + \delta x_k$ ersetzt wird. Da die x_k große Zahlen sind, ist die STIRLINGsche Formel

$$\log x! = x \log x - x$$

anwendbar. Hierdurch erhalten wir aus (21)

$$\delta \log W_x = \sum {}' \left\{ \log \frac{f_k^*}{x_k} + u_k \right\} \delta x_k, \qquad (22)$$

wo

$$f_k^* = \frac{f_k}{\prod\limits_i m_i^k!} \quad \text{und} \quad u_k = \frac{1}{F} \frac{\partial F}{\partial N_k} \qquad (23)$$

ist. Die Variationen δx_k müssen aber der Bedingung der Konstanz der Atomzahlen genügen:

$$\sum_k m_i^k \delta x_k = 0, \quad i = 1, 2, \ldots, s.$$

Diese Relationen müssen wir also mit LAGRANGEschen Multiplikatoren λ_i multiplizieren und zu (22) addieren, damit die Variationen δx_k als unabhängig betrachtet werden können. Dadurch erhalten wir

$$\delta \log W_x = \sum {}' \left\{ \log \frac{f_k^*}{x_k} + u_k + \sum_{i=1}^{r} m_i^k \lambda_i \right\} \delta x_k.$$

Die Forderung, daß δW_x Null sein soll für alle möglichen Variationen δx_k, gibt dann folgendes Gleichungssystem:

$$x_k = f_k^* e^{\sum\limits_{i=1}^{r} m_i^k \lambda_i + u_k}, \quad k = 1, 2, \ldots, s, \qquad (24)$$

das zusammen mit den Relationen (10) genügt, um die Werte der x_k zu bestimmen. Diese x_k-Werte sind also jetzt mit den Mittelwerten $\bar{x}_k$ zu identifizieren. Es ist sehr einfach, die Rechnung so zu modifizieren, daß man auch die Dampfdruckformel erhält, aber dies hat hier kein besonderes Interesse.

Die Theorie ist soweit rein klassisch gehalten, und es fragt sich, was für Änderungen nötig sind, um den Forderungen der

---

[1] Siehe R. H. FOWLER, Statistical Mechanics.

Quantentheorie zu genügen. Wenn man keine Rücksicht auf ein etwa geltendes Pauli-Verbot nimmt, bestehen die vorzunehmenden Änderungen lediglich darin, daß man die Zustandsintegrale über den Phasenraum als Summen über die Quantenzustände auffaßt. Dabei verfügt jeder Quantenzustand über ein gewisses Volumen σ des Phasenraums, das Quantengewicht, das für jeden Zustand eines nichtentarteten Systems eine charakteristische Konstante ist. Man schreibt also die Zustandssumme wie folgt:

$$f_p = \sum_i \sigma_p^i \cdot e^{-\frac{E_p^i}{kT}}, \tag{25}$$

wo die Summe über alle Quantenzustände zu erstrecken ist. Alle nichtentarteten Zustände haben dasselbe Gewicht, und zwar

$$\sigma = h^f, \tag{26}$$

wo h die PLANCKsche Konstante und f die Zahl der Freiheitsgrade des Systems ist.

Man sieht, daß in den Dissoziationsgleichungen die Zustandssummen der Moleküle überall mit $\prod_i m_i^k!$ dividiert sind. Diese Zahlen sind aber an dieser Stelle mehr von ornamentaler als reeller Bedeutung, indem sie alle durch Eins zu ersetzen sind, sofern man in der Berechnung der Gewichte die durch die Gleichheit aller Elektronen hervorgerufene Entartung vernachlässigt. Der Ansatz (26) für das Quantengewicht ist durch Experimente über die spezifische Wärme von Gasen und festen Körpern und auch durch Dampfdruckmessungen gestützt.

9. Temperaturionisation von Atomen.

Die Anwendung der Dissoziationstheorie in der Theorie des Sterninnern besteht hauptsächlich in der Berechnung des durch reine Temperaturwirkung erhaltenen Ionisationsgleichgewichts. Um den Gleichgewichtszustand mittels der Formeln (24) wirklich berechnen zu können, braucht man neben den aus der Atomtheorie als bekannt vorauszusetzenden Energiekonstanten der Atome auch die Kenntnis der mittleren Wechselwirkungsenergie der Moleküle. Diese Energie haben wir noch nicht berechnet, und wir sind deshalb nicht imstande, eine exakte Berechnung des Gleichgewichtszustandes durchzuführen. Bei dieser Sach-

lage ist es bequem, nach sukzessiven Näherungen fortzuschreiten.
Wir wollen für die erste Näherung voraussetzen, daß die Wechselwirkungsenergie zu vernachlässigen ist. Molekulare Verbindungen
kommen höchstens in den Atmosphären von Sternen der spätesten Spektraltypen vor; in den meisten Fällen haben die Atome
sogar mehrere Elektronen verloren. Die Gleichungen (24) zeigen,
daß das Ionisationsgleichgewicht wesentlich von der Ionisierungsenergie der Elektronen abhängt. Nun wissen wir, daß im Atom
eine ausgesprochene energetische Gruppenteilung der Elektronen
vorherrscht. Dies hat offenbar zur Folge, daß die Elektronen
auch gruppenweise von den Atomen abgespalten werden.

Betrachten wir die Ionisation von Atomen eines einzigen
Elements der Atomnummer N. Die Zahl der freien Elektronen
sei x_e und die Zahl der Atome mit p gebundenen Elektronen
sei x_p, beide für die Volumeinheit berechnet. Die Zustandssummen
des Systems seien in gleicher Weise numeriert. Die Dissoziationsgleichungen reduzieren sich jetzt auf die Form

$$x_e = f_e e^{\lambda_e}; \qquad x_p = f_p e^{p\lambda_e + \lambda_k}; \qquad p = 0, 1, 2, \ldots, N, \qquad (27)$$

wo sich λ_e auf Elektronen und λ_k auf Kerne bezieht. Da die freien
Elektronen keine veränderliche innere Energie besitzen, ist ihre
Zustandssumme nach (17) einfach

$$f_e = (2\pi\mu kT)^{\frac{3}{2}}, \qquad (28)$$

wo μ die Masse eines Elektrons ist. Die den Atomen zugeordneten
Zustandssummen sind andererseits von der Form

$$f_p = (2\pi M_p kT)^{\frac{3}{2}} \sum_k \sigma_p^k e^{-\frac{E_p^k}{kT}}, \qquad (29)$$

wo M_p die Masse eines Atomkerns ist. Wir nehmen die Masse
aller Atome als gleich an, vernachlässigen also die Masse eines
Elektrons im Vergleich zur Masse eines Atomkerns.

Die Energie eines Atoms in einem gewissen Quantenzustand
nehmen wir numerisch gleich der Arbeit, die aufgewandt werden
muß, um die Elektronen des Atoms in unendliche Ferne voneinander und vom Kern zu bringen, aber mit negativem Vorzeichen versehen. Mit dieser Normierung ist die Energie eines
wasserstoffähnlichen Atoms in ihrer Abhängigkeit von der

Hauptquantenzahl n bekanntlich durch

$$E_n = -\frac{E_0 N^2}{n^2}, \qquad n = 1, 2, 3 \ldots \tag{30}$$

gegeben, wo E_0 die Ablösungsarbeit eines Elektrons aus dem Grundzustand des Wasserstoffatoms ist. Dieser Ausdruck entspricht näherungsweise auch dem Fall eines Atoms, das aus einem relativ unveränderlichen Atomrumpf und einem äußeren Leuchtelektron besteht.

Es ist nun eine unangenehme Tatsache, daß mit diesem Ausdruck für die Energie die Zustandssumme (29) divergiert. Diese Divergenz ist durch eine Vernachlässigung entstanden und bedeutet keine prinzipielle Schwierigkeit der Theorie. Denn die auf Grund der Annahme eines nach außen abgeschlossenen Systems gewonnene Energieformel (30) kann nicht für große Werte der Quantenzahl gültig sein, da die Atomdimensionen ja mit n^2 ansteigen. Damit ist auch die Lösung der Schwierigkeit angedeutet, weil von einem gewissen Wert von n ab die Wechselwirkung zwischen dem Leuchtelektron und den umgebenden Teilchen von solcher Größe wird, daß man das fragliche Elektron richtiger als frei ansieht. Glücklicherweise braucht man zur Fixierung von n keine genaue Kenntnis des Wechselwirkungsmechanismus. Es genügt im allgemeinen anzunehmen, daß die Maximaldimensionen des angeregten Atoms nicht sehr groß sind, verglichen mit dem mittleren Abstand benachbarter Teilchen im Gase. Eine instruktive, aber vielleicht nicht ganz einwandfreie Weise, sich den Wechselwirkungsmechanismus zu veranschaulichen, ist die folgende. Um einen oberen Grenzwert von n zu berechnen, sehe man ganz von der Wechselwirkung des Leuchtelektrons mit den Gasatomen ab und berücksichtige nur die polarisierende Wirkung des Atomrumpfes. Wie an anderer Stelle gezeigt[1] ist, wird die Polarisationswirkung das den Kern umgebende Kraftfeld so ändern, daß das CouLoMBsche Potential einen Exponentialfaktor $e^{-\varkappa r}$ erhält, wo $\varkappa$ eine von der Dichte und der Temperatur abhängige Größe, r der Abstand des Elektrons vom Kern ist. Die Rechnung zeigt, daß ein solches System eine beschränkte Zahl von diskreten Quantenzuständen besitzt, wodurch die Konvergenz der Zustandssumme gesichert ist.

---

[1] Siehe S. 32 u. f.

Über die Größenordnung der übriggebliebenen Terme der Zustandssumme ist zu bemerken, daß die Energie des Grundzustandes so viel kleiner ist als die Energie benachbarter Zustände, daß man in erster Näherung angeregte Zustände neben dem Grundzustand vernachlässigen darf. Diese Näherung würde für den Fall sehr verdünnter Sternatmosphären oder Gasnebel vielleicht unzureichend sein. Unter solchen Umständen ist aber auch jede auf die Annahme thermodynamischen Gleichgewichts gegründete Theorie hinfällig. Wir setzen also

$$f_p = (2\pi M_p kT)^{\frac{3}{2}} \sigma_p e^{-\frac{E_p}{kT}}, \tag{31}$$

wo σ_p und E_p sich auf den Grundzustand beziehen. Hierdurch folgt allgemein aus (24)

$$\frac{x_p}{x_{p+1}} = \frac{\sigma_p}{\sigma_{p+1}} e^{-\lambda_e - \frac{E_p - E_{p+1}}{kT}}$$

oder durch Heranziehung von (27) und (28)

$$\frac{x_p}{x_{p+1}} = \frac{(2\pi\mu kT)^{\frac{3}{2}}}{x_e} \cdot \frac{\sigma_p}{\sigma_{p+1}} e^{-\frac{E_p - E_{p+1}}{kT}}$$

mit

$$x_e + \sum_{p=0}^{N} p x_p = X_1 \quad \text{und} \quad \sum_{p=0}^{N} x_p = X_2 .$$

Für eine vorläufige Übersicht kann man mit genügender Genauigkeit nach (26) und (30)

$$\frac{\sigma_{p+1}}{\sigma_p} = h^3 \quad \text{und} \quad E_p - E_{p+1} = \frac{(N-p)^2 E_0}{n^2}$$

ansetzen. Die endgültige Ionisationsformel ist also

$$\frac{x_p}{x_{p+1}} = \frac{1}{x_e} \left(\frac{2\pi\mu kT}{h^2} \right)^{\frac{3}{2}} \cdot e^{-\frac{(N-p)^2 E_0}{n^2 kT}} \tag{32}$$

Um eine Vorstellung von der Ionisation in den Sternen zu erhalten, betrachten wir als Beispiel die Ionisation von Kupfer bei einer Temperatur $T = 5 \cdot 10^6$ K und einer Elektronendichte $x_e = 10^{23}$ cm^{-3}. Die Werte der Konstanten E_0, K, h und m sind im Anhang gegeben. Die Ausrechnung gibt folgende Tabelle:

Tabelle 5. Ionisation von Kupfer.

$p =$	0	1	2	3	4	5	6	7	8
x_p/x_{p+1}	$5,9 \cdot 10^8$	$7,9 \cdot 10^7$	0,76	0,44	0,30	0,20	0,14	0,10	0,07

Die Tabelle zeigt, daß die überwiegende Mehrzahl der Kupferatome ein K-Elektron, und daß fast drei Viertel der Atome
beide K-Elektronen behalten. Auch sind L-Elektronen durchaus nicht selten, und die Verhältnisse liegen offenbar so, daß bei
einer geringen Erniedrigung der Temperatur die meisten Atome
auch alle L-Elektronen behalten würden. Man rechnet leicht nach,
daß die obigen Verhältnisse einer Dichte $\varrho = 0{,}06\ \mathrm{gcm}^{-3}$ entsprechen.

Es ist auch von Interesse, sich einen Begriff von der Änderung
der Ionisation bei wachsender Atomnummer zu bilden. Indem
Temperatur und Dichte wie oben an-
genommen werden, kommt man zu
nebenstehender Tabelle (6) für die
vorherrschenden Elektronengruppen.
Die erste Spalte der Tabelle enthält
die Atomnummer, die zweite gibt die
mittlere Zahl der gebundenen Elektronen. Dabei bedeutet das Sym-
bol p_n, daß p Elektronen in der $n$ten
Hauptgruppe vorhanden sind. Die
letzte Spalte gibt das mittlere Molekulargewicht. Man sieht, daß dies
mit wachsender Atomnummer viel langsamer anwächst als das
wirkliche Atomgewicht. Wir werden später sehen, daß die Ionisation im Sterninnern wahrscheinlich noch weiter getrieben ist als
im obigen Beispiel. Dies rührt hauptsächlich daher, daß wir
die Temperatur zu niedrig gewählt haben. Immerhin sieht man
klar, wie die Individualität der Atome, was die Druckwirkung
anlangt, durch die Erhitzung gleichsam latent geworden ist.

Tabelle 6.

N	p_n	μ
15	0_1	1,9
20	2_1	2,1
25	2_1	2,2
30	2_1	2,2
35	$2_1,\ 2_2$	2,5
40	$2_1,\ 7_2$	2,8
45	$2_1,\ 8_2$	2,9
50	$2_1,\ 8_2$	2,9
55	$2_1,\ 8_2$	2,9
60	$2_1,\ 8_2,\ 5_3$	3,1

10. Die Wechselwirkungsenergie.

Die Bedeutung der elektrischen Wechselwirkung der Atome
für das Dissoziationsgleichgewicht ist durch das Vorkommen der
Größen u_k in der Fundamentalgleichung (24) gegeben. Diese
Größen sind durch (23) und (20) in einfacher Weise mit der mittleren potentiellen Energie der Wechselwirkungskräfte verbunden.
Wir wollen jetzt nachsehen, wie diese Energie den Gasdruck beeinflußt. Hierzu bedürfen wir des Ausdrucks für die freie Energie

des Systems, die nach (13), (15) und (21) durch

$$\Psi = kT \cdot \text{konst.} - kT \sum_p x_p \log V - T \int_T^\infty \overline{E}^x \frac{dT}{T^2} + kT \sum_p x_p \log \frac{x_p}{f_p}$$

gegeben ist. Bei der Berechnung des Druckes nach der Formel $p = -\frac{\partial \Psi}{\partial V}$ muß man die Bedeutung der eingehenden Ableitungen genau beachten. Man findet

$$p = \frac{kT}{V} \sum_p x_p + T \frac{\partial}{\partial V} \int_T^\infty \overline{E}^x \frac{dT}{T^2} \,, \tag{33}$$

wo die Ableitung nach V unter Konstanthalten der Molekül-zahlen vorzunehmen ist. Der erste Term rechts in dieser Gleichung gibt den gewöhnlichen Gasdruck, während der letzte Term den elektrischen Druck darstellt.

Was die exakte Berechnung der Wechselwirkungsenergie E^x betrifft, so zeigt Gleichung (33), daß das Problem im Prinzip gelöst ist, sobald man den Beitrag der Wechselwirkungskräfte zu der freien Energie des Systems berechnet hat. Eine im Prinzip mit diesem Verfahren gleichwertige Berechnung hat MILNER[1] versucht, gelegentlich der Frage der elektrolytischen Disso-ziation. Es scheint aber, daß ein brauchbares Resultat nach diesem Verfahren noch nicht erhalten worden ist. Statt dessen hat man versucht, vereinfachende Hypothesen zu Hilfe zu nehmen, die wenigstens für gewisse Grenzfälle plausibel erscheinen. Es kommt hier fast nur der von DEBYE und HÜCKEL[2] eingeschlagene Weg in Frage, der freilich ernster Kritik unterzogen worden ist, der aber doch unzweifelhaft einen großen Fortschritt gegenüber früheren Versuchen darstellt.

Es ist hier nützlich, sich zu vergegenwärtigen, daß die in Frage stehende Wechselwirkung ein rein atomistischer Effekt ist, der verschwindet, sobald man die Feinstruktur der Materie vernachlässigt. Um die Wechselwirkungsenergie in sukzessiven Näherungen zu berechnen, wird man daher natürlich so verfahren, daß man einen typisch atomistischen Zug des Problems beibehält, und sonst von der Feinkörnigkeit der Materie absieht. Dies ist der der DEBYE-HÜCKELschen Theorie zugrunde liegende Gesichts-

---

[1] Phil. Mag. Bd. 23, S. 551. 1912.　　[2] Phys. ZS. Bd. 24, S. 1. 1923.

punkt. Nachträglich läßt sich dann das Verfahren durch Berechnung der vernachlässigten, durch die Feinstruktur der Materie verursachten Schwankungen ergänzen.

Um eine erste Näherung zu erhalten, verfährt man nach DEBYE-HÜCKEL wie folgt. Bei der Berechnung der mittleren Wechselwirkungsenergie eines einzigen Teilchens relativ zu allen übrigen Teilchen des Systems berücksichtigt man nur die atomare Natur dieses einen Teilchens und nimmt Elektrizität und Masse aller übrigen Teilchen als stetig im Raume verteilt und den gewöhnlichen Gesetzen der makroskopischen Hydrodynamik und Elektrodynamik unterworfen an. Das hervorgehobene Teilchen betrachten wir als ruhend. Wegen der polarisierenden Wirkung des Teilchens wird sich in seiner Umgebung ein elektrisches Potential ψ und eine elektrische Raumdichte ϱ herausstellen, die durch die POISSONsche Gleichung

$$\nabla^2\psi = -4\pi\varrho \tag{34}$$

miteinander verbunden sind. Zweitens gilt für das Gleichgewicht der Teilchen $i$ter Art die hydrostatische Gleichgewichtsbedingung

$$\nabla p_i = -\varrho_i \nabla\psi, \tag{35}$$

wo p_i, ϱ_i der hydrostatische Druck und elektrische Dichte der Teilchen $i$ter Art sind. Man hat offenbar, mit den früheren Bezeichnungen

$$p_i = x_i\frac{kT}{V}; \qquad \varrho_i = \frac{x_i}{V}Z_i e, \tag{36}$$

wo $Z_i e$ die Ladung eines Teilchens $i$ter Art ist. Hieraus folgt

$$p_i = \varrho_i kT/Z_i e,$$

was in (35) eingetragen und nach Ausführung der Integration

$$\varrho_i = \varrho_i^0 e^{-\frac{Z_i e\psi}{kT}}$$

ergibt, wo ϱ_i^0 eine Konstante ist. Man hat weiter

$$\varrho = \sum_i \varrho_i = \sum_i \varrho_i^0 e^{-\frac{Z_i e\psi}{kT}}$$

zu setzen, was in (34) eingetragen die folgende Gleichung zur Berechnung von ψ ergibt:

$$\nabla^2\psi = -4\pi\sum_i \varrho_i^0 e^{-\frac{Z_i e\psi}{kT}} \tag{37}$$

Um diese Gleichung zu lösen, wieder in erster Näherung, entwickelt man die Exponentialfunktionen rechts nach TAYLOR und behält nur die linearen Teile bei. Das Potential ψ wollen wir in unendlicher Entfernung von dem hervorgehobenen Teilchen zu Null normieren, wodurch $\sum_i \varrho_i^0$ die Nettodichte der Elektrizität im Unendlichen wird. Diese muß Null sein, damit das System makroskopisch betrachtet elektrisch neutral wirkt. Also bekommt man, indem man auch Gleichung (36) berücksichtigt,

$$\nabla^2 \psi = \varkappa^2 \psi,$$

wo

$$\varkappa^2 = \frac{4\pi e^2}{VkT} \sum_i x_i Z_i (1 + Z_i) \tag{38}$$

ist. In diesem Ausdruck ist nur über die positiven Teilchen zu summieren. Die um das Teilchen zentralsymmetrische Lösung dieser Gleichung ist $\psi = E e^{-\varkappa r}/r$, wo E die Ladung des Teilchens ist und wo r den Radiusvektor, vom Teilchen aus gezählt, bedeutet. Wenn wir von diesem Ausdruck das Eigenpotential E/r abziehen, den Rest mit E multiplizieren und r gleich Null setzen, bekommen wir die gesuchte Wechselwirkungsenergie eines Teilchens:

$$U = -\lim_{r=0} E^2 \left(\frac{1 - e^{-\varkappa r}}{r} \right) = -E^2 \varkappa. \tag{39}$$

Wenn die Teilchen nicht punktförmig, sondern undurchdringliche Kugeln vom Radius a sind, darf man nicht mehr die Ladung des hervorgehobenen Teilchens mit E identifizieren. Statt dessen muß man die innerhalb der Kugel vom Radius a befindliche Elektrizität

$$E' = \int_0^a 4\pi \varrho r^2 dr = -a^2 \frac{\partial \psi}{\partial a} = E(1 + \varkappa a)e^{-\varkappa a}$$

nehmen. Hierdurch wird das Eigenpotential

$$\psi_e = \frac{E}{r}(1 + \varkappa a)e^{-\varkappa a} \tag{40}$$

und die Wechselwirkungsenergie

$$U = E'(\psi - \psi_e)_{r=a} = \frac{E'E}{a} e^{-\varkappa a} \cdot \varkappa = \frac{E'^2 \varkappa}{1 + \varkappa a}. \tag{41}$$

Für mehrere verschiedene Teilchengrößen würde sich die Rechnung ziemlich kompliziert gestalten.

Die totale potentielle Energie des Systems für den Fall $a = 0$ ist

$$\bar{E}^x = -\frac{1}{2}\sum E^2 \varkappa = -\frac{\varkappa e^2}{2}\sum_i x_i Z_i(1 + Z_i), \qquad (42)$$

oder, nach Einsetzen des Wertes (38) von $\varkappa$,

$$\bar{E}^x = -\sqrt{\frac{\pi e^6}{VkT}\left[\sum_i x_i Z_i(1 + Z_i)\right]^3}. \qquad (43)$$

Hieraus bekommt man nach (33) und nach Ausführung der Integration als Ansatz für den elektrischen Druck

$$p_E = -\frac{1}{3}\sqrt{\frac{\pi e^6}{kT}\left[\sum_i \frac{x_i}{V} Z_i(1 + Z_i)\right]^3}, \qquad (44)$$

während die für das Ionisationsgleichgewicht maßgebenden Größen u_p durch

$$u_p = -\frac{2}{3} Z_p \frac{1 + Z_p}{kT}\sqrt{\frac{\pi e^6}{kT}\sum_i \frac{x_i}{V} Z_i(1 + Z_i)} \qquad (45)$$

gegeben sind. Man sieht ohne weiteres, daß, wenn der elektrische Druck klein ist im Verhältnis zum Gasdruck, auch die Größen u_p klein gegen Eins sind, wodurch der Ionisationszustand von der Wechselwirkung in ähnlicher Weise wie der Druck berührt wird.

11. Zweite Näherung.

Die Rechnung, die wir durchgeführt haben, leidet an einer inneren Schwäche, weil wir bei dem Linearisierungsprozeß $Z_i e/kT$ als durchaus klein gegen Eins voraussetzten, was mit dem Nullsetzen der Teilchengröße in der Berechnung der Wechselwirkungsenergie offenbar unvereinbar ist. Es ist andererseits zu bedenken, daß die Teilchengröße für den Fall von Kernen mit gebundenen Elektronen nicht allgemein vernachlässigt werden kann. Diese Inkonsequenzen, die zuerst von EDDINGTON[1] einer gründlichen Diskussion unterworfen wurden, müssen wir jetzt in Ordnung bringen.

Es ist in diesem Zusammenhang wichtig, genauer zu analysieren, was wir unter der Größe eines positiven Atomrumpfes zu verstehen haben, denn diese Größe ist wahrscheinlich auch von dem Teilchen abhängig, mit dem das Atom in Wechselwirkung

---

[1] Month. Not. Bd. 86, S. 2. 1925.

tritt. Wenn zwei positive Ionen zusammenstoßen, ist es wahrscheinlich berechtigt, den quantenhaften Charakter der Wechselwirkung durch abstoßende, etwa elastische Kräfte zu beschreiben. Für Elektronen und Atome ist dies nicht mehr formal möglich.

Statt dessen muß man spezielle Bindungen einführen, damit die Quantenbedingungen nicht verletzt werden. Man muß nämlich fordern, daß keine freien Elektronen vorhanden sind, deren Gesamtenergie relativ zu einem hervorgehobenen Ion negativ ist.

In der strengen Fassung der DEBYE-HÜCKELschen Fundamentalgleichung (37) wäre sicher eine erhebliche Zahl von solchen Fällen mitgeschlüpft. Es zeigt sich aber, daß dieser Fehler größtenteils durch den Linearisierungsprozeß wieder aufgehoben wird, daß die Näherungsgleichung in dieser Hinsicht physikalisch besser ist als die „strenge" Gleichung. Daß diese Behauptung richtig ist, kann man wie folgt einsehen. Nach dem MAXWELLschen Geschwindigkeitsgesetze ist die Zahl der Elektronen pro Volumeinheit, deren Geschwindigkeit v im Intervall v bis $v + dv$ liegt, durch

$$dn = 4\pi n_0 \left(\frac{\mu}{2\pi kT}\right)^{\frac{3}{2}} e^{-\frac{1}{kT}\left(\frac{\mu}{2}v^2 - e\psi\right)} v^2\, dv \qquad (46)$$

gegeben, wo n_0 die Zahl der Elektronen pro Volumeinheit an einer Stelle $\psi = 0$ ist. Um die volle Zahl der Elektronen in der Volumeinheit zu erhalten, muß dieser Ausdruck über alle zulässigen Werte der Geschwindigkeit integriert werden. Also ist

$$n = 4\pi n_0 \left(\frac{\mu}{2\pi kT}\right)^{\frac{3}{2}} \int_{\sqrt{\frac{2e\psi}{\mu}}}^{\infty} e^{-\frac{1}{kT}\left(\frac{\mu}{2}v^2 - e\psi\right)} v^2\, dv$$

die gesuchte Elektronendichte, oder indem wir

$$\frac{e\psi}{kT} = x^2$$

setzen:

$$n = n_0 \frac{2}{\sqrt{\pi}}\left(x + e^{x^2}\int_{x}^{\infty} e^{-z^2} dz\right) \qquad (47)$$

Die folgende von EDDINGTON (l. c.) gegebene Tabelle 7 zeigt den Unterschied zwischen dieser und der unkorrigierten Formel $n = n_0\, e^{e\psi/kT}$.

Man sieht aus dieser Tabelle, daß n/n_0 fast linear mit $e\psi/kT$ ansteigt, und noch langsamer als in der Näherungsrechnung angenommen wurde.

Tabelle 7. Verteilung von freien Elektronen um ein positives Ion.

$e\psi/kT$	n/n_0	$e^{e\psi/kT}$
0	1	1,0
$^1/_2$	1,32	1,65
1	1,56	2,72
2	1,93	7,39
3	2,24	20,09
4	2,51	54,60

Für die positiven Teilchen wirkt die Linearisierung sich nicht so glücklich aus wie die für Elektronen. Die großen Werte der positiven Ladungen haben nämlich zur Folge, daß die Näherung

$$e^{-\frac{Z_i e\psi}{kT}} \backsim 1 - \frac{Z_i e\psi}{kT}$$

einen sehr geringen Gültigkeitsbereich hat, und sogar zu großen fiktiven negativen Ionendichten in der Nähe des gegebenen Ions Anlaß gibt. EDDINGTON schlägt vor, die lineare Näherung nur so weit zu gebrauchen, als die Ionendichte positiv herauskommt und sie von da an gleich Null zu setzen.

Die Rechnung läßt sich weiter vereinfachen durch die Annahme, daß die Elektronendichte räumlich konstant ist. Dies ist durchaus zulässig, weil selbst in der unkorrigierten Rechnung die räumliche Änderung der Elektronendichte nur einen sehr kleinen Beitrag zur Wechselwirkungsenergie liefert. Wenn wir diese verschiedenen Korrektionen berücksichtigen, gestaltet sich die Rechnung wie folgt. Es sei r_0 der Abstand vom Kern des hervorgehobenen Ions, der der Relation

$$\frac{Z e\psi_0}{kT} = 1 \tag{48}$$

entspricht, wo ψ_0 den entsprechenden Wert des Potentials bedeutet. Die elektrische Ladung innerhalb r_0 ist

$$E' = Ze - \frac{4\pi}{3} r_0^3 n_0 e. \tag{49}$$

Außerhalb der Kugel r_0 gilt dieselbe Potentiallösung wie im vorigen Fall, vorausgesetzt, daß man, um die jetzige Konstanz der Elektronendichte zu berücksichtigen, $Z_i(1 + Z_i)$ durch Z_i^2 in dem Ausdruck für $\varkappa$ ersetzt. Also ist nach (40)

$$E' = Ze - \frac{4\pi}{3} n_0 e r_0^3 = E(1 + \varkappa r_0) e^{-\varkappa r_0} = r_0\psi_0(1 + \varkappa r_0)$$

oder nach (48)

$$E' = \frac{r_0 kT}{Ze}(1 + \varkappa r_0)\,. \tag{50}$$

Daß heißt, $x = \varkappa r_0$ befriedigt die kubische Gleichung

$$x^3/a + (x^2 + x)/b = 1\,, \tag{51}$$

wo

$$a = \frac{3Z\varkappa^3}{4\pi n_0}\,; \qquad b = \frac{Z^2 e^2 \varkappa}{kT}\,. \tag{52}$$

Wenn die Lösung dieser Gleichung bekannt ist, bekommt man die potentielle Energie des Atoms relativ zu den außerhalb von r_0 befindlichen Teilchen einfach aus (41), wenn a durch r_0 ersetzt wird. Hierzu muß man aber noch die potentielle Energie des Atoms relativ zu den innerhalb r_0 befindlichen Elektronen addieren. Man findet durch eine einfache Rechnung, daß diese

$$-2\pi e^2 Z n_0 r_0^2 \tag{53}$$

ist. Also findet man schließlich für die Wechselwirkungsenergie den Ausdruck

$$U = -Z^2 e^2 \varkappa \left(\frac{1}{1 + r_0 \varkappa} + \frac{2\pi n_0 r_0^2}{Z\varkappa}\right)\,. \tag{54}$$

Wir werden später sehen, daß diese korrigierte Formel in den uns interessierenden Fällen einen etwa dreimal kleineren Wert ergibt als die unkorrigierte Formel (39).

12. Fortbewegung der Energie im Inneren eines Sterns.

Es ist unser Ziel, eine vollständige Theorie des dynamischen Zustandes der Sterne zu entwickeln. Im vorigen Kapitel haben wir als Vorarbeit die Theorie der Zustandsgleichung extrem hochtemperierter Materie betrachtet. Der nächste Schritt ist offenbar, diejenigen physikalischen Verhältnisse ausfindig zu machen, die die Temperatur- und Dichteverteilung regeln. Erzeugung und Transport von Energie spielen hierbei die Hauptrolle.

Aus ganz allgemeinen Betrachtungen kann man, wie früher bemerkt, nur schließen, daß der Ursprung der Strahlungsenergie im Innern der Sterne zu suchen ist. Um der Verteilung der Energiequellen im Sterninnern näherzukommen, braucht man offenbar eine genaue Kenntnis des Mechanismus des Energietransportes im Stern, und dieser Frage wollen wir uns jetzt zuwenden.

Man hat im allgemeinen zwischen drei verschiedenen Arten von Energietransport zu unterscheiden: 1. molekulare Leitung; 2. Konvektion von thermischer und makroskopischer kinetischer Energie; 3. Transport durch Strahlung.

Wir wollen vorläufig die Frage der Konvektionsströme außer acht lassen, und die zwei übriggebliebenen Transportmöglichkeiten betrachten.

a) **Molekulare Leitung.** Wir wollen die Stromdichte bei molekularer Leitung wie gewöhnlich durch

$$F_c = -\gamma_c \nabla T \tag{55}$$

bezeichnen, wo γ_c der sog. Wärmeleitungskoeffizient ist. Um einen Grenzwert von γ_c zu erhalten, genügt die gaskinetische Formel von MAYER in der Form

$$\gamma_c = \frac{1}{3} k n \overline{\lambda v}, \tag{56}$$

wo n, λ und v die mittlere Zahl pro Volumeinheit, freie Weglänge und Geschwindigkeit der leitenden Teilchen bedeuten, und wo der Strich über λv Mittelwertbildung anzeigt.

Als leitende Teilchen kommen für hochionisierte Sternsubstanz wesentlich nur freie Elektronen in Betracht. Um einen oberen Grenzwert der freien Weglänge zu erhalten, vernachlässigen wir die Wirkung von Zusammenstößen zwischen den Elektronen selbst, berücksichtigen also nur die Wechselwirkung der Elektronen mit den Atomen. Um das Problem noch weiter zu vereinfachen, berücksichtigen wir ferner nur solche Zusammenstöße, in denen die Elektronen um einen rechten Winkel oder mehr abgelenkt werden. Der Ablenkungswinkel Θ ist in erster Näherung durch

$$\mathrm{tg}\,\frac{\Theta}{2} = \frac{Z e^2}{p \mu v^2} \tag{57}$$

gegeben, wo Ze die effektive Ladung und p der Abstand des Atoms von der Richtung der Anfangsgeschwindigkeit des stoßenden Elektrons ist. Indem wir $\Theta = \frac{\pi}{2}$, also $\mathrm{tg}\,\frac{\Theta}{2} = 1$ setzen, bekommen wir als Ausdruck für den effektiven Querschnitt des Atoms

$$\sigma = \pi p_{\pi/2}^2 = \frac{\pi Z^2 e^4}{\mu^2 v^4}, \tag{58}$$

oder, da

$$\lambda = \frac{1}{n_0 \sigma},$$

wo n_0 die Zahl von ablenkenden Atomen pro Volumeinheit ist:

$$\lambda v = \frac{\mu^2 v^5}{n_0 \pi Z^2 e^4} \cdot$$

Durch Verwendung des MAXWELLschen Geschwindigkeitsgesetzes findet man

$$\overline{v^5} = \frac{12}{\sqrt{\pi}} \left(\frac{2\,kT}{\mu}\right)^{\frac{5}{2}}$$

und also schließlich, indem wir berücksichtigen, daß $n = Z n_0$ ist,

$$\gamma_c = \frac{1}{3} k n \overline{\lambda v} = \frac{16}{Z e^4} \left(\frac{2\,k^7\,T^5}{\pi^3 \mu}\right)^{\frac{1}{2}} \cdot \tag{59}$$

b) Transport von Strahlung durch ein absorbierendes Medium.
Wir beschränken uns im folgenden auf die Betrachtung ruhender
Materie. Es sei $E_\nu d\nu\, d\varpi\, dV$ die Strahlungsenergie im Frequenzintervall ν bis $\nu + d\nu$ im Raumwinkel $d\varpi$, die pro Zeiteinheit
von der Materie im Volumenelement dV an der Stelle x, y, z
und zur Zeit t emittiert wird. Es sei ferner x_ν der Absorptionskoeffizient der Materie, der so definiert ist, daß $x_\nu ds$ die relative
Schwächung eines linearen Strahlungsbündels auf der Strecke ds
angibt. Das statistische Verhalten des Strahlungsfeldes beschreiben wir durch die Forderung, daß

$$I_\nu d\nu\, d\varpi\, d\sigma \tag{60}$$

die Strahlungsenergie im Frequenzintervall ν bis $\nu + d\nu$ und
innerhalb des räumlichen Winkelelements $d\varpi$ ist, die pro Zeiteinheit senkrecht durch das Flächenelement $d\sigma$ hindurchgeht.
Also sind E_ν und I_ν Funktionen von x, y, z, t, ν und der Rich-
tungskosinusse α_x, α_y, α_z der Normalen von $d\sigma$, in der Bewegungs-
richtung des Strahlungsquants gerechnet. Die Größe I_ν wollen
wir die Intensität der Strahlung und E_ν die Emissionsfähigkeit
oder die Ergiebigkeit der Materie nennen.

Betrachten wir die Bewegung eines individuellen Strahlungs-
elements $I_\nu d\nu\, d\varpi\, d\sigma$, das sich in der Richtung des Linienelements ds
mit Lichtgeschwindigkeit c bewegt. Nach einem kurzen Zeit-
intervall dt hat sich die Strahlung um eine Strecke $ds = cdt$
verschoben. Auf dieser Strecke hat die Energie des Strahlungs-
elements durch Emission der Materie den Zuwachs

$$E_\nu d\nu\, d\varpi\, d\sigma\, c\, dt$$

erhalten; aber gleichzeitig ist die Intensität durch Absorption um

$$I_\nu \, d\nu \, d\varpi \, d\sigma \, x_\nu \, c \, dt$$

herabgesetzt worden. Also besagt der Satz von der Erhaltung der Energie, daß

$$\frac{d}{dt}(I_\nu \, d\nu \, d\varpi \, d\sigma) = (E_\nu - x_\nu I_\nu) \, d\nu \, d\varpi \cdot d\sigma \, c \qquad (61)$$

ist, was wir die Bewegungsgleichung der Strahlung nennen wollen.

Das Symbol d/dt bezieht sich auf ein Koordinatensystem, das sich mit der Geschwindigkeit c des Strahlungsquants bewegt. Relativ zu einem ruhenden Koordinatensystem hat man

$$\frac{d}{dt} = \frac{\partial}{\partial t} + c \frac{\partial}{\partial s} \qquad (62)$$

zu setzen, wodurch schließlich die Bewegungsgleichung der Strahlung die Form

$$\frac{dI_\nu}{ds} = \frac{1}{c}\frac{\partial I_\nu}{\partial t} + \frac{\partial I_\nu}{\partial s} = E_\nu - x_\nu I_\nu \qquad (63)$$

annimmt.

c) **Der Strahlungsfluß.** Als monochromatischen Strahlungsfluß wollen wir einen Vektor bezeichnen, dessen Komponenten durch

$$F_{\nu x} = \int I_\nu \, \alpha_x \, d\varpi \quad \text{usw.} \qquad (64)$$

gegeben sind, oder vektoriell geschrieben $F_\nu = \int I_\nu \overline{n} \, d\varpi$, wo $\overline{n}$ ein Einheitsvektor in Richtung von I_ν ist. Die Integration ist über die ganze Oberfläche der Einheitskugel zu erstrecken. Offenbar ist $F_\nu \, d\nu$ der Nettostrom der Strahlung im Frequenzintervall $d\nu$, die pro Sekunde eine senkrecht zur Stromrichtung gestellte Einheitsfläche passiert.

Durch Verwendung der Bewegungsgleichung der Strahlung (63) läßt sich dieser Vektor auf eine andere Form transformieren, die für das Folgende von wesentlichem Nutzen sein wird. Wir können ja Gleichung (63) wie folgt schreiben

$$I_\nu = \frac{1}{x_\nu}\left\{ E_\nu - \alpha_x \frac{\partial I_\nu}{\partial x} - \alpha_y \frac{\partial I_\nu}{dy} - \alpha_z \frac{\partial I_\nu}{\partial z} - \frac{1}{c}\frac{\partial I_\nu}{\partial t} \right\},$$

was in (64) eingetragen

$$x_\nu F_{\nu x} = \int E_\nu \, \alpha_x \, d\varpi - \frac{\partial}{\partial x}\int I_\nu \, \alpha_x^2 \, d\varpi - \frac{\partial}{\partial y}\int I \, \alpha_x \, \alpha_y \, d\varpi \\
\left. - \frac{\partial}{\partial z}\int I_\nu \, \alpha_x \, \alpha_z \, d\varpi - \frac{1}{c}\frac{\partial F_{\nu x}}{\partial t} \quad \text{usw.} \right\} \qquad (65)$$

ergibt. Durch Einführung des durch

$$P_{ik} = \int I_\nu \, \alpha_i \, \alpha_k \, d\varpi \qquad (66)$$

definierten Strahlungstensors P schreibt sich das Gleichungssystem (65) in vektorieller Form:

$$\frac{1}{c} \frac{\partial F_\nu}{\partial t} + x_\nu F_\nu = \int E_\nu \, n \, d\varpi - \mathrm{Div}\, P \,. \qquad (67)$$

Das erste Glied rechts in dieser Gleichung ist im allgemeinen von Null verschieden, weil die von dem Strahlungsfluß induzierte Ausstrahlung sich nicht gleichförmig auf alle Richtungen verteilt, sondern in der Richtung des Strahlungsflusses selbst liegt. Also wird dieser Term proportional zu F_ν und kann weggelassen werden. Wir müssen nur für das folgende verabreden, die Definition von x_ν entsprechend abzuändern. Wenn die Betrachtung ferner auf stationäre Zustände beschränkt wird $\left(\dfrac{\partial F_\nu}{\partial t} = 0\right)$, erscheint $x_\nu F_\nu$ einfach als negative Divergenz des Tensors P.

Diesen Tensor wollen wir jetzt in 2 Teile zerlegen, wie dies bei den hydrodynamischen Spannungen einer Flüssigkeit gemacht wird. Zu diesem Zwecke zerlegen wir I_ν in 2 Teile I'_ν und I''_ν, wo I'_ν als der lineare Mittelwert von I_ν nach der Gleichung

$$4\pi I'_\nu = \int I_\nu \, d\varpi \qquad (68)$$

definiert ist. Es ist also $\dfrac{4\pi}{c} I'_\nu$ gleich der Energiedichte des Strahlungsfeldes. I''_ν gibt andererseits die Abhängigkeit der Strahlungsintensität von der Richtung wieder. Dementsprechend zerlegen wir jetzt den Tensor P, indem wir schreiben:

$$\left. \begin{aligned} P'_{ik} &= \int I'_\nu \, \alpha_i \cdot \alpha_k \, d\varpi = \delta_{ik} \frac{4\pi}{3} I'_\nu \,, \qquad \delta_{ik} = \begin{cases} 1,\, i = k \\ 0,\, i \neq k \end{cases}; \\ P''_{ik} &= \int I''_\nu \, \alpha_i \cdot \alpha_k \, d\varpi \,. \end{aligned} \right\} \quad (69)$$

Der Tensor P' entspricht also etwa einem hydrostatischen Druck, während P'' den schiefen Spannungen entspricht.

Die relative Größenordnung der Tensoren P' und P'' für den Fall des Sonneninnern können wir in folgender Weise abschätzen. Offenbar ist der Strahlungsfluß ein quantitatives Maß der Asymmetrie der Strahlungsintensität. Es ist nicht wahrscheinlich, daß dieser Nettostrom wesentlich ansteigen wird, wenn man von der Oberfläche in das Innere der Sonne eindringt. Höchstens kann der Fluß in den äußeren Schichten umgekehrt mit dem Quadrat des Abstands vom Sonnenmittelpunkt anwachsen. Irgendwo muß der Fluß ein Maximum erreichen, um wieder im Sonnenmittelpunkt zu Null herabzufallen, etwa in derselben Weise, wie dies für die Schwerebeschleunigung der Fall ist.

Dies ist also der ungefähre Verlauf der Komponenten des Tensors $\boldsymbol{P}''$. Ganz anders wird dagegen der Tensor $\boldsymbol{P}'$ verlaufen. Aus der Definition von I'_ν folgt nämlich, daß bei angenähertem Temperaturgleichgewicht diese Größe proportional mit der PLANCKschen Funktion ansteigen muß, also, über alle Frequenzen gemittelt, proportional der vierten Potenz der Temperatur nach dem STEFAN-BOLTZMANNschen Gesetz. Wenn die Temperatur von der Oberfläche nach dem Innern etwa tausendmal ansteigt, was wahrscheinlich ist, wächst die Strahlungsdichte also billionenmal. Man sieht leicht ein, daß an der Oberfläche die vom Nettofluß mitgeführte Strahlungsdichte von derselben Größenordnung wie die totale Strahlungsdichte sein muß, d. h. das Verhältnis I''_ν/I'_ν ist von der Größenordnung Eins. Im Innern der Sonne wird dieses Verhältnis also eher von der Größenordnung 10^{-12} oder noch kleiner sein. Ähnliches muß natürlich für alle Sterne gelten.

Man kann deshalb mit sehr großer Annäherung den Tensor $\boldsymbol{P}''$ neben $\boldsymbol{P}'$ vernachlässigen und darf sich in der Berechnung des Mittelwertes $\boldsymbol{P}'$ auf den Mittelwert von I_ν beschränken. Aus der Grundgleichung (63) sieht man ferner, daß dieser Mittelwert im wesentlichen durch $E_\nu/x_\nu = B_\nu$ gegeben ist, da der Mittelwert von $\partial I_\nu/\partial s$ ja nur von I''_ν abhängt. Somit gilt innerhalb dieser Näherung

$$P_{ik} = \frac{4\pi}{3} B_\nu \delta_{ik}, \qquad \delta_{ik} = \begin{cases} 1, & i = k \\ 0, & i \neq k \end{cases}; \qquad (70)$$

und also

$$F_\nu = -\frac{4\pi}{3x_\nu} \nabla B_\nu. \qquad (71)$$

Die Größe B_ν dürfte im wesentlichen nur eine Funktion der Temperatur sein. Für den Fall thermodynamischen Gleichgewichts ist ja nach den Gesetzen von KIRCHHOFF und PLANCK:

$$\frac{4\pi}{c} B_\nu = \frac{8\pi}{c^3} h\nu^3 \left(e^{\frac{h\nu}{kT}} - 1 \right)^{-1}. \qquad (72)$$

Es ist aber die Frage zu erörtern, in welchem Maße dieser Ausdruck durch **Abweichungen vom lokalen thermodynamischen Gleichgewicht im Sterninnern** gestört wird. Wir bemerken zunächst, daß die räumliche Änderung der Temperatur für diese Frage von sehr geringer Bedeutung ist. Selbst wenn man die Temperatur im Sonnenmittelpunkt auf $10^{8\,\circ}$ K schätzen müßte, wäre der mittlere Temperaturgradient nur $6°$ auf 100 m, was bei der wahrscheinlich sehr großen Undurchsichtigkeit der Sonnensubstanz mit einem sehr hohen Grade von lokalem thermischen Gleichgewicht verträglich ist.

Von verschiedenen Seiten[1] ist hervorgehoben worden, daß die in den Sternen notwendigerweise vorkommende irreversible Erzeugung von Wärmeenergie auch zu Abweichungen von dem idealen Zustand des thermischen Gleichgewichts Anlaß geben muß. Es ist aber im allgemeinen übersehen worden, daß die fraglichen Abweichungen wesentlich durch den speziellen Mechanismus der Energieerzeugung mitbestimmt sein müssen und im günstigsten Fall wohl auch verschwinden können, soweit der dem Problem innewohnende Zug von Irreversibilität vollständig durch die Existenz des Temperaturgradienten zum Ausdruck kommt. Dies würde z. B. näherungsweise der Fall sein, wenn die Energie durch eine langsame Schrumpfung des Sternes geliefert wird. Man wird aber leicht einsehen, daß für den integralen Strahlungsfluß die Temperaturverteilung der Sternmaterie bei weitem die entscheidende Rolle spielt. Um dies zu zeigen, vergleichen wir die irreversible Emission mit der totalen Emission. Für die Sonne ist die irreversible Emission $3,8 \cdot 10^{33}$ Erg·Sek.$^{-1}$. Die totale Emission läßt sich etwa durch den Ausdruck

$$E = V x c a T^4$$

repräsentieren, wo $V = 1,4 \cdot 10^{33}$ cm³ das Volumen der Sonne, $a = 10^{-16}$ *cgs* die STEFANsche Konstante, T die mittlere Temperatur und x der mittlere Absorptionskoeffizient der Sonne ist. Unter Berufung auf spätere Berechnungen setzen wir größenordnungsmäßig $T = 10^{7\,\circ}$ K (vgl. Tabelle 8) und $x = 1\,\text{cm}^{-1}$ [Tabelle 8 und Gleichung (114)]. Dies gibt $E = 2,5 \cdot 10^{51}$ Erg·Sek.$^{-1}$. Man sieht, daß mit den angegebenen Zahlenwerten die irreversible

---

[1] Siehe insbesondere JEANS, Month. Not. Bd. 77, S. 28. 1917; Bd. 86, S. 574. 1926.

Emission nur ein Trillionstel der Gesamtemission ausmacht, und man muß zugeben, daß selbst eine radikale Änderung der gebrauchten Zahlenwerte nichts an diesem Schluß ändern kann.

Wenn der Absorptionskoeffizient x_ν von der Frequenz unabhängig ist, bekommt man aus (71) für den totalen Strahlungsfluß

$$F = -\frac{c}{3x}\,\nabla U, \qquad (73)$$

wo U die Strahlungsdichte ist, also nach dem STEFAN-BOLTZMANNschen Gesetz:

$$U = a \cdot T^4. \qquad (74)$$

Wenn x von ν abhängt, läßt sich die Form (73) für den Strahlungsfluß beibehalten, falls man x durch die Gleichung

$$\frac{1}{x} = \frac{\displaystyle\int_0^\infty \frac{\partial B_\nu}{\partial T}\,\frac{d\nu}{x_\nu}}{\displaystyle\int_0^\infty \frac{\partial B}{\partial T}\,d\nu} = \frac{1}{4\,a\,T^3}\int_0^\infty \frac{\partial B_\nu}{\partial T}\,\frac{d\nu}{x_\nu} \qquad (75)$$

definiert. Wir wollen x den stellaren Absorptionskoeffizienten nennen. Wenn man (74) in (73) einträgt, sieht man, daß der Energietransport durch Strahlung formal wie gewöhnliche Wärmeleitung behandelt werden kann, mit einem Wärmeleitungskoeffizienten

$$\gamma = \frac{4}{3}\,\frac{c\,a\,T^3}{x}. \qquad (76)$$

Man überzeugt sich an Hand der Formeln (59) und (76), daß man, ohne der Sternsubstanz ein absurd hohes Absorptionsvermögen zuzuschreiben, dem Schluß nicht entgehen kann, daß der Wärmetransport in den Sternen in überwiegendem Maße durch Strahlung vor sich geht. Wir werden deshalb im folgenden die reine Wärmeleitung vernachlässigen.

13. Theorie des stellaren Absorptionskoeffizienten.

Für den weiteren Ausbau der Theorie ist es von großer Wichtigkeit, über eine möglichst vollständige Theorie des Absorptionskoeffizienten zu verfügen.

Wir sind in der Definition des Absorptionskoeffizienten von der gewöhnlichen abgewichen, um die EINSTEINsche negative

Einstrahlung zu berücksichtigen. Wir betrachten die Strahlung, die emittiert wird bei Übergängen der Atome aus einem Zustand i in einen Zustand k. Die spezifische Emission der Substanz für diese Strahlung ist

$$E_\nu = N_i\left(A_{ik} + B_{ik}\frac{4\pi}{c}I_\nu\right)\frac{h\nu}{4\pi}, \qquad (77)$$

wo N_i die Zahl der Atome im $i$ten Zustand, A_{ik} die Wahrscheinlichkeit der spontanen und B_{ik} die der erzwungenen Übergänge $i \to k$ ist. Wir setzen jetzt voraus, daß die aus der Thermodynamik der Strahlung bekannten Relationen

$$N_i B_{ik} = N_k B_{ki}e^{-\frac{h\nu}{kT}}, \qquad A_{ik} = B_{ik}\varrho_\nu\left(e^{\frac{h\nu}{kT}} - 1\right) \qquad (78)$$

bestehen. Hieraus erhält man

$$E_\nu = N_k B_{ki}\frac{h\nu}{4\pi}\left(1 - e^{-\frac{h\nu}{kT}}\right)\varrho_\nu + N_k B_{ki}\frac{h\nu}{c}e^{-\frac{h\nu}{kT}}I_\nu, \qquad (79)$$

oder, da $\frac{1}{c}N_k B_{ki}h\nu$ gleich dem in gewohnter Weise definierten Absorptionskoeffizienten σ_ν ist:

$$E_\nu = \sigma_\nu\left(1 - e^{-\frac{h\nu}{kT}}\right)\frac{c\,\varrho_\nu}{4\pi} + \sigma_\nu e^{-\frac{h\nu}{kT}}I_\nu. \qquad (80)$$

Wenn dieser Ausdruck für E_ν in die Bewegungsgleichung der Strahlung (63) eingetragen wird, erhält man

$$\frac{dI_\nu}{ds} + \sigma_\nu\left(1 - e^{-\frac{h\nu}{kT}}\right)I_\nu = \sigma_\nu\left(1 - e^{-\frac{h\nu}{kT}}\right)\varrho_\nu\frac{c}{4\pi}. \qquad (81)$$

Man sieht also, daß der früher eingeführte Absorptionskoeffizient x_ν mit dem in gewöhnlicher Weise definierten Koeffizienten σ_ν durch die Relation

$$x_\nu = \sigma_\nu\left(1 - e^{-\frac{h\nu}{kT}}\right) \qquad (82)$$

verbunden ist.

Für die großen Temperaturen, die im Sterninnern herrschen, muß das Strahlungsmaximum ungefähr ins Röntgengebiet gerückt sein. Denn das Maximum der PLANCKschen Kurve liegt bei $\lambda = 0,3 \cdot T^{-1}$, was für eine Temperatur von $10^7{}^\circ$ K einer Wellenlänge von etwa 3 Ångström entspricht. Es handelt sich also im wesentlichen darum, eine für stellare Verhältnisse umgedeutete Theorie der Röntgenabsorption zu geben. Eine direkte Übertragung der in terrestrischen Laboratorien gefundenen Absorptionsgesetze genügt nicht, weil die Sternsubstanz soweit ionisiert sein kann, daß die für die Absorptionsprozesse besonders wirksamen Elektronengruppen weitgehend aufgelöst sind. Hierzu kommt noch die Wirkung der freien Elektronen, die wir zuerst behandeln wollen.

a) Freie Elektronen. Der allgemeine Fall der Absorption von Strahlung durch freie Elektronen in einem Stern wird durch die Wechselwirkung der Elektronen miteinander und mit den positiven Ionen sehr verwickelt. Nur die Untersuchung des Grenzfalles verschwindender Wechselwirkungen ist einfach. Dabei braucht man nicht auf das Problem des Compton-Effektes einzugehen, so lange die Wellenlänge der Strahlung oberhalb der für den Compton-Effekt charakteristischen Wellenlänge $2h/mc = 4 \cdot 10^{-10}$ cm liegt.

Ebenso kann man auch die Elektronen als ruhend ansehen, solange die Strahlung, vom bewegten Elektron aus betrachtet, nicht einer Wellenlänge von der Ordnung $2h/mc$ oder kleiner entspricht. Es genügt deshalb, den einfachen Fall zu betrachten, wo das streuende Elektron anfänglich in Ruhe ist, d. h. es genügt, die klassische Streuungstheorie von J. J. THOMSON heranzuziehen. Der Streuungskoeffizient ist dann bekanntlich unabhängig von der Wellenlänge durch

$$s_1 = \frac{8\pi}{3} \cdot \frac{e^4}{\mu^2 c^4} \tag{83}$$

gegeben. Genau dasselbe Resultat bekommt man als erste Näherung des entsprechenden wellenmechanischen Problems. Die Formel ist übrigens in verschiedener Weise experimentell bestätigt worden. Für den Fall freier Elektronen, wo die wahre Absorption neben der Streuung zu vernachlässigen ist, kann man schwerlich die doppelten von den einfachen Streuprozessen trennen in der Weise, wie wir es für den Fall reiner Absorption gemacht haben. Man überzeugt sich leicht, daß die Berücksichtigung dieser Prozesse auf einen Faktor $(1 - e^{-h\nu/kT})^{-1}$ im Streukoeffizienten führt, woraus man ohne weiteres ablesen kann, daß diese Prozesse keine bedeutende Wirkung in dem uns interessierenden Frequenzintervall haben.

Die THOMSONsche Formel (83) setzt voraus, daß die streuenden Elektronen so weit voneinander entfernt sind, daß sie unabhängig

wirken. Wenn der mittlere Abstand benachbarter Elektronen von
der Größenordnung der Wellenlänge des Lichtes ist, wird diese
Annahme hinfällig, und die Phasenbeziehungen der Elektronenbewegungen müssen in Betracht gezogen werden. Wie dieses
Zusammenwirken zustande kommt, sieht man durch Betrachtung
der Interferenzen der von den verschiedenen Elektronen stammen-
den Lichtamplituden. Wenn der Abstand zweier benachbarter
Elektronen, die durch dieselbe Lichtwelle in Schwingung gesetzt
sind, klein ist, verglichen mit der Wellenlänge des Lichtes, super-
ponieren sich beinahe die Amplituden der von den zwei Elektronen
herrührenden Partialfelder. Die Energie des Feldes wird dadurch
fast zweimal so groß wie für zwei unabhängige Elektronen. Wenn
man sich den Abstand der Elektronen allmählich vergrößert
denkt, werden sich die Partialfelder hier und dort durch Interferenz
auslöschen, und schließlich, wenn der Abstand groß ist, verglichen mit der Wellenlänge des Lichtes, ist die totale Feldenergie
einfach gleich der Summe der Energien der Partialfelder. Aus
dieser einfachen Betrachtung sieht man, daß man sich einen
Begriff von der Bedeutung der Zusammenwirkung der Elektronen
machen kann durch Vergleich der Wellenlänge des Lichtes mit
dem mittleren Abstand benachbarter Elektronen. Nach dem
PLANCKschen Gesetz ist die mittlere Energie eines Lichtquants
$h\nu = 3,8\ kT$, d. h. die Wellenlänge dieses mittleren Quants
ist $\lambda_m = 0,4 \cdot T^{-1}$. Wenn Z die Zahl der freien Elektronen
pro Atom, A das Atomgewicht und ϱ die Dichte ist, so wird
der mittlere Abstand benachbarter Elektronen

$$l_m = \left\{ \frac{AH}{Z\varrho} \right\}^{\frac{1}{3}}. \tag{84}$$

Man sieht, daß

$$\frac{l_m^3}{\lambda_m^3} = \frac{AH}{Z \cdot 0,4^3} \cdot \frac{T^3}{\varrho} \tag{85}$$

ist. In dem später durchgerechneten Beispiel des hydrostatischen
Gleichgewichts (vgl. § 15) ist T^3/ϱ konstant innerhalb eines Sternes
und variiert von Stern zu Stern proportional $\beta/(1-\beta)$, wo β die
durch Gleichung (153) definierte Konstante ist. Nach jener Theorie
würde man z. B. für das Zentrum von Capella die Werte
$T_0 = 7,2 \cdot 10^6$, $\varrho_0 = 0,057$ haben. Mit diesen Werten von T_0 und
ϱ_0 und mit $A/Z \backsim 2$ ist $\lambda_m = 5,5 \cdot 10^{-8}$ cm und $l_m = 4 \cdot 10^{-8}$ cm.
Beide Werte sind also von derselben Größenordnung. Für Sterne

mit kleinerer Masse würde sich dieses Verhältnis in Richtung größerer Streuung verschieben, umgekehrt für massigere Sterne. Dieser Interferenzeffekt ist also nicht ohne weiteres außer acht zu lassen. Unter günstigen Umständen kann die reine Elektronenstreuung der Sternsubstanz ein Mehrfaches des THOMSON-schen Grenzwertes betragen.

b) Wirkung der Zusammenstöße. Der Anschaulichkeit wegen halten wir uns möglichst eng an die klassisch-physikalischen Begriffe. Aus diesem Grunde ist es vorteilhaft, nicht die Absorptions-, sondern die Emissionsprozesse zu betrachten, indem wir uns auf den thermodynamisch begründeten Zusammenhang zwischen Absorptions- und Emissionskoeffizienten berufen.

Für sehr lange Wellen ist der Absorptionskoeffizient von der Frequenz unabhängig, und durch $4\pi\varkappa/c$ gegeben, wo $\varkappa$ die Leitfähigkeit bedeutet. Für lange Wellen werden nämlich wirkliche Wechselströme hervorgerufen, deren Stromdichte ja durch $J = \varkappa E$ gegeben ist, wo E die elektrische Kraft der Wellen bedeutet. Die absorbierte Strahlungsenergie findet sich als JOULEsche Wärme wieder, deren Stärke bekanntlich

$$JE = \frac{1}{\varkappa} J^2 = \varkappa E^2 = \frac{4\pi\varkappa}{c} \cdot \frac{cE^2}{4\pi} \tag{86}$$

ist, pro Zeit- und Volumeinheit. Da $cE^2/4\pi$ der mit dem Strahlungsfluß identische POYNTINGsche Vektor ist, sieht man, daß der Absorptionskoeffizient gleich $4\pi\varkappa/c$ ist. Der Anwendungsbereich dieser Betrachtung liegt aber weit außerhalb des uns interessierenden Spektralgebiets. Dasselbe gilt in viel höherem Maße für die Thomson-Wärme, die einen solchen elektrischen Strömungsvorgang begleitet.

Wir haben bisher sozusagen die beiden Enden des Absorptionskoeffizienten untersucht und wenden uns jetzt der Mitte zu, die mit den Strahlungsvorgängen bei einzelnen Stößen zu tun hat. Die Zusammenstöße freier Elektronen miteinander können keine merkliche Absorptions- oder Emissionswirkung haben. Zwei stoßende Elektronen erfahren ja entgegengesetzt gleiche Beschleunigungen, weil sie dieselbe Ladung und Masse haben. Hierdurch wird das gesamte elektrische Moment der zwei Elektronen sehr nahe Null und kann also keine Ein- oder Ausstrahlung veranlassen.

Deshalb kommen nur Zusammenstöße zwischen Elektronen und Atomen in Betracht. Für diesen Fall wird die Superposition der von benachbarten Atomen gestreuten Energiequanten, statt der der Amplituden, viel eher eine gute Annäherung sein als im Falle der freien Elektronen, wegen des viel größeren mittleren Abstandes der Atome. Wir betrachten daher durchweg nur die mit individuellen Stoßprozessen verbundenen Emissionsvorgänge, deren prinzipielle Züge uns ja aus den Experimentaluntersuchungen und der Theorie des kontinuierlichen Röntgenspektrums bekannt sind. Wenn ein Stück Metall mit einem homogenen Elektronenstrahl von genügender Geschwindigkeit bombardiert wird, sendet es bekanntlich Röntgenstrahlen aus, die in ein Linienspektrum und ein kontinuierliches Spektrum zerfallen. Nur das letztere wird direkt durch die Zusammenstöße erregt und interessiert uns hier allein. Obgleich die einfallenden Elektronen anfänglich alle dieselbe Geschwindigkeit haben, muß man doch das beobachtete Spektrum als durch einen inhomogenen Strahl erregt betrachten, denn die meisten Elektronen werden ihre Energie nur teilweise in Strahlung umsetzen, und größtenteils durch Ionisationsvorgänge gebremst werden. Es bereitet aber keine Schwierigkeit, den Geschwindigkeitsverlust zu berücksichtigen, und das reine Bremsspektrum als Funktion der Elektronengeschwindigkeit darzustellen. Es scheint, daß dies im wesentlichen aus einem Bande besteht, dessen Intensität pro Frequenzeinheit und für eine gegebene Elektronengeschwindigkeit konstant ist, bis zu einer oberen Grenzfrequenz ν_0, bei der sie plötzlich auf Null herabgeht. Dieser Grenzfrequenz entspricht natürlich der Fall, daß ein Elektron seine ganze kinetische Energie in einem Strahlungsakt verliert, nach der Gleichung

$$\tfrac{1}{2}\,\mu V^2 = h\,\nu_0\,.$$

Für die konstante Intensität innerhalb des Bandes hat KRAMERS[1] den theoretischen Wert

$$I_0 = \frac{32\,\pi^2 e^6}{3\sqrt{3}\,\mu^2 c^3}\,\frac{N^2}{V}\,N_k N_e \tag{87}$$

abgeleitet, wo N die Atomnummer der Bremssubstanz, N_k die Zahl der bremsenden Atome, V und N_e die Geschwindigkeit

---

[1] Phil. Mag. Bd. 46, S. 836. 1923.

und Zahl der stoßenden Elektronen pro Volumeinheit sind. Dieser Wert gibt im wesentlichen den experimentell gefundenen Absolutwert und die Abhängigkeit von N, N_k, N_e und V wieder. Es sei aber ausdrücklich bemerkt, daß Kuhlenkampf[1] lokale Abweichungen von dieser Intensitätsverteilung dicht an der Grenzfrequenz gefunden hat. Der Ursprung dieser Abweichungen ist noch unklar[2], und vielleicht ist auch die experimentelle Seite des Problems nicht endgültig geklärt. Wir sehen deshalb von diesen Besonderheiten ab und stützen uns im folgenden auf die Kramerssche Theorie.

Man muß dann zuerst berücksichtigen, daß die freien Elektronen in einem Stern eine Maxwellsche Geschwindigkeitsverteilung besitzen, und den obigen Intensitätsausdruck entsprechend mitteln. Damit ein freies Elektron ein Lichtquant $h\nu$ in einem Stoßprozeß emittieren kann, ohne an das Atom gebunden zu werden, muß seine kinetische Energie $h\nu$ übersteigen. Also ist die totale, emittierte Intensität für die Frequenz ν

$$\left.\begin{aligned}I_\nu &= \int\limits_{\sqrt{2h\nu/\mu}}^{\infty} I_0\, 4\pi \left(\frac{\mu}{2\pi k T}\right)^{\frac{3}{2}} e^{-\frac{\mu V^2}{2kT}} \cdot V^2 dV \\ &= \frac{32\,\pi^2 e^6}{3\sqrt{3}\,\mu^2 c^3}\, N^2 N_k N_e \sqrt{\frac{2\mu}{\pi k T}}\, e^{-\frac{h\nu}{kT}} \, . \end{aligned}\right\} \tag{88}$$

Wenn wir den Fall thermodynamischen Gleichgewichts betrachten, müssen wir auch die Einsteinsche negative Einstrahlung berücksichtigen. Wie mehrmals bemerkt, führt dies mit sich, daß die Intensität I_ν mit dem Faktor

$$\left(1 + \frac{\varrho_\nu}{\dfrac{8\pi h\nu^3}{c^3}}\right) = \frac{1}{1 - e^{-\frac{h\nu}{kT}}} \tag{89}$$

multipliziert werden muß. Die totale absorbierte Energie pro Zeit- und Volumeinheit ist andererseits $\varkappa_\nu c\, \varrho_\nu$. Indem wir ein lokales Gleichgewicht der Strahlungsprozesse innerhalb jedes unendlich kleinen Frequenzintervalls $d\nu$ voraussetzen, bekommen wir also

$$\varkappa_\nu c\, \varrho_\nu = \frac{32\,\pi^2 e^6}{3\,\mu^2 c^3}\, N^2 N_k N_e \sqrt{\frac{2\mu}{3\pi k T}}\, \frac{1}{e^{\frac{h\nu}{kT}} - 1} \tag{90}$$

---

[1] Ann. d. Phys. Bd. 69, S. 548. 1922; Bd. 87, S. 597. 1928.

[2] Vgl. aber Y. Sugiura, Phys. Rev. Bd. 34, S. 858. 1929, und Oppenheimer, ZS. f. Phys. Bd. 55, S. 725. 1929.

oder mit dem PLANCKschen Wert für ϱ_ν

$$x_\nu = \frac{4\pi e^6}{3\mu^2 h\nu^3} \sqrt{\frac{2\mu}{3\pi k T}} \, N^2 N_k N_e.$$ (91)

Der Absorptionskoeffizient ist also proportional der dritten Potenz der Wellenlänge, und ist deshalb besonders wirksam im langwelligen Spektralgebiet.

c) **Absorptionswirkung der Atome.** Es ist hier wichtig zu bemerken, daß eine endliche Zahl von scharfen Absorptionslinien keinen merklichen Beitrag zu dem durch Gleichung (75) definierten stellaren Absorptionskoeffizienten geben kann, weil es nur auf die integrale Hemmung des Strahlungsflusses ankommt. Damit Absorptionslinien einen merklichen Einfluß haben, müssen sie zusammengenommen einen Spektralbereich überdecken, der etwa mit der Halbwertsbreite der PLANCKschen Kurve vergleichbar ist.

Daß die natürliche Breite einer Spektrallinie für diese Frage zu vernachlässigen ist, ergibt sich unmittelbar aus der experimentell festgestellten Schärfe der Röntgenlinien aller Spektralgebiete. Es ist indessen gut, sich eine Vorstellung von der Entstehungsweise dieser natürlichen Breite zu bilden, weil weitere Ursachen der Verbreiterung sich formal auf einen ähnlichen Vorgang zurückführen lassen. Nach der klassischen Elektrodynamik würde man die natürliche Breite auf die Dämpfung eines die Spektrallinie repräsentierenden harmonischen Oszillators zurückführen. Dies führt zu einem atomaren Absorptionskoeffizienten von der Form

$$x_\nu = \frac{8\pi}{3} \frac{e^4}{\mu^2 c^4} \cdot \frac{f \cdot \nu_0^2}{(\nu - \nu_0)^2 + \sigma^2},$$ (92)

wo f und σ Konstanten sind. Gewisse Experimentaluntersuchungen legen nahe, die Linienbreite durch einen Abklingungsvorgang zu erklären. Die quantentheoretische Umdeutung des Abklingungsvorgangs scheint die klassische Rechnung nur insofern abzuändern, als die Dämpfungskonstante σ in (92) durch die halbe Summe der Übergangswahrscheinlichkeiten aus den beiden der gegebenen Spektrallinie entsprechenden Zuständen des Atoms zu ersetzen ist.

Man hat zweitens die Dopplerbreite zu berücksichtigen. Nach dem MAXWELLschen Geschwindigkeitsverteilungsgesetz ist die relative Zahl der Atome, deren Geschwindigkeit u in der

Gesichtslinie im Intervall u bis $u + du$ liegt, durch

$$dr = \left(\frac{M}{2\pi kT}\right)^{\frac{1}{2}} e^{-\frac{Mu^2}{2kT}} du \qquad (93)$$

gegeben, wo M die Masse eines Atoms bedeutet. Es sei ν_0 die Ruhfrequenz einer als vollkommen scharf gedachten Spektrallinie des Atoms und ν die Frequenz derselben Linie, wenn das Atom sich mit der Geschwindigkeit u fortbewegt. Diese zwei Frequenzen sind dann gemäß dem DOPPLERschen Prinzip durch die Gleichung

$$\frac{\nu - \nu_0}{\nu_0} = -\frac{u}{c} \qquad (94)$$

miteinander verbunden. Also ist die relative Zahl der Atome, deren Eigenfrequenzen einem ruhenden Beobachter nach dem Spektralintervall ν bis $\nu + d\nu$ verschoben erscheinen:

$$dr = \frac{c}{\nu_0} \left(\frac{M}{2\pi kT}\right)^{\frac{1}{2}} e^{-\frac{Mc^2}{2kT}\left(\frac{\nu - \nu_0}{\nu_0}\right)^2} d\nu . \qquad (95)$$

Mit dem richtigen konstanten Faktor versehen, gibt dieser Ausdruck den Verlauf des Absorptionskoeffizienten innerhalb der gegebenen Spektrallinie wieder.

Die Frequenz ν_n, für die der Absorptionskoeffizient auf $1/n$ des Maximalbetrags herabgesunken ist, berechnet sich aus

$$e^{-\frac{Mc^2}{2kT}\left(\frac{\nu_n - \nu_0}{\nu_0}\right)^2} = \frac{1}{n}. \qquad (96)$$

Das ergibt

$$\frac{\nu_n - \nu_0}{\nu_0} = \sqrt{\log n \cdot \frac{2kT}{Mc^2}} . \qquad (97)$$

Betrachten wir z. B. Kupferatome ($M = 10^{-22}$ g) auf eine Temperatur von $10^7{}^\circ$ K erhitzt. Es folgt dann

$$\frac{\nu_n - \nu_0}{\nu_0} = 1{,}5 \cdot 10^{-4} \sqrt{\log n} . \qquad (98)$$

Selbst für $\log n = 100$ ($n = 10^{43{,}4}$) wird dieses Verhältnis nicht größer als $1{,}5 \cdot 10^{-3}$. Der relative Abstand der tiefsten Linien im K- oder L-Spektrum des Kupfers und höherer Elemente ist andererseits von der Größenordnung Eins. Es ist deshalb wenig wahrscheinlich, daß die Doppler-Breite von wesentlicher Bedeutung für unser Problem ist.

Wir haben drittens zu untersuchen, welchen Einfluß die Wechselwirkungen der Atome mit dem Strahlungsfelde und miteinander auf die Linienbreite haben. Im Falle des Strahlungsfeldes sind die Verhältnisse am durchsichtigsten. Denn hier hat man es offenbar mit einer Vergrößerung der natürlichen Breite zu tun, weil die Dämpfungkonstante durch die Summe der spontanen und der erzwungenen Übergangswahrscheinlichkeiten ersetzt wird. Diese sind nämlich durch die EINSTEINsche Relation

$$B_{ik}\,\varrho_\nu = A_{ki}\left(e^{\frac{h\nu}{kT}} - 1\right)^{-1} \tag{99}$$

miteinander verknüpft. Man erkennt daraus, daß die Bedeutung der erzwungenen Übergangsprozesse auf das langwellige Gebiet beschränkt ist, wo $h\nu$ klein ist, verglichen mit kT. Also ist die durch das Strahlungsfeld hervorgerufene Verbreiterung unwesentlich.

d) Die Stoßwirkung der Atome aufeinander läßt sich wohl auch als eine vergrößerte Dämpfung auffassen, da die Zahl der wirksamen Stöße zweiter Art pro Zeiteinheit an Stelle der erzwungenen Übergangswahrscheinlichkeit tritt. Damit ein Stoß zweiter Art wirklich eintreten kann, scheint es notwendig, daß die zwei Atome sich bis zur Berührung nahe kommen. Eine auf diese Annahme gegründete Rechnung zeigt, daß die Stoßwirkung nichts Wesentliches zum Absorptionsvermögen der Sternsubstanz beitragen kann, sofern der effektive Querschnitt der Atome für solche Stöße von derselben Größenordnung ist wie für gaskinetische Stöße.

Neben den Einzelstößen muß man auch die superponierte Kraftwirkung aller Atome auf die Linienbreite untersuchen. Diese Wirkung ist physikalisch von der Stoßwirkung ganz verschieden, indem es sich nicht um eine vergrößerte Übergangswahrscheinlichkeit handelt, sondern um eine Änderung der Eigenfrequenzen des Atoms. Betrachten wir beispielsweise den Fall, daß ein störendes Elektron in einem festen Abstand vom emittierenden Atom fixiert ist. Die elektrische Kraft des Elektrons wird dann die Energiestufen des Atoms etwas ändern analog dem durch ein homogenes Feld hervorgerufenen Stark-Effekt. Die absorbierenden und emittierenden Atome der Sternsubstanz sind nun ständig einer ähnlichen Wirkung der benach-

barten freien Elektronen und positiven Ionen ausgesetzt. Also
entsteht die Frage, ob dieser innere Stark-Effekt groß genug ist,
um die Spektrallinien wesentlich zu verbreitern.

Es sei $\delta \nu$ der Frequenzunterschied der beiden äußersten Stark-
Effektkomponenten einer gegebenen Linie für die Feldstärke
Eins. Es sei ferner n die Zahl der verbreiternden Teilchen (Elektronen oder Kerne) pro Volumeinheit und E die elektrische
Ladung eines Teilchens. Es ist ohne weiteres klar, daß die nächsten
Teilchen die größte Wirkung ausüben müssen. Nun ist der
mittlere Abstand benachbarter Teilchen in dem Gas $n^{-\frac{1}{3}}$, was
einer mittleren Feldstärke $E\,n^{\frac{2}{3}}$ und einer mittleren Verbreiterung
einer von einem Atom emittierten Spektrallinie von

$$\Delta \nu = \delta \nu\, E\, n^{\frac{2}{3}} \tag{100}$$

entspricht. In Wirklichkeit wird das störende elektrische Feld
des Atoms um den Wert $E\,n^{\frac{2}{3}}$ nach einem statistischen Gesetz
verteilt sein. Diese ganze Frage ist von HOLTSMARK[1] diskutiert
worden. Es scheint, daß die so hervorgerufene Intensitätsverteilung innerhalb der Linie qualitativ von derselben Art ist wie
die innerhalb der natürlichen Breite [vgl. (92)]. Die von HOLTS-
MARK berechnete Halbwertsbreite ist dabei etwa dreimal größer
als nach der oben gegebenen Formel.

In den obigen Betrachtungen ist implizite angenommen, daß
die Wirkung durch die Ladung der verbreiternden Teilchen und
die Konstanten $\delta \nu$ bestimmt ist, ohne Rücksicht auf die nähere
Struktur des Atoms. Für den Fall gleichartiger Atome kann
diese Annahme durch Resonanzwirkung hinfällig werden, und
es scheint, daß bei gewissen irdischen Experimenten die Resonanzwirkung überwiegt. Unter stellaren Bedingungen, bei welchen die
Atome 20 bis 30 Elektronen verloren haben, dürfte aber die Resonanzwirkung neben der rein elektrostatischen Wirkung zu vernachlässigen sein. Nach dieser Annahme ist also die ganze Wirkung durch
die obige Formel (100) gegeben. Eine rechnerische Nachprüfung dieser
Formel deutet darauf hin, daß der innere Starkeffekt zu klein
ist, um den Liniencharakter des Spektrums wesentlich zu ändern.

e) Kontinuierliche Absorptionsbanden. Die Linien einer Spek-
tralserie setzen sich gewöhnlich nach der kurzwelligen Seite
hin in einer kontinuierlichen Bande fort, deren Intensität am

---

[1] Ann. d. Phys. Bd. 58, S. 577. 1919; Phys. ZS. Bd. 25, S. 7. 1924.

größten ist am langwelligen Ende, um für größere Frequenzen
schnell an Intensität abzunehmen. Solche Banden sind z. B.
an der Grenze der Balmer-Serie, der Hauptserie neutraler Natrium-
atome und auch im Röntgengebiet beobachtet worden. Da die
Strahlung im Sterninnern den Röntgenstrahlen am nächsten
kommt, liegt es nahe, die Betrachtung der Absorptionsbanden
an die Erfahrungen über Röntgenstrahlen anzuknüpfen.

Durch eine große Zahl von Experimenten ist klar geworden,
daß der atomare Absorptionskoeffizient für Röntgenstrahlen
relativ zu einer gegebenen Elektronengruppe in ziemlich guter
Näherung durch einen Ausdruck von der Form

$$\sigma_\nu = \begin{cases} G r \nu_r^2 \, \nu^{-3} & \nu > \nu_r, \\ 0 & \nu < \nu_r \end{cases} \tag{101}$$

gegeben ist, wo G eine universelle Konstante, r die Zahl der
Elektronen in der Gruppe und ν_r die Absorptionsgrenze der gegebenen Gruppe ist. Die empirische Gültigkeit obiger Formel ist
von JAUNCEY[1] einer gründlichen Diskussion unterworfen worden.
JAUNCEY fand, daß der empirische Wert von G sich nur im Verhältnis von 1 zu 1,8 ändert, wenn die relativen σ_ν-Werte
von 1 bis 9000 laufen. Es ist aber auch klar, daß diese Formel
keine exakte Gültigkeit haben kann, weder was die Konstanz
von G noch die exakten Werte 2 und -3 der Exponenten an-
geht. Man behält also immer die Möglichkeit, Verbesserungen
an die empirische Formel anzubringen, was für die Entwicklung
der Atomphysik von Wichtigkeit sein kann. Da wir in der Theorie
des stellaren Absorptionskoeffizienten meistens nur mit Größenordnungen rechnen können, scheint es aber, daß eventuelle Verbesserungen nur geringe Bedeutung haben, und wir werden uns
deshalb mit der Formel (101) begnügen.

Um die relative Wichtigkeit der verschiedenen Arten von
Röntgenabsorptionen für den stellaren Absorptionskoeffizienten
abzuschätzen, ist es nötig, auf die Ionisationstheorie zurückzugreifen. Wir erinnern uns dabei, daß die Zahl x_{p+1} der
Atome mit $p + 1$ gebundenen Elektronen mit der Zahl x_p von
Atomen mit p Elektronen und der Zahl der freien Elektronen x_e
durch die Formel

$$x_{p+1} = \frac{x_p \, x_e}{(2 \pi \mu k T)^{\frac{3}{2}}} \frac{f_{p+1}}{f_p} \tag{102}$$

____

[1] Phil. Mag. Bd. 48, S. 81. 1924.

verknüpft ist, wo f_p die Zustandssumme (oder das Zustands-integral) der Atome $p$ter Art ist. In genügender Näherung ist

$$\frac{f_{p+1}}{f_p} = h^3 \, e^{\chi/kT} , \tag{103}$$

wo χ die Energie ist, die man dem Atom mit $p + 1$ Elektronen zuführen muß, um das losest gebundene Elektron ganz zu entfernen.

Die Hauptfrage, die wir jetzt beantworten müssen, ist folgende: in welchem Ionisationszustand sind die Atome, deren Banden-absorption in das Hauptgebiet der nach der Temperatur abgeleiteten PLANCKschen Strahlungskurve fällt?

Man sieht nämlich leicht ein, daß die funktionale Abhängigkeit des stellaren Absorptionskoeffizienten von der Dichte und der Temperatur wesentlich von der Antwort auf diese Frage abhängt. Wenn die am häufigsten vorkommenden Atome in diesem Spektralgebiet absorbieren, wird der Absorptionskoeffizient einfach proportional der Dichte und umgekehrt proportional der dritten Potenz der Temperatur. Wenn aber die vorherrschenden Atome im kurzwelligen Gebiete des Spektrums absorbieren, kann es vorkommen, daß Atome mit einem zusätzlichen Elektron im kritischen Spektralgebiet absorbieren, was nach (102) zu einer Proportionalität des Absorptionskoeffizienten mit dem Quadrat der Dichte führt. Wenn also die Absorption im kritischen Gebiet durch Atome hervorgerufen wird, die s Elektronen mehr als die vorherrschenden Atome haben, so wird der Absorptionskoeffizient proportional der $(s + 1)$ten Potenz der Dichte. Dieses Resultat wird aber etwas modifiziert, sobald man angeregte Elektronen-zustände berücksichtigt.

Wenn man das Verhältnis χ/kT mittels der Formeln (102) und (103) ausrechnet, indem man Ionisationsstufen von etwa 20—30 freien Elektronen pro Kern, Temperaturen von einigen Millionen Grad und die mittleren Dichten von Riesen- oder auch gewöhnlichen Zwergsternen annimmt, findet man, daß χ/kT von der Ordnung 10 ist. Die vorherrschenden Atome sind also ganz unwirksam bei der Hemmung des Strahlungsflusses. Wenn diese Atome beide K-Elektronen behalten, aber keine L-Elektronen, werden also Atome der nächsten Stufe L-Strahlung absorbieren. Die Frequenz der L-Absorptionskanten ist nun ungefähr ein Viertel der Frequenz der K-Kanten. Hieraus folgt, daß die L-Atome im richtigen Frequenzgebiet absorbieren werden, da für sie der Wert χ/kT zu 2,5 herauskommt, also jenseits des Maximums von $\partial\varrho_\nu/\partial T$ auf der langwelligen Seite liegt. Wenn aber die Elemente der Sternsubstanz ein so großes Atomgewicht haben, daß die L-Atome vorherrschen, dann muß man mit der Möglichkeit rechnen, daß man zwei Stufen aufsteigen muß, also bis zu N-Atomen, damit die Absorptionskanten ins richtige Spektralgebiet fallen, was zur Folge haben würde, daß der Absorptionskoeffizient der dritten Potenz der Dichte proportional wird. Man muß hier im Auge behalten, daß sehr viele Kombinationen vorkommen können.

14. Der obere Grenzwert des Absorptionskoeffizienten.

Die wirksamste Hemmung des Strahlungsflusses im Sterninnern scheint durch kontinuierliche Kantenabsorption gegeben zu sein, wie wir sie aus Versuchen mit Röntgenstrahlen kennen. Der exakte analytische Ausdruck des Absorptionskoeffizienten für diesen Fall ist sehr kompliziert und unübersichtlich, und wir wollen uns deshalb auf die Berechnung des oberen Grenzwertes des Absorptionskoeffizienten beschränken. Für diesen Zweck wollen wir annehmen, daß die unstetige Verteilung der Absorptionskanten durch eine stetige Verteilung ersetzt wird, so daß x_ν als Funktion der Frequenz einen glatten Verlauf zeigt. Der natürlichste Weg zu dieser Glättung besteht in einer Verallgemeinerung des früher in der Theorie der Elektronenstreuung verwendeten halbklassischen Verfahrens, indem wir zuerst den entsprechenden Emissionsprozeß betrachten. Die theoretischen Ausführungen von KRAMERS zeigen, daß wir auch dieselbe Größe I_ν für die Emission von Strahlung der Frequenz ν eines mit der Geschwindigkeit V bewegten Elektrons verwenden dürfen, wie in der Theorie der Elektronenstreuung, wenn das Elektron nach dem Stoß frei war. Man muß aber jetzt beachten, daß Elektronen mit der Geschwindigkeit Null auch strahlen können, nämlich bis zu der Maximalfrequenz $\nu_0 = \chi/h$. Um einen oberen Grenzwert des Emissionsvermögens zu bekommen, betrachten wir diese Frequenz als unendlich groß verglichen mit den uns interessierenden Frequenzen. Dies führt mit sich, daß unser I_ν durch (88) gegeben ist, falls man rechter Hand $\nu = 0$ setzt, also:

$$I_\nu = K N^2 N_k N_e \sqrt{\frac{2\mu}{\pi k T}}. \tag{104}$$

Indem wir wieder ein lokales Gleichgewicht der Emission und Absorption im Frequenzintervall ν bis $\nu + d\nu$ voraussetzen, bekommen wir

$$c\,x_\nu\,\varrho_\nu = I_\nu\left(1 + \frac{c^3}{8\pi h\nu^3}\,\varrho_\nu\right) \qquad (105)$$

oder

$$x_\nu = \frac{1}{4\pi}\,K\,N^2 N_k N_e \sqrt{\frac{\mu}{2\pi k T}}\,\frac{c^2}{h\nu^3}\,e^{\frac{h\nu}{kT}} . \qquad (106)$$

Der langwellige Teil dieses Koeffizienten ($h\nu < kT$) entspricht hauptsächlich der früher behandelten Absorption durch freie Elektronen. Der kurzwellige Teil entspricht der Seriengrenzabsorption aus allen Quantenzuständen des Atoms. Man bemerke die Proportionalität des Absorptionskoeffizienten mit der dritten Potenz der Wellenlänge für lange Wellen. Der exponentielle Verlauf des Koeffizienten im kurzwelligen Gebiet ist andererseits ganz fiktiv, und nur durch die Näherungsannahmen eingeführt. Dieser Fehler hat aber nur einen kleinen Einfluß auf den stellaren Absorptionskoeffizienten, da die Gewichtsfunktion $\partial\varrho_\nu/\partial T$ für große Werte von $h\nu/kT$ sehr schnell gegen Null konvergiert.

Wie früher bemerkt wurde, ist es notwendig, den oben abgeleiteten Wert von x_ν mit $1 - e^{-h\nu/kT}$ zu multiplizieren, um den negativen Einstrahlungsprozessen Rechnung zu tragen. Also erhalten wir

$$x_\nu = 2\,K\,N^2 N_k N_e \frac{1}{c}\sqrt{\frac{\mu}{2\pi k T}}\,\varrho_\nu^{-1} \qquad (107)$$

und nach (75)

$$x = \frac{4K}{c}\,N^2 N_k N_e \sqrt{\frac{\mu}{2\pi k T}}\left\{\frac{\partial}{\partial T}\int\limits_0^\infty \varrho_\nu\,d\nu \div \frac{\partial}{\partial T}\int\limits_0^\infty \varrho_\nu^2\,d\nu\right\}. \qquad (108)$$

Die Integrale in dieser Formel sind leicht zu berechnen. Man hat

$$\int\limits_0^\infty \varrho_\nu\,d\nu = \frac{8\pi}{c^3}\,\frac{k^4}{h^3}\,\alpha\,3!\,T^4 ; \qquad \int\limits_0^\infty \varrho_\nu^2\,d\nu = \left(\frac{8\pi}{c^2}\right)^2\frac{k^7}{h^5}\,6!\,\beta\,T^7 , \qquad (109)$$

wo

$$\alpha = \sum_1^\infty n^{-4} = 1{,}08 ; \qquad \beta = \sum_1^\infty \frac{n}{(1+n)^7} = 2^{-7}\cdot 1.15 \qquad (110)$$

ist, was schließlich

$$x = N_k N_e\,\frac{N^2 K c^2 h^2 \alpha}{420\,\beta}\sqrt{\frac{\mu}{2\pi^3 k^7 T^7}} \qquad (111)$$

ergibt.

Wir wollen jetzt die Zahlen N_k und N_e durch die Dichte ϱ und das Atomgewicht A der Sternsubstanz ausdrücken. Wir nehmen dabei an, daß die Sternsubstanz im wesentlichen aus einem einzigen oder einer Reihe benachbarter Elemente besteht, die in genügender Näherung durch das mittlere Atomgewicht A und die mittlere Zahl Z von freien Elektronen pro Atom dargestellt sind, und daß N_k die vorherrschende Ionisationsstufe repräsentiert.

Dann ist

$$N_k N_e = \frac{Z \varrho^2}{A^2 H}, \qquad (112)$$

so daß man den Ausdruck (111) wie folgt schreiben kann:

$$\frac{A^2}{Z N^2} x \frac{T^{\frac{5}{2}}}{\varrho^2} = \frac{K c^2 h^2 \alpha \sqrt{\mu}}{420 \beta H^2 \sqrt{2 \pi^3 k^7}}, \qquad (113)$$

wo die rechte Seite der Gleichung eine absolute Konstante ist. Wenn wir den numerischen Wert dieser Konstante einsetzen, finden wir

$$x \frac{A^2 T^{\frac{5}{2}}}{Z N^2 \varrho^2} = 1,86 \cdot 10^{25} cgs. \qquad (114)$$

Die Voraussetzungen, die dieser Rechnung zugrunde liegen, weichen nun in einer Hinsicht von den wirklichen Verhältnissen sehr ab, indem die Röntgenversuche sich auf elektrisch neutrale Atome beziehen, während in den Sternen die Atome hoch ionisiert sind. Wir haben keine Gelegenheit, diesen Punkt experimentell zu prüfen. Theoretisch ist aber die Frage von OPPENHEIMER[1] und GAUNT[2] diskutiert worden. OPPENHEIMER kommt zu dem Schluß, daß die Absorption sehr wesentlich vom Ionisationszustand abhängen kann, und zwar im Sinne einer Vergrößerung der Absorption mit fortschreitender Ionisation. In günstigen Fällen dürfte der stellare Absorptionskoeffizient, wie wir ihn in (114) gegeben haben, zehnfach zu vergrößern sein. Nach GAUNT sollen aber diese Resultate durch einen Rechenfehler vorgetäuscht sein; nach Beseitigung dieses Fehlers verschwindet auch der angekündigte Unterschied zwischen neutralen und ionisierten Atomen. Wir kommen auf diese Frage später zurück.

---

[1] ZS. f. Phys. Bd. 55, S. 725. 1929.
[2] Proc. Roy. Soc. London A. Bd. 126, S. 654. 1930.

III. Hydrodynamik der Sterne.

Wir wollen jetzt die gewonnenen Kenntnisse des physikalischen Zustandes der Sternmaterie für die Dynamik der Sterne verwerten, um Aufschlüsse über die wirklichen Verhältnisse im Sterninnern zu erhalten. Wir wollen dieses Programm schrittweise durchführen, indem wir mit den einfachsten Fragen anfangen und zu komplizierteren aufsteigen. Es empfiehlt sich, zuerst gewisse formale Beziehungen allgemeiner Natur zu besprechen.

a) Erhaltung des Impulses. Die hydrodynamischen Bewegungsgleichungen sagen bekanntlich aus, daß die Änderung des innerhalb einer festen Fläche enthaltenen Impulses durch Strömung von Impuls durch die Fläche oder durch die Wirkung äußerer Kräfte erfolgt. Es seien V_1, V_2, V_3 die rechtwinkligen Komponenten der Geschwindigkeit V der Materie in dem Punkte x_1, x_2, x_3, und ϱ die Massendichte. Die Impulsdichten in Richtung der drei Koordinatenachsen sind dann ϱV_1, ϱV_2, ϱV_3, und jeder Achsenrichtung entspricht ein Impulsstrom $\varrho V_1 \cdot V$ usw. Der Verlust pro Zeit- und Volumeinheit an Impuls ϱV_1 ist offenbar $\mathrm{div}\,(\varrho V_1 V)$, und entsprechend für die anderen Achsen. Es seien f_1, f_2, f_3 die rechtwinkligen Komponenten der äußeren Kräfte pro Masseneinheit und $\varPi_{ik}$ die Komponenten der inneren Spannungen der Flüssigkeit. Um volle Allgemeinheit zu erzielen, nehmen wir ferner an, daß die Masse während der Bewegung nicht erhalten bleibt und bezeichnen die pro Zeit- und Volumeinheit neu erzeugte Masse mit Q. Die Forderung der Impulsbilanz innerhalb eines infinitesimalen festen Volumelementes führt dann für die Bewegung längs der x_1-Achse zu der Gleichung

$$\begin{aligned}
\frac{\partial}{\partial t}(\varrho V_1) = \varrho f_1 &- \frac{\partial}{\partial x_1}(\varrho V_1 V_1) - \frac{\partial}{\partial x_2}(\varrho V_1 V_2) - \frac{\partial}{\partial x_3}(\varrho V_1 V_3) \\
&- \frac{\partial \varPi_{11}}{\partial x_1} - \frac{\partial \varPi_{12}}{\partial x_2} - \frac{\partial \varPi_{13}}{\partial x_3} + Q V_1,
\end{aligned} \tag{115}$$

mit zwei entsprechenden Gleichungen für die übrigen Achsen. Um die Gleichung in Vektorform zu schreiben, ist es vorteilhaft, die Strömung des Impulses durch den symmetrischen Tensor zweiten Ranges M zu beschreiben, dessen Komponenten

$$M_{ik} = \varrho\, V_i V_k \tag{116}$$

sind, und der dem Tensor $\boldsymbol{\Pi}$ der inneren Spannungen analog ist. Die Bewegungsgleichungen (115) lassen sich dann in der einen Vektorgleichung[1]

$$\frac{\partial}{\partial t}\,(\varrho\boldsymbol{V}) = \varrho f - \mathrm{Div}\,(\boldsymbol{M} + \boldsymbol{\Pi}) + Q\boldsymbol{V} \qquad (117)$$

zusammenfassen.

Die Kontinuitätsgleichung der Masse wird andererseits

$$\frac{\partial \varrho}{\partial t} + \mathrm{div}\,\varrho\boldsymbol{V} = Q\,. \qquad (118)$$

Durch Verwendung dieser Gleichung reduziert sich die hydrodynamische Bewegungsgleichung (117) auf die Form

$$\frac{\varrho\,d\boldsymbol{V}}{dt} = \varrho f - \mathrm{Div}\,\boldsymbol{\Pi}\,; \qquad \frac{d}{dt} = \frac{\partial}{\partial t} + (\boldsymbol{V}\nabla)\,. \qquad (119)$$

Es ist interessant zu bemerken, daß in dieser EULERschen Form der Bewegungsgleichungen der Term $Q\boldsymbol{V}$ verschwunden ist, im Gegensatz zu der MAXWELLschen Form (117). Die Berücksichtigung des Massenverlustes dürfte für einige Probleme der stellaren Hydrodynamik von Wichtigkeit sein.

b) Erhaltung der Energie. Gegeben sei eine feste geschlossene Fläche S. Die Energie, die zu einem willkürlichen Zeitpunkt t in S enthalten ist, läßt sich in 3 Teile zerlegen: 1. thermische Energie des Strahlungsfeldes und der Materie; 2. subatomare Energie; 3. kinetische Energie makroskopischer Vorgänge. Die Dichten dieser Energieformen seien mit E_t, E_s und $\frac{1}{2}\varrho V^2$ bezeichnet. Die zeitliche Änderung der totalen Energie innerhalb der Fläche S ist somit

$$\int_S \left\{ \frac{\partial}{\partial t}\,(E_t + E_s) + \frac{\partial}{\partial t}\,(\tfrac{1}{2}\varrho V^2) \right\} d\tau\,, \qquad (119\,\mathrm{a})$$

wo die Integration über den Raum innerhalb S zu erstrecken ist. Die Energiezufuhr durch äußere Kräfte pro Zeiteinheit ist in gleicher Weise

$$\int_S \varrho\,(f\boldsymbol{V})\,d\tau\,, \qquad (120)$$

während Erzeugung von Masse einen Beitrag

$$\tfrac{1}{2}\int Q V^2 \cdot d\tau \qquad (120\,\mathrm{a})$$

---

[1] Die Bezeichnung Div bezieht sich auf die Tensordivergenz und div auf die gewöhnliche Vektordivergenz.

ergibt. Die übrige Energiezufuhr setzt sich zusammen aus dem Strahlungsfluß F_s, einem Fluß thermischer und innerer Energie $(E_t + E_s)V$, und dem durch den Impulsstrom und die Druckkräfte bedingten Energiestrom $(V\frac{1}{2}M + VII)$.

Also bekommt man für den gesamten Energiefluß durch die Flache S

$$-\int_S \{F_s + (E_t + E_s)V + \tfrac{1}{2}(MV) + (VII)\}_n \, dS, \qquad (121)$$

wo der Index n bedeutet, daß von den eingeklammerten Vektoren nur die Komponenten nach der äußeren Flächennormalen zu nehmen sind. Das Flächenintegral läßt sich nach dem GAUSS-schen Satze als Raumintegral über die Divergenz des eingeklammerten Vektors innerhalb der Fläche S schreiben. Da diese Fläche ganz willkürlich ist, und somit infinitesimal genommen werden kann, bekommt man als allgemeine Kontinuitätsgleichung der Energie:

$$\left.\begin{aligned}&\frac{\partial}{\partial t}(E_t + E_s) + \frac{\partial}{\partial t}(\tfrac{1}{2}\varrho V^2) - \varrho(fV) - \tfrac{1}{2}QV^2\\ &+ \operatorname{div}\{F_s + (E_t + E_s)V + \tfrac{1}{2}(MV) + (VII)\} = 0\,.\end{aligned}\right\} \quad (122)$$

Diese Gleichung läßt sich weiter vereinfachen. Wir multiplizieren die hydrodynamische Bewegungsgleichung (117) skalar mit V:

$$V\frac{\partial}{\partial t}(\varrho V) = \varrho(fV) - V\operatorname{Div}\{M + II\} + QV^2. \qquad (123)$$

Diese Gleichung läßt sich durch einfache Transformation der verschiedenen Glieder auf die folgende Form bringen:

$$\varrho(fV) - \frac{\partial}{\partial t}(\tfrac{1}{2}\varrho V^2) - \operatorname{div}(\tfrac{1}{2}VM) - V\operatorname{Div}II + \tfrac{1}{2}QV^2 = 0, \quad (124)$$

wo Q wie früher die Masse bezeichnet, die pro Zeit- und Volumeinheit erzeugt wird. Wenn wir diese Gleichung zu der Kontinuitätsgleichung der Energie addieren, erhalten wir als Resultat:

$$\frac{\partial}{\partial t}(E_t + E_s) + \operatorname{div}\{F_s + (E_t + E_s)V\} = V\operatorname{Div}II - \operatorname{div}(VII). \quad (125)$$

Eine Erzeugung von Masse beeinflußt in der Kontinuitätsgleichung nur die Energiedichten E_t und E_s.

Der negativ genommene Ausdruck rechts in der Gleichung (125) läßt sich auch als invariantes Produkt des Tensors II in den Tensor zweiten Ranges, den man aus der Geschwindigkeit V durch Ableitung nach den Raumkoordinaten bekommt, schreiben:

$$\operatorname{div}(V\varPi) - V\operatorname{Div}\varPi = \sum_{ik}{}' \varPi_{ik}\frac{\partial V_i}{\partial x_k}. \tag{126}$$

Für den Fall eines rein hydrodynamischen Mediums hat der Drucktensor die Form:

$$\varPi_{ik} = \delta_{ik}(p + \mu\operatorname{div}V) - \tfrac{1}{2}\lambda\left(\frac{\partial V_i}{\partial x_k} + \frac{\partial V_k}{\partial x_i}\right); \quad \delta_{ik} = \begin{cases} 0, & i \neq k. \\ 1, & i = k. \end{cases} \tag{127}$$

Hier ist p der hydrostatische Druck; μ und λ sind zwei Viskositätskoeffizienten, die gewöhnlich durch die Relation $\lambda = 3\mu$ miteinander verbunden sind. Dies hat zur Folge, daß die Summe der senkrechten Spannungen (Spur des Spannungstensors)

$$\sum_{k} \varPi_{kk} = 3p + (3\mu - \lambda)\operatorname{div}V \tag{128}$$

von der Geschwindigkeit unabhängig wird. Durch Verwendung der Ausdrücke (127) für die Spannungen bekommen wir als Ausdruck für die Differenz (126):

$$\operatorname{div}(V\varPi) - V\operatorname{Div}\varPi = p\operatorname{div}V - \varPhi, \tag{129}$$

wo

$$\varPhi = -\mu(\operatorname{div}V)^2 + \frac{3}{2}\mu\sum_{ik}{}'\left(\frac{\partial V_i}{\partial x_k} + \frac{\partial V_k}{\partial x_i}\right)\frac{\partial V_i}{\partial x_k} \tag{130}$$

die pro Zeit- und Volumeinheit durch Reibung erzeugte Wärmeenergie ist.

Wir können also die Kontinuitätsgleichung der Energie in der folgenden endgültigen Form schreiben [1]:

$$\frac{\partial}{\partial t}(E_t + E_s) + \operatorname{div}\{F_s + (E_t + E_s)V\} + p\operatorname{div}V = \varPhi. \tag{131}$$

c) **Hydrostatik.** Wir betrachten jetzt den einfachen Fall eines aus einem einzigen Element aufgebauten Sternes in hydrostatischem Gleichgewicht. Es ist also der Gasdruck

$$p_g = \frac{k}{H\mu}\varrho T, \tag{132}$$

wo H die Masse eines Wasserstoffatoms, μ das Molekulargewicht (Wasserstoff $= 1$), ϱ die Dichte und T die absolute Temperatur

---

[1] Vergleiche hier G. Kirchhoff, Vorlesungen über mathematische Physik Bd. 4, S. 113. Leipzig 1894.

ist. Die hydrodynamische Bewegungsgleichung reduziert sich jetzt auf die bekannte Form:

$$\nabla p_g = \varrho f \,. \tag{133}$$

Die äußere Kraft f setzt sich zusammen aus der Gravitationskraft $\nabla\varphi$, wo φ das Gravitationspotential ist und den durch Absorption von Strahlung ausgeübten elektromagnetischen Kräften. Bekanntlich ist der Gesamtimpuls einer ebenen elektromagnetischen Welle gleich der Energie der Welle, dividiert durch die Lichtgeschwindigkeit. Also ist mit unseren früheren Bezeichnungen der Impulsstrom im Frequenzintervall ν bis $\nu + d\nu$ gleich $F_\nu d\nu/c$. Von diesem Strom wird pro Zeit- und Volumeinheit $x_\nu F_\nu d\nu/c$ absorbiert, was sich als Kraftwirkung auf die Materie äußern muß. Mit dem Näherungsausdruck (71) für F_ν ist diese Strahlungskraft

$$-\frac{4\pi}{3c}\,\nabla B \tag{134}$$

und also die Gesamtkraft

$$-\tfrac{1}{3}\nabla a T^4. \tag{134a}$$

Diese Kraft läßt sich aus einem Potential

$$p_s = \tfrac{1}{3} a T^4 \tag{134b}$$

ableiten, das gewöhnlich als Strahlungsdruck bezeichnet wird. Man sieht aus (67), daß die Strahlungskraft sich im allgemeinen Fall stationärer Verhältnisse als Divergenz eines symmetrischen Tensors zweiten Ranges darstellen läßt. Die hydrostatische Gleichgewichtsbedingung hat somit die Form

$$\varrho\nabla\varphi = \nabla(p_g + p_s)\,. \tag{135}$$

Zu dieser Gleichung, die den Impulssatz ausspricht, kommt jetzt die Gleichung (131), die den Satz von der Erhaltung der Energie ausdrückt, und die sich im jetzigen Spezialfall auf

$$\frac{\partial E_s}{\partial t} + \operatorname{div} F_s = 0 \tag{136}$$

reduziert. Von dem speziellen Mechanismus der Energieerzeugung eines Sternes wissen wir zunächst nichts Sicheres. Wir wissen nur qualitativ, aus der Existenz der Riesensterne, daß die Energieerzeugung hauptsächlich im Innern stattfindet. Man sollte also die Theorie so entwickeln, daß man durch Vergleich mit den Beobachtungen möglichst viel über die Energieerzeugung erfährt. Im Falle rotationsloser Sterne ist diese Möglichkeit ziemlich begrenzt, da die Flächen konstanter Dichte und konstanter Temperatur zusammenfallen, und man deshalb Funktionen der Dichte von Funktionen der Temperatur nicht unterscheiden kann. Rotierende oder pulsierende Sterne dürften für eine solche Untersuchung viel günstiger sein, da dort die isothermen und isosteren Flächen sich schneiden können.

15. Eddingtons Theorie.

Eine allgemeine Diskussion der Verteilung der Energiequellen in den Sternen liegt nicht vor. Man hat hauptsächlich den einen Spezialfall diskutiert, daß die Energieerzeugung proportional der Dichte verläuft und der Massenabsorptionskoeffizient eine Konstante ist. Unter allen Umständen können wir nicht umhin, eine bedeutende Konzentration sowohl der Masse wie der Energieerzeugung gegen das Zentrum hin anzunehmen. Die Annahme einer der Dichte proportionalen Energieerzeugung bietet andererseits gewisse rechnerische Vereinfachungen, die einen guten Einblick in das allgemeine Problem gewähren. Man sieht ja ohne weiteres, daß hierdurch die Kontinuitätsgleichung der Energie von derselben Form wird wie die Poissonsche Gleichung für die Schwerebeschleunigung

$$\operatorname{div}\left(-\nabla \varphi\right) = 4\pi G \varrho, \qquad (137)$$

wo G die Gravitationskonstante bedeutet. Da sowohl der Energiestrom F_s wie die Schwerebeschleunigung $-\nabla \varphi$ im Unendlichen verschwinden, ist ohne weiteres klar, daß F_s überall proportional $-\nabla \varphi$ sein muß. Durch Integration der beiden Gleichungen über eine mit dem Stern konzentrische Kugelfläche mit dem Radius r folgt ja

$$-\nabla \varphi = \frac{G M_r}{r^2}; \qquad F_s = \frac{E_r}{4\pi r^2}, \qquad (138)$$

wo M_r die Masse und E_r die pro Zeiteinheit innerhalb der gegebenen Kugelfläche erzeugte Energie bedeutet. Also ist

$$\nabla \varphi = -4\pi G \frac{M_r}{E_r} \cdot F_s = \frac{4\pi c G}{\varkappa} \frac{M_r}{E_r} \nabla p_s. \qquad (139)$$

Da E_r nach Voraussetzung proportional M_r sein soll, ist auch $\nabla \varphi$ proportional F_s. Wir ersetzen jetzt in der hydrostatischen

Gleichung die Schwerkraft durch den Energiefluß nach der obigen Relation. Dies ergibt

$$4\pi G c\, \frac{\varrho}{x} \cdot \frac{M_r}{E_r} \cdot V p_s = V\,(p_g + p_s)\,. \tag{140}$$

Man erhält dann durch Integration

$$p_g = \left(\frac{4\pi c G}{\varepsilon\, x/\varrho} - 1\right) p_s; \quad \varepsilon = \frac{E_r}{M_r}\,. \tag{141}$$

Eigentlich hätten wir hier eine kleine Integrationskonstante von p_s subtrahieren sollen, um der Endlichkeit des Lichtdrucks an der Sternoberfläche Rechnung zu tragen. Sobald man sich aber eine kleine Strecke unter der Sternoberfläche befindet, ist diese Konstante ganz zu vernachlässigen. Man bemerke, daß Gleichung (141) auch in dem Falle gültig ist, wenn ε und x/ϱ in solcher Weise variieren, daß $\varepsilon \cdot x/\varrho$ räumlich konstant ist. Dies ist wichtig, da x/ϱ nach der Theorie nicht ganz konstant sein kann. Trägt man die Ausdrücke (132) und (134b) für p_g und p_s in (141) ein, so folgt als Zusammenhang zwischen Dichte und Temperatur

$$\varrho = \left(\frac{4\pi c G}{\varepsilon\, x/\varrho} - 1\right) \frac{a H}{3 k} \cdot T^3. \tag{142}$$

Es sei β das Verhältnis des Gasdruckes zum Gesamtdruck; dann ergibt (141)

$$\varepsilon = \frac{4\pi c G}{x/\varrho}\,(1 - \beta)\,. \tag{143}$$

Durch Multiplikation dieser Relation mit der Masse M des Sternes erhalten wir die pro Zeiteinheit vom Stern ausgestrahlte Energie:

$$L = 4\pi c G M \cdot \frac{1 - \beta}{x/\varrho}\,. \tag{144}$$

Durch Einführung der Konstante β wird die Relation zwischen Temperatur und Dichte

$$\varrho = \frac{\beta}{1 - \beta}\, \frac{a H \mu}{3 k}\, T^3. \tag{145}$$

Der Gesamtdruck ist

$$p = p_g + p_s = \frac{1}{1 - \beta}\, p_s = \frac{a T^4}{3\,(1 - \beta)}\,, \tag{146}$$

was folgende Beziehung zwischen Druck und Dichte ergibt:

$$p = K \varrho^{\frac{4}{3}}, \quad \text{mit} \quad K = \left\{\frac{3\,(1 - \beta)\,k^4}{a\,\beta^4\,\mu^4 H^4}\right\}^{\frac{1}{3}}. \tag{147}$$

Es ist jetzt möglich, eine Gleichung für ϱ (oder p) allein abzuleiten. Es ist nämlich

$$\frac{1}{\varrho}\frac{dp}{dr} = 4K \cdot \frac{d\varrho^{\frac{1}{3}}}{dr} \quad \text{und} \quad -\frac{d\varphi}{dr} = \frac{G}{r^2}\int_0^r 4\pi\varrho\, r^2\, dr. \qquad (148)$$

Wenn man diese Ausdrücke in die hydrostatische Gleichgewichtsbedingung einträgt, mit r^2 multipliziert und nach r differentiiert, erhält man folgende Gleichung

$$\frac{d}{dr}\left(r^2\frac{d\varrho^{\frac{1}{3}}}{dr}\right) = \frac{4\pi G\varrho}{K} \cdot r^2, \qquad (149)$$

oder, wenn man $\varrho = u^3$ setzt und die Klammer auflöst:

$$\frac{d^2u}{dr^2} + \frac{2}{r}\frac{du}{dr} - \frac{4\pi G}{K} \cdot u^3 = 0. \qquad (150)$$

Die Lösung dieser Gleichung muß zwei willkürliche Konstante enthalten, die wir als den der Dichte ϱ_R entsprechenden Radius R und die innerhalb der Kugelfläche vom Radius R enthaltene Masse M wählen können. Wenn ϱ_R sehr klein ist, etwa wie die Dichte der Sonnenphotosphäre, kann man R mit dem Sternradius und M mit der Sternmasse identifizieren.

Es ist eine Besonderheit des Exponenten $\frac{4}{3}$ der Gleichung (147), daß die absolute Helligkeit des Sternes durch Masse, Molekulargewicht und den mittleren Absorptionskoeffizienten des Sternes bestimmt ist. Dies sieht man leicht ein in folgender Weise. Die Helligkeit ist definitionsgemäß durch

$$L = \varepsilon M = \frac{4\pi c G}{x/\varrho}(1-\beta)M \qquad (151)$$

gegeben. Die Konstante β ist andererseits in der Größe K/G enthalten, die in die Fundamentalgleichung (147) eingeht. Diese letztere Konstante hat die Dimension [Masse]$^{\frac{2}{3}}$, und da die Sternmasse M die einzige verfügbare Massengröße ist, so folgt

$$\frac{K}{G} = C \cdot M^{\frac{2}{3}}. \qquad (152)$$

Durch Verwendung von (147) bekommt man für β die folgende Gleichung vierten Grades:

$$1 - \beta = C^2\frac{H^4 a}{3 k^4}\mu^4 \beta^4 M^2. \qquad (153)$$

Für die universelle Konstante dieser Gleichung hat Eddington durch numerische Auflösung der ursprünglichen Differentialgleichung den Wert 0,00309 gefunden, wobei M in Einheiten der Sonnenmasse ausgedrückt ist.

Es war bisher nicht möglich, die Lösung der Gleichung (150) in geschlossener Form darzustellen. Die Gleichung ist aber von R. Emden numerisch integriert worden. Die von Emden aufgesuchten Lösungen sind sämtlich singularitätsfrei, d. h. Druck, Dichte und Temperatur behalten überall im Stern endliche Werte.

Tabelle 8. Typischer Riesenstern.

r/R	ϱ	$T \cdot 10^{-6}$	M_r/M
0,006	0,1085	6,59	0,000
0,145	0,0678	5,64	0,125
0,290	0,0215	3,84	0,518
0,435	0,0050	2,37	0,821
0,580	0,0010	1,38	0,952
0,725	$1,5 \cdot 10^{-4}$	0,73	0,992
0,870	$1,93 \cdot 10^{-6}$	0,29	1,000
1,000	—	—	1,000

Ein typisches Beispiel einer solchen Rechnung ist in der nebenstehenden Tabelle gegeben, wo $M = 1,5$ Sonnenmassen, $R = 10$ Sonnenradien und $\mu = 2,8$ gesetzt ist. Diesen Werten entspricht eine effektive Temperatur von 6500° K. Man sieht, daß die Temperatur sich nur langsam ändert und sich im Hauptinnern wesentlich über einer Million Grad hält.

Wir zitieren hier einige Formeln, die sich auf alle singularitätsfreien Sterne beziehen, die nach dem Gesetz

$$p = K \cdot \varrho^{1+\frac{1}{n}}; \qquad n = \text{konst.} \tag{154}$$

aufgebaut sind. Die totale Schwereenergie des Sternes ist

$$\Omega = \frac{3G}{5-n} \cdot \frac{M^2}{R}. \tag{155}$$

Die mittlere Temperatur der Sternmaterie ist

$$T_m = \frac{\beta \cdot \mu H G}{k(5-n)} \cdot \frac{M}{R}. \tag{156}$$

Die Mittelpunktstemperatur und Mittelpunktsdichte für den uns besonders interessierenden Fall $n = 3$ sind

$$T_c = 0,852\,\beta\mu H \frac{GM}{k \cdot R}; \qquad \varrho_c = 12,98 \cdot \frac{M}{R^3}. \tag{157}$$

In diesem Fall ist also das Verhältnis $T_c/T_m = 1,704$. Man sieht hieraus, daß das Innere eines nach $n = 3$ aufgebauten Sternes sehr nahe isotherm ist. Für das Verhältnis ϱ_c/ϱ_m hat man keinen einfachen analytischen Ausdruck. Man kann aber aus EMDENS Tafeln die folgenden speziellen Werte entnehmen:

$$n = 2\,, \quad \frac{\varrho_c}{\varrho_m} = 11{,}4\,; \qquad n = 2{,}5\,, \quad \frac{\varrho_c}{\varrho_m} = 24{,}1\,; \left.\begin{array}{c} \\ \\ \end{array}\right\} \quad (158)$$
$$n = 3\,, \quad \frac{\varrho_c}{\varrho_m} = 54{,}5\,.$$

Man bemerke besonders, daß kleine Änderungen von n eine bedeutende Vergrößerung der zentralen Massenkonzentration herbeiführen. Hier eröffnet sich ein Weg, die Konstanz von $\varrho \cdot T^{-3}$ zu kontrollieren, da der Grad der zentralen Massenkonzentration die Bewegung enger Doppelsternpaare beeinflußt[1].

a) Spezielle Beispiele. Wir wollen uns durch einige Beispiele die Verhältnisse im Sterninneren anschaulicher machen. Die physikalischen Eigenschaften eines Sternes sind festgelegt durch zwei Bestimmungsstücke. Der Beobachtung zugänglich sind die effektive Temperatur T_e, die Masse M und die Leuchtkraft L. Diese 3 Größen sind durch die Relation (151) miteinander verbunden, so daß man die eine aus den zwei anderen berechnen kann. Weiter berechnet man den Radius des Sternes aus der Relation $L = \pi a c R^2 T_e^4$[*], die mittlere Dichte aus $\varrho_m = M/\tfrac{4}{3}\pi R^3$, die Mittelpunktstemperatur und die Mittelpunktsdichte aus (157) und das Verhältnis des Strahlungsdruckes zum Gesamtdruck aus (153). Die Resultate einer solchen Rechnung geben wir nach EDDINGTON[2] tabellarisch wieder, für zwei typische Riesensterne (Capella und δ Cephei) und zwei Sterne der Hauptreihe (V Puppis und die Sonne).

Tabelle 9.

Stern	$M \cdot 10^{-33}$ in Gramm	$L \cdot 10^{-33}$ erg	Sp.	T_e	$R \cdot 10^{-11}$ cm	ϱ_m	ϱ_c	$T \cdot 10^{-6}$	$1 - \beta$
Capella	8,30	480,0	G0	5200	9,55	0,00227	0,1234	9,08	0,283
δ Cephei	17,9	2810,0	F9	5200	23,2	0,00034	0,0185	6,16	0,451
V Puppis	38,1	26200,0	B1	19000	5,28	0,0618	3,35	42,4	0,597
Sonne	1,985	3,78	G0	5740	0,695	1,41	76,5	39,5	0,0499

[1] Siehe H. N. RUSSELL, Month. Not. Bd. 88, S. 641. 1928.

[*] Die effektive Temperatur ist so definiert, daß die Strahlung pro Flächeneinheit $a c T_e^4/4$ ist. Man vergleiche § 33.

[2] Siehe „Der Innere Aufbau der Sterne", deutsche Ausgabe S. 177 ff.

In dieser Rechnung stecken noch zwei Annahmen. Erstens ist das mittlere Molekulargewicht durchweg gleich 2,11 angenommen, und zweitens ist der mittlere Absorptionskoeffizient gewissermaßen als verfügbare Konstante betrachtet worden, indem man nach (114) $x/\varrho = x_1 \cdot \varrho/T^{\frac{1}{2}}$ schreibt und x_1 als eine für alle Sterne gleiche Konstante betrachtet. Der empirische Wert dieser Konstante ist

$$x_1 = 8{,}98 \cdot 10^{26} \text{ CGS.}$$

Obgleich es natürlich dahingestellt bleiben muß, ob die Sterne genau nach dem EDDINGTONschen Modell aufgebaut sind, darf man doch mit einiger Sicherheit erwarten, daß die obige Tabelle eine richtige Vorstellung von den mittleren Verhältnissen im Sterninnern gibt. Der kleine Wert des Molekulargewichts ist durch die Ionisationstheorie verbürgt; die Innentemperatur muß im großen Ganzen (doch mit einigem Vorbehalt für die unmittelbare Umgebung des Sternmittelpunkts) von der angegebenen Größenordnung sein, damit der Stern die beobachteten Dimensionen besitzen kann. Kleine Abänderungen des Temperaturverlaufs, ·oder, was damit gleichwertig ist, kleine Änderungen der Verteilung der Energiequellen, können nichts Wesentliches an diesem Resultat ändern.

16. Der elektrische Druck.

Um uns einen Begriff von der durch den elektrischen Druck herbeigeführten Abweichung der Sternsubstanz von den idealen Gasgesetzen zu bilden, betrachten wir zuerst den allgemeinen Fall, wo die Dichte proportional der $s$ten Potenz der Temperatur ist. Wir beziehen die Betrachtungen auf den Ausdruck (43) für den elektrischen Druck, weil dieser wahrscheinlich einen oberen Grenzwert für die Bedeutung dieses Druckes gibt. Nach diesem Ausdruck ist der elektrische Druck $\varrho^{\frac{3}{2}} T^{-\frac{1}{2}}$ proportional, was mit $\varrho \backsim T^s$ auf Proportionalität des elektrischen Druckes mit $T^{\frac{1}{2}(3s-1)}$ führt. Für den uns interessierenden Fall $s = 3$ sieht man, daß der Exponent von T gleich 4 wird. Für $s > 3$ wird der elektrische Druck schneller nach dem Zentrum hin wachsen als der Gasdruck, und umgekehrt für $s < 3$.

Aus dem glücklichen Zufall, daß der elektrische Druck für $s = 3$ proportional dem Gasdruck herauskommt, folgt, daß die

Berücksichtigung dieses Druckes in der obigen Theorie des hydrostatischen Gleichgewichts eines Sternes nur eine geringfügige Änderung der Konstanten herbeiführt. Der totale Druck ist jetzt

$$p_g + p_s + p_E = p,\qquad(159)$$

und die Gleichung

$$p_g + p_E = \frac{\beta}{1-\beta}\,p_s\qquad(160)$$

ersetzt Gleichung (146). Wenn wir die Ausdrücke für die Partialdrucke p_g, p_s und p_E in diese Gleichung einführen, erhalten wir direkt die folgende Relation zwischen Dichte und Temperatur

$$\varrho = \frac{\mu H}{k}\left\{\frac{a}{3}\,\frac{\beta}{1-\beta} + \frac{1}{3}\left(\frac{\varrho}{T^3}\right)^{\frac{3}{2}}\cdot\sqrt{\frac{\pi e^6}{k H^3 \mu^3}\,Z^3(1+Z)^3}\right\}T^3,\quad(161)$$

und zwischen Druck und Temperatur

$$p = \frac{a}{3}\,\frac{T^4}{1-\beta}.\qquad(162)$$

Elimination der Temperatur aus diesen Gleichungen ergibt

$$p = \left\{\frac{3}{a\,\mu^4 H^4}\cdot\frac{1-\beta}{(\beta + y(1-\beta))^4}\right\}^{\frac{1}{3}}\cdot\varrho^{\frac{4}{3}},\qquad(163)$$

wo y das Verhältnis des elektrischen Druckes zum Lichtdruck bedeutet und durch die Gleichungen

$$\left(y + \frac{\beta}{1-\beta}\right)^3 = q_1\cdot y^2;\qquad q_1 = \frac{27}{\pi a k^4 e^6 Z^3}\qquad(164)$$

gegeben ist. Genau so wie im vorigen Fall können wir schließen, daß der Koeffizient von $\varrho^{\frac{4}{3}}$ in der Relation (163) zwischen Druck und Dichte proportional zu $M^{\frac{2}{3}}$ sein muß, wo M die Sternmasse ist. Also ist die erweiterte Form von (153) durch

$$1 - \beta = 3{,}08\cdot10^{-3}\,\mu^4 M^2(\beta + y(1-\beta))^4\qquad(165\,\mathrm{a})$$

gegeben. Aus dieser Gleichung können wir y mittels der Gleichung (164) eliminieren. Dies ergibt

$$1 - \beta = q_2(\beta + \{q_1^4 q_2^3(1-\beta)\}^{-\frac{1}{6}})^4;\qquad q_2 = 3{,}08\cdot10^{-3}\,\mu^4 M^2.\quad(165)$$

Alle qualitativen Folgerungen der ursprünglichen Theorie bestehen natürlich zu Recht auch in dieser erweiterten Theorie. Nur die Konstanten fallen anders aus. Um eine Vorstellung von den zu erwartenden Abweichungen zu bekommen, können wir z. B. annehmen, daß der elektrische Druck den Lichtdruck

gerade aufhebt. Aus den Gleichungen (164) und (165) kann man
den entsprechenden Wert von Z berechnen. Die Auflösung der
Gleichung (164) nach Z gibt

$$Z = y^{\frac{3}{2}} q_2^{\frac{1}{2}} (1 - \beta)^{\frac{3}{4}} \left(\frac{27}{\pi a k^4 e^6}\right)^{\frac{1}{4}}. \tag{166}$$

Wenn wir in dieser Gleichung und in (165a) $y \equiv 1$ setzen und
β eliminieren, finden wir

$$Z = \left(\frac{27}{\pi a k^4 e^6}\right)^{\frac{1}{4}} q_2. \tag{167}$$

Betrachten wir z. B. einen Stern von 1,5 Sonnenmassen mit
dem mittleren Molekulargewicht 2,8, so finden wir $Z = 65$. Man
muß jetzt bedenken, daß Atome mit 65 abgespaltenen Elektronen
auch einen hübschen Strauß gebundener Elektronen besitzen
müssen, und weiter, daß der von uns gebrauchte Ausdruck für
den elektrischen Druck 2- bis 3mal zu hoch geschätzt ist. Es
scheint deshalb sicher, daß unter den oben gemachten Voraussetzungen der elektrische Druck keine große Rolle für den Stern-
aufbau spielen kann, es sei denn, daß die im Sterninnern vorkommenden Elemente wesentlich größere Atomnummer haben als die
aus der irdischen Physik und der Astrophysik sonst bekannten
Elemente. Aus der obigen Rechnung folgt auch, daß die elektrische
Wechselwirkung der freien Teilchen für die Berechnung des Ionisationsgleichgewichts keine wesentliche Rolle spielen kann.

17. Die Bedeutung der Oberflächenschicht für die innere Struktur eines Sternes.

Wenn man in einem Stern von innen nach außen geht, werden
die Voraussetzungen der obigen Theorie um so schlechter erfüllt
sein, je mehr man sich der Oberfläche nähert. Im Hauptinnern
wird die Ionisation fast vollkommen sein, während an der Oberfläche die Atome entweder elektrisch neutral sind oder doch
höchstens ein paar Elektronen verloren haben. Sofern die Sterne
nicht vorwiegend aus Wasserstoff bestehen, wird man daher
erwarten, daß das mittlere Molekulargewicht in der Oberflächenschicht sehr schnell anwachsen wird. Man kann auch nicht ohne
weiteres erwarten, daß unsere einfache Theorie des stellaren
Absorptionskoeffizienten auf diese Schicht anwendbar ist. Es
erhebt sich deshalb die Frage, ob es überhaupt möglich ist, eine
Theorie des Sterninnern zu entwickeln, wenn man die physi-

kalischen Bedingungen bis ganz an die Sternoberfläche kennt. Diese Frage ist in früheren Arbeiten meist mit dem Hinweis abgefertigt worden, daß die Oberflächenschicht zu wenig Masse enthält, um den Bau des Sterninnern merklich beeinflussen zu können, aber eine nähere Diskussion dieser Frage ist. bisher nicht gegeben worden.

MILNE[1] hat vor kurzem darauf aufmerksam gemacht, daß man bei geeigneten Änderungen der Oberflächenbedingungen den inneren Bau eines Sternes weitgehend ändern kann. Stellen wir uns z. B. vor, daß wir den photosphärischen Absorptionskoeffizienten der Sonne beliebig ändern könnten. Bei sehr starker Vergrößerung des Koeffizienten würde die von Innen kommende Strahlung an der Oberfläche reflektiert werden und den Stern noch weiter erwärmen, und bei beliebiger Vergrößerung des Absorptionskoeffizienten könnte man das Sonneninnere beliebig hoch erwärmen. Durch die Vergrößerung des Gasdrucks würde die Sonne sich ausdehnen, und sofern die Helligkeit unverändert bliebe, würde die effektive Temperatur der Sonne sich entsprechend verkleinern. Bei einer Verkleinerung des photosphärischen Absorptionskoeffizienten würden sich die Verhältnisse in umgekehrter Reihenfolge abspielen. Man versteht also, daß man im allgemeinen die Oberflächenbedingungen nicht vernachlässigen darf. Es kann aber sehr wohl sein, daß die Sterne so gebaut sind, daß die Oberflächenbedingungen keine große Rolle spielen.

Ein Blick auf Tab. 8 zeigt, daß 99 % der Masse eines Sternes, der nach der EDDINGTONschen Theorie gebaut ist, sich innerhalb 0,725 des Sternradius befinden und daß die Temperatur der Sternsubstanz an dieser Stelle auf ein Zehntel der Temperatur im Sternmittelpunkt gefallen ist. Man findet auch, daß in diesem Bereich die Änderung des mittleren Molekulargewichts so gering ist, daß die EDDINGTONsche Theorie wahrscheinlich durch den ganzen Innenbereich gilt. In dem äußeren Bereich spielt sich der ganze Abfall der Temperatur von einigen Millionen Graden bis auf den Oberflächenwert von einigen tausend Graden ab. Das mittlere Molekulargewicht steigt an bis zu. dem Wert an der Oberfläche. Es besteht deshalb die Möglichkeit, daß die eigentliche Oberflächenschicht des Sterns sich über einen Bereich

---

[1] Month. Not. Bd. 90, S. 17. 1929.

von 25% des Sternradius erstreckt. Gesetzt z. B., daß die Wärme-
leitfähigkeit in dieser Schicht im Mittel 5mal größer ist als im
Hauptinnern. Dann würde bei ungeänderter effektiver Temperatur und Dichteverteilung die Temperatur der Trennungs-
fläche ebenso hoch sein wie die Mittelpunktstemperatur im
früheren Fall. In einem konkreten Fall würden die Verhältnisse
nicht ganz so liegen, da das mechanische Gleichgewicht durch
die Erhitzung geändert wird; aber man versteht doch, daß der
innere Bau des Sternes durch die speziellen Bedingungen in
der Oberflächenschicht wesentlich mitbestimmt sein kann.

18. Die Korrelation zwischen Masse, Helligkeit und effektiver Temperatur eines Sternes.

Indem wir die obigen Überlegungen im Auge behalten, wollen
wir jetzt die von der EDDINGTONschen Theorie verlangte Korrelation zwischen Masse, Helligkeit und effektiver Temperatur
näher betrachten. Diese Korrelation ist durch die Gleichungen (151), (153), (bzw. 165) dargestellt. Nach den theoretischen Überlegungen in § 13 ist zu erwarten, daß der Massenabsorptionskoeffizient ungefähr proportional ϱ/T^3, also nach (145)
proportional $\beta/(1 - \beta)$ sein soll, oder

$$\frac{\varkappa}{\varrho} = C\,\frac{\beta}{1 - \beta}.$$

Wenn dies in (151) eingeführt wird, folgt für die Helligkeit des
Sternes der Ausdruck

$$L = \frac{4\pi c G}{C}\,\frac{(1 - \beta)^2}{\beta}\,M. \tag{151a}$$

Wenn der Absorptionskoeffizient nicht genau proportional ϱ/T^3
verläuft, wird C von der effektiven Temperatur des Sternes abhängen.

Daß eine solche Relation zwischen Helligkeit, Masse und effektiver Temperatur zum Vorschein kommt, ist nicht merkwürdig;
denn sie ist nur ein Ausdruck für die der ganzen Rechnung zugrunde liegende Idee, daß alle Sterne nach dem gleichen Modell
aufgebaut sind. Es ist ohne weiteres einleuchtend, daß von zwei
Sternen verschiedener Masse der massigere Stern die größere
Helligkeit hat, wenn beide Sterne dieselbe effektive Temperatur
haben und nach derselben Skala gebaut sind. Die Existenz

einer Relation dieser Art zwischen Helligkeit, Masse und Temperatur für alle Sterne, die einem homologen Zweig angehören, ist von MILNE[1] allgemein diskutiert worden. Es ist daher von großem Interesse für die Theorie des Sterninnern, daß eine solche Korrelation unter den Sternen wirklich besteht, wie zuerst von EDDINGTON gezeigt wurde[2]. Abb. 5 gibt die empirischen

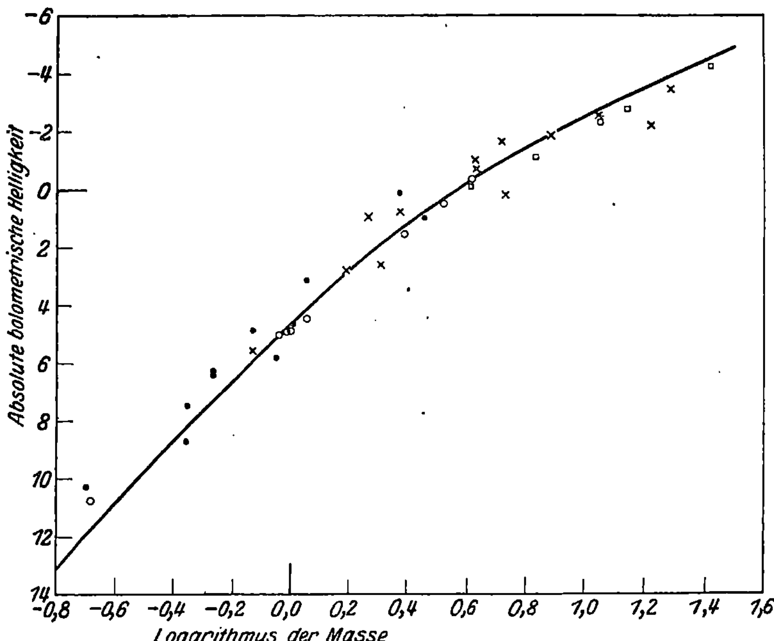

Abb. 5. Die Massenhelligkeitskurve. o Erstklassige Bestimmungen. • Bestimmungen zweiter Klasse. × Verfinsterungsveränderliche. □ Cepheiden.
(Nach EDDINGTON, Der innere Aufbau der Sterne Abb. 2.)

Daten und eine den Relationen (151) und (153) entsprechende Kurve, bei welcher die eingehenden Materialkonstanten so gewählt sind, daß der Verlauf der theoretischen Kurve sich möglichst gut den Beobachtungen anschließt. Offenbar ist die Übereinstimmung zwischen Theorie und Beobachtung gut. Die auffallendste Ausnahme ist der Begleiter des Sirius ($m = 11{,}3$;

---

[1] Month. Not. Bd. 90, S. 17. 1929.
[2] Month. Not. Bd. 84, S. 308. 1924.

$\log M = -0,071$). Da dieser Stern ein weißer Zwerg ist, haben wir vielleicht hier eine Andeutung dafür, daß die weißen Zwerge nicht mit den übrigen Sternen homolog sind. Die weitgehende Gültigkeit der Masse-Leuchtkraftbeziehung deutet darauf hin, däß die Sterne nicht nur homolog gebaut sind, sondern auch angenähert nach demjenigen homologen Zweig, auf dem das Verhältnis von Gasdruck zum Strahlungsdruck konstant ist, wenn die empirisch bestimmten Werte des mittleren Molekulargewichts und des Absorptionskoeffizienten theoretisch plausibel sind. Dieser Punkt ist noch etwas dunkel, da die früher entwickelte Theorie des Absorptionskoeffizienten ein sehr extremes Mischungsverhältnis der Elemente in den Sternen erfordert, um den empirischen Wert des Absorptionskoeffizienten darzustellen.

Das mittlere Molekulargewicht schwankt zwischen den Werten 0,5 und etwa 3, je nach dem Gehalt des Sternes an Wasserstoff. Die Leuchtkraft hängt sehr empfindlich vom Molekulargewicht ab, da es in die Relation (153) mit der vierten Potenz eingeht. Man kann nun für jedes Wertepaar Masse—Leuchtkraft ein Wertepaar Molekulargewicht—Absorptionskoeffizient finden. Man sieht leicht ein, daß, je größer das Molekulargewicht ist, der Absorptionskoeffizient um so größer wird. Wenn man einen mittleren Wert des Molekulargewichts wählt, findet man den zugehörigen Wert des Absorptionskoeffizienten im Mittelpunkt von Capella von der Ordnung 50. Dies ist nun viel mehr, als man nach der Theorie erwarten sollte, da der entsprechende theoretische Wert wenigstens 10 mal kleiner ist. Um diese Unstimmigkeit zu entfernen, ist es notwendig, das mittlere Molekulargewicht zu verkleinern, was nur durch Beimengung von Wasserstoff möglich ist, und eine Mischung nach Gewicht von 20% Wasserstoff mit 80% Eisen liefert tatsächlich die richtige Leuchtkraft. Ob dies auch für die Sterne zutrifft, steht dahin. Freilich gibt es gute Gründe für die Annahme, daß die Sternatmosphären zum überwiegenden Teil aus Wasserstoff bestehen[1]; aber wir wissen nichts Bestimmtes darüber zu sagen, ob dies auch für das Innere der Sterne zutrifft.

---

[1] Die Gründe für die Annahme, daß Wasserstoff in der Sonnenatmosphäre viel häufiger ist als andere Elemente, wurden besonders klar vorgeführt von W. H. McCrea, Month. Not. Bd. 89, S. 483. 1929 und H. N. Russell, Astrophys. Journ. Bd. 70, S. 11. 1929.

In zwei Abhandlungen hat MILNE[1] versucht, die EDDINGTON-sche Theorie einer tiefgreifenden Kritik zu unterwerfen, die auch beabsichtigte, das Dilemma des Absorptionskoeffizienten zu lösen. Als positiver Vorschlag in dieser Richtung hat er kürzlich[2] den Gedanken entworfen, die Gültigkeit der gewöhnlichen Gasgesetze in der Nähe des Sternmittelpunktes aufzugeben. Da man hierzu ungeheuer große Dichten braucht, wird die ganze innere Struktur des Sternes wesentlich anders verlaufen als nach dem EDDINGTONschen Modell. Inwieweit die Schwierigkeiten mit dem Absorptionskoeffizienten so zu lösen sind, läßt sich wohl erst durch die quantitative Durchrechnung eines konkreten Beispiels beurteilen.

19. Innere Strömungen der Sterne.

Es liegt auf der Hand, daß einer Untersuchung der inneren Bewegungen der Sterne sehr große Schwierigkeiten entgegenstehen. Zwar ist sie nicht aussichtslos, aber sie erfordert eine intensivere Zusammenarbeit von Theorie und Beobachtung, als ihr bis jetzt gewidmet worden ist. Betrachten wir z. B. unsere eigene Sonne, die wir doch besser kennen als irgendeinen anderen Stern. Daß sie eine allgemeine innere Zirkulation besitzt, ist außer Zweifel, da sie bekanntlich am Äquator schneller rotiert als am Pol. Die Winkelgeschwindigkeit wächst nach der Äquatorebene hin gemäß dem Gesetze

$$\omega = \omega_0(1 - \alpha^2 \sin^2\varphi + \cdots),\qquad(168)$$

wo ω_0 und α Konstanten sind und φ die heliographische Breite ist. Nach allen Erfahrungen über die Erdatmosphäre muß einem Bewegungszustand dieser Art eine sehr kleine Stabilität zukommen, und die Sonnenflecken sind wohl als Wirbelbildungen zu betrachten, die diese Instabilität periodisch auslöschen, gerade so, wie die intermittierenden heißen Quellen sich von ihren Instabilitäten durch Ausbrüche periodisch befreien. Weiter ist der Sonnenmagnetismus zu nennen, über den wir freilich noch keine quantitativ befriedigende Theorie besitzen; aber es dürfte keine gewagte Vermutung sein, daß der Magnetismus, sowohl in den Flecken wie an der Sonnenoberfläche im allgemeinen, durch innere Be-

---

[1] Month. Not. Bd. 90, S. 17. 1929 (Erwiderung von EDDINGTON ibid. S. 279 und S. 284. 1930), und Bd. 90, S. 678. 1930.
[2] Nature Bd. 126, S. 229. 1930; Observatory Bd. 53, S. 288. 1930.

wegungen hervorgerufen wird. Es ist also dafür gesorgt, daß die Erforschung des inneren Bewegungszustandes der Sonne eine empirische Plattform besitzt, die zwar nur in geringem Maße ausgebaut ist, die aber doch der Theorie reelle Stützpunkte darbietet.

Bei den übrigen Sternen sind die Verhältnisse nicht einheitlich. Am aussichtsreichsten dürfte das Studium der veränderlichen Sterne sein, bei welchen der innere Zustand sich viel weiter enthüllt als bei den übrigen Sternen. Die Theorie dieser Erscheinungen steht noch am Anfang.

20. Stabilitätskriterien.

Um die inneren Bewegungen der Sterne an der Wurzel zu fassen, wollen wir die Bedingungen für stabile Schichtung eines Sternes in hydrostatischem Gleichgewicht untersuchen. Insbesondere ist zu erörtern, inwieweit ein gasförmiger Stern, der nach dem Gesetz $p \sim \varrho^{\frac{4}{3}}$ aufgebaut ist, für kleine lokale Schwankungen der Temperatur mechanisch stabil ist. Wir betrachten eine kleine Masse δM des Sternes und nehmen an, daß die Temperatur dieser Masse momentan über die Temperatur der umgebenden Massen erhöht wird. Hierdurch wächst der Druck von δM über den Druck der umgebenden Massen, was eine Ausdehnung, Verdünnung und deshalb auch einen Auftrieb der Masse δM zur Folge haben muß. Wir wollen das Schicksal der Masse verfolgen unter der Annahme, daß die Zustandsänderung adiabatisch verläuft.

Dabei sind zwei grundverschiedene Fälle zu unterscheiden. Es kann sein, daß der ungestörte Temperaturgradient längs des Sternradius so klein ist, daß die Temperatur von δM, um dem Druck der umgebenden Massen das Gleichgewicht zu halten, schneller fallen muß als die Temperatur der Umgebung. Dann wird aber die Dichte von δM langsamer abnehmen als die Dichte der Umgebung, weil das Produkt aus Dichte und Temperatur innerhalb und außerhalb von δM denselben Wert des Druckes ergeben soll. Hierdurch entsteht schließlich eine Kraft auf δM, die die Masse in Richtung der Gleichgewichtslage zu treiben strebt. Wenn die Masse anfänglich relativ zur Umgebung abgekühlt wäre, würde sie zuerst herabsinken, aber sich zu schnell erwärmen, sich relativ zur Umgebung verdünnen und wieder aufsteigen. Unter diesen Umständen geben also kleine Schwankungen der Temperatur (oder auch der Dichte) nur Anlaß zu stabilen Schwingungen. Anders ist es, wenn der Temperaturgradient des Sternes größer ist als der adiabatische Temperaturgradient. Eine kleine Masse wird dann beim Aufsteigen relativ zu der Umgebung sich immer mehr erwärmen und wird immer schneller in die Höhe getrieben werden; oder beim Herabsinken sich immer schneller abkühlen als die Umgebung, und zum Sternzentrum hin fallen. Die Schichtung ist dann instabil. Bedingung für die Stabilität ist also, daß der vorhandene Temperaturgradient kleiner ist als der adiabatische Gradient. Diese Gleichgewichtsbedingung läßt sich auf eine für numerische Rechnung bequemere Form bringen, wenn man die zwischen Druck und Dichte bestehende Relation, statt des Temperaturgradienten, betrachtet. Der Temperaturgradient ist um so größer, je größer der Exponent γ in der Relation

$$p = K \varrho^\gamma \tag{169}$$

ist. Das obige Stabilitätskriterium läßt sich deshalb auch so aussprechen, daß der adiabatische Wert von γ durch den ganzen Stern größer als $\tfrac{4}{3}$ sein muß, damit Stabilität herrschen kann.

Um das Stabilitätskriterium auf eine der Rechnung zugängliche Form zu bringen, verfahren wir wie folgt. In der Kontinuitätsgleichung der Energie vernachlässigen wir den Energietransport durch Strahlung ($F_s = 0$), die Vernichtung oder Erzeugung der Masse ($Q = 0$) und die Wärmetönung der Viskosität ($\Phi = 0$). Die Gleichung reduziert sich dann ohne weiteres auf

$$\frac{dE}{dt} = (p + E) \cdot \frac{1}{\varrho}\frac{d\varrho}{dt}\,; \qquad \frac{d}{dt} = \frac{\partial}{\partial t} + (V\nabla)\,, \tag{170}$$

wo der Operator d/dt wie gewöhnlich die zeitliche Ableitung relativ zu der bewegten Substanz und E die gesamte innere Energie bedeuten. Wenn wir hier E als Funktion der Dichte und des Druckes betrachten, schreibt sich die obige Gleichung

$$\frac{\partial E}{\partial p}\,dp = \left(-\varrho\,\frac{\partial E}{\partial \varrho} + p + E\right)\frac{d\varrho}{\varrho}\,, \tag{171}$$

oder auch

$$\frac{dp}{p} = \left(1 + \frac{E}{p} - \frac{\varrho}{p}\,\frac{\partial E}{\partial \varrho}\right)\left(\frac{\partial E}{\partial p}\right)^{-1} \cdot \frac{d\varrho}{\varrho}\,. \tag{172}$$

Wenn man andererseits die Gleichung (169) logarithmisch ab-
leitet, findet man

$$\frac{dp}{p} = \gamma \frac{d\varrho}{\varrho}.$$

Man sieht also, daß die Stabilität durch die Forderung

$$\gamma = \left(1 + \frac{E}{p} - \frac{\partial E}{\partial \varrho}\frac{\varrho}{p}\right)\left(\frac{\partial E}{\partial p}\right)^{-1} > \frac{4}{3} \tag{173}$$

gesichert ist.

Bekanntlich ist γ für adiabatische Vorgänge gleich dem Verhältnis der spezifischen Wärme bei konstantem Druck zur spezifischen Wärme bei konstantem Volumen.

Wenn wir den elektrischen Druck vernachlässigen, sind Druck
und Energie durch die Relationen

$$p = \frac{\varrho k T}{\mu H} + \frac{a}{3} T^4 \tag{174}$$

und

$$E = \frac{3}{2}\frac{\varrho k T}{\mu H} + a T^4 + I \tag{175}$$

gegeben, wo I die Dichte der Anregungs- und Ionisationsenergie
bedeutet.

Die Berechnung von γ nach den obigen Formeln für irgendein
gegebenes Element erfordert ziemlich langwierige numerische
Rechnungen, die wenig übersichtlich sind. Fowler und Guggenheim[1] haben aber eine Reihe von Beispielen durchgerechnet,
die in der folgenden Tabelle teilweise zusammengestellt sind.
Die Dichte- und Temperaturverhältnisse sind dabei für einige
typische Sterne aus der einfachen Theorie des hydrostatischen
Gleichgewichts mit einer der Dichte proportionalen Energieerzeugung berechnet worden.

Tabelle 10. Verschiedene γ-Werte (Mittelwerte).

	$\mu=2{,}2$	H	O	Fe	Zn	Br	Ag
RR Lyrae	1,48	1,59	1,50	1,43	..	..	1,46
RT Aurigae	1,45	1,55	1,46	1,45	..	..	1,375
η Aquilae	1,435	1,53	1,45	1,43	1,42	1,285	1,41
Y Ophiuchi	1,405	1,485	1,405	1,395	1,32	1,31	1,375
Typischer δ Cephei-Stern .	1,40	1,50	1,42	1,31	..	..	1,32

Man sieht, daß die γ-Werte sich im allgemeinen weit oberhalb
des kritischen Wertes 1,33 halten. Es kommen aber auch Fälle

---

[1] Month. Not. Bd. 85, S. 961. 1925.

vor, wo die γ-Werte den kritischen Wert 1,33 unterschreiten, was also instabilen Zuständen entspricht. Diese kritischen Zustände der Materie sind dadurch bedingt, daß das betreffende Element eine Elektronengruppe durch Ionisation im Begriff ist zu verlieren, oder gerade verloren hat. Wenn bei der adiabatischen Ausdehnung einer solchen Substanz die Temperatur etwas fällt, so wird die Ausdehnungsarbeit größtenteils auf Kosten der durch Rekombination von Elektronen und Atomionen freigemachten Energie erfolgen, und nur teilweise auf Kosten der Energie der translatorischen Bewegungen der freien Teilchen. Dies wird so lange dauern, bis die betreffende Elektronenschale aufgefüllt ist, wonach γ sogleich wieder auf stabile Werte steigt. Hier wird es sich halten, bis die nächste Elektronengruppe mit ins Spiel kommt.

Solange wir nichts Sicheres über die Atomnummern der Elemente im Sterninnern wissen, kann man weder behaupten, daß die nach dem Gesetz $p \sim \varrho^{\frac{4}{3}}$ gebauten Sterne stabil, noch daß sie instabil seien. Wenn man aber bedenkt, daß aller Wahrscheinlichkeit nach doch viele verschiedene Elemente im Sterninnern vorhanden sind, deren kritische γ-Werte bei ganz verschiedenen Kombinationen der Temperatur und Dichte erreicht werden, so wird man wohl im allgemeinen erwarten dürfen, daß die Schichtung stabil ist.

Man muß jedoch bedenken, daß der Wert $\frac{4}{3}$ des Exponenten der Druck-Dichte-Relation direkt auf der vereinfachenden Annahme beruht, daß die Energieerzeugung pro Volumeneinheit proportional der Dichte erfolgt. Wenn die Energieerzeugung noch stärker gegen das Zentrum hin konzentriert wäre, so würde, wenigstens in der Nähe des Sternzentrums, eine Vergrößerung des Temperaturgradienten die Folge sein. Es ist durchaus möglich, daß die wirklich stattfindende Energieerzeugung lokale Konvektionsströme bedingt, selbst wenn die Sterne kein resultierendes Impulsmoment besitzen, besonders in der Nähe der Oberfläche, wo das mittlere Molekulargewicht schnell anwächst. Wie wir sogleich sehen werden, schränkt die Rotationsbewegung die Möglichkeit konvektionsloser Bewegungen in solchem Maße ein, daß man, bei der verschwindend kleinen Wahrscheinlichkeit rotationsloser Bewegungen eines Sternes, praktisch immer mit dem Vorhandensein von Konvektionsbewegungen rechnen muß.

21. Rotierende Sterne.

Wir vernachlässigen die Wirkungen der Reibungskräfte und betrachten reine Rotationsbewegungen um eine feste Achse. Die Rotationsgeschwindigkeit W darf aber dabei räumlich veränderlich sein, d. h. eine Funktion des Abstandes R von der Rotationsachse und der Höhe z über einer auf der Achse senkrecht stehenden Ebene. Die Bewegungsgleichung (116) reduziert sich unter solchen Umständen auf die folgende Form

$$[\boldsymbol{W}\boldsymbol{V}] = \alpha\,\boldsymbol{V}p - \boldsymbol{V}\boldsymbol{\Phi}; \quad \alpha = \frac{1}{\varrho}. \tag{176}$$

Die Geschwindigkeit $\boldsymbol{V}$ ist mit der Rotationsgeschwindigkeit und dem Radiusvektor $\boldsymbol{r}$ des gegebenen Punktes durch die Relation

$$\boldsymbol{V} = [\boldsymbol{W}\boldsymbol{r}] \tag{177}$$

verknüpft. Wenn wir das Gravitationspotential aus der Gleichung (176) durch kreuzweise Ableitung wegschaffen, erhalten wir[1]

$$2\,\boldsymbol{V}\frac{\partial W_z}{\partial z} = [\boldsymbol{V}\alpha\,\boldsymbol{V}p]\,. \tag{178}$$

Diese Relation, die zuerst von BJERKNES[2] entdeckt wurde, zeigt folgendes: 1. Wenn die Rotationsgeschwindigkeit eine Funktion

---

[1] Die Rechnung gestaltet sich wie folgt: Der gewöhnliche Vektorformalismus ergibt folgende Gleichung:

$$\operatorname{rot}[\boldsymbol{W}\boldsymbol{V}] = \boldsymbol{V}\operatorname{div}\boldsymbol{W} + (\boldsymbol{W}\boldsymbol{V})\boldsymbol{V} - (\boldsymbol{V}\boldsymbol{V})\boldsymbol{W} - \boldsymbol{W}\operatorname{div}\boldsymbol{V}.$$

Es ist nun zu berücksichtigen, daß für eine reine Rotationsbewegung $\operatorname{div}\boldsymbol{V} = 0$ ist. Andererseits bleibt die Rotationsgeschwindigkeit $\boldsymbol{W}$ für ein individuelles Teilchen während dessen Bewegung erhalten, was das Verschwinden von $(\boldsymbol{V}\boldsymbol{V})\boldsymbol{W}$ bedingt. Also verschwinden auch die zwei letzten Terme der obigen Gleichung. Es ist drittens zu bemerken, daß $\boldsymbol{W}$ keine Komponente in Richtung von $\boldsymbol{R}$ besitzt, was zur Folge hat, daß die zwei übrigbleibenden Terme der Gleichung in der Form $\frac{\partial}{\partial z}(W_z\boldsymbol{V})$ geschrieben werden können. Schließlich bemerkt man, daß $\boldsymbol{V}$ proportional zu W_z, und sonst von z unabhängig ist, was

$$\frac{\partial}{\partial z}(W_z\boldsymbol{V}) = 2\,\boldsymbol{V}\frac{\partial W_z}{\partial z}$$

mit sich führt. Hierdurch ist die linke Seite der Gleichung (178) bewiesen. Die rechte Seite folgt einfach aus der Vektorformel

$$\operatorname{rot}(\alpha\,\boldsymbol{V}p) = \alpha\operatorname{rot}(\boldsymbol{V}p) + [\boldsymbol{V}\alpha\,\boldsymbol{V}p],$$

da ja $\operatorname{rot}(\boldsymbol{V}p)$ identisch verschwindet.

[2] Akad. d. Wiss. Norwegen: Geofysiske Publikationer II, Nr. 4. 1921.

von R allein ist, sind die Flächen konstanten Druckes und konstanter Dichte parallel zueinander. Es existiert ferner dann ein Beschleunigungspotential Ω:

$$[WV] = V\Omega, \qquad (179)$$

das durch

$$\Omega = \int^{R} W^2 \cdot R \cdot dR \qquad (180)$$

gegeben ist. Man nennt die Flächen, wo

$$\Psi = \Phi + \Omega \qquad (181)$$

konstant ist, Niveauflächen, und man sieht ohne weiteres aus der Bewegungsgleichung, daß die Niveauflächen auch zu den Druck- und Dichteflächen parallel sind. Es ist dann erlaubt, irgend zwei der drei Größen p, α, Ψ als Funktion der dritten zu betrachten. Betrachten wir nun die Energiegleichung (131). Da der Temperaturgradient in unserem Fall proportional der scheinbaren Kraft $V\Psi$ sein muß, können wir $F = -UV\Psi$ schreiben, wo U eine Funktion von Ψ ist, und weiter

$$\varepsilon\varrho = \mathrm{div}(UV\Psi) = -UV^2\Psi - \frac{\partial U}{\partial \Psi}(V\Psi)^2. \qquad (182)$$

Wenn das System wie ein fester Körper rotiert, gilt die verallgemeinerte Poissonsche Gleichung

$$V^2\Psi = -4\pi G\varrho + 2W^2. \qquad (183)$$

Also ist schließlich

$$\varepsilon\varrho = -\frac{\partial U}{\partial \Psi}(V\Psi)^2 + U(4\pi G\varrho - 2W^2). \qquad (184)$$

Wenn ε eine Funktion der Dichte oder der Temperatur usw. ist, muß auch ε über eine Niveaufläche konstant sein. Wir wissen aber, daß die scheinbare Gravitationskraft über eine Niveaufläche eines rotierenden Sternes, wegen der Abplattung der isosteren Flächen, niemals konstant ist. Wenn ε über eine Niveaufläche konstant sein soll, muß also der Koeffizient $\partial U/\partial \Psi$ in (184) verschwinden, d. h.: U ist eine Konstante. Also ist schließlich

$$\varrho\varepsilon = \mathrm{konst.}(2\pi G\varrho - W^2), \qquad (185)$$

eine Relation, die von v. Zeipel[1] entdeckt wurde. Wenn die Energieerzeugung nicht gemäß dieser Formel stattfindet, ist eine

---

[1] Month. Not. Bd. 84, S. 665. 1924.

Bewegung mit konstanter Rotationsgeschwindigkeit unmöglich, und es müssen allgemeinere Bewegungsformen eintreten[1].

Für barotrope Rotation, d. h. wenn ein Beschleunigungspotential existiert, läßt sich eine Verallgemeinerung des v. ZEIPELschen Theorems aufstellen[2].

a) POINCARÉS Satz. Es ist zweckmäßig, an dieser Stelle an einen bekannten Stabilitätssatz von POINCARÉ zu erinnern, der in gewisser Weise mit dem Satz von v. ZEIPEL verwandt ist. Es muß nämlich offenbar die scheinbare Schwerkraft $-\nabla \Psi$ an der Oberfläche eines permanenten Sternes überall nach innen gerichtet sein. Also muß auch der Mittelwert dieser Kraft über die Oberfläche genommen nach innen zeigen. Nach dem GAUSSschen Satze ist aber der fragliche Mittelwert gleich dem über das Volumen des Sternes genommenen Integral über die Divergenz der Kraft, dividiert durch das Oberflächenareal. Mit Rücksicht auf Gleichung (183) erhalten wir also für den fraglichen Mittelwert

$$(\overline{\nabla \Psi})_n = -\frac{V}{\sigma}(4\pi G\bar{\varrho} - 2W^2),\tag{186}$$

wo σ die Oberfläche, V das Volumen und $\bar{\varrho}$ die mittlere Dichte des Sternes bedeutet. Damit $(\overline{\nabla \Psi})_n$ negativ wird, muß also

$$\frac{W^2}{2\pi G\bar{\varrho}} < 1 \quad \text{oder} \quad P > \frac{3,1}{\sqrt{\bar{\varrho}}} \text{ Tage}\tag{187}$$

sein, wo P die Rotationsperiode in Tagen, $\bar{\varrho}$ die mittlere Dichte in Einheiten der Luftdichte bei 760 mm Druck und 0° C ist.

Man wird bemerken, daß das VON ZEIPELsche Theorem die Möglichkeit einer konstanten Rotationsbewegung viel mehr einschränkt, als das Theorem von POINCARÉ. Denn bei dem VON ZEIPELschen Theorem handelt es sich ja um eine differentielle Beziehung, die für alle individuellen Massenelemente des Sternes gelten muß, im Gegensatz zu POINCARÉS Satz, der sich nur auf die mittlere Massenverteilung bezieht. Man bemerke insbesondere, daß, wenn die Dichte den Wert $W^2/2\pi G$ unterschreitet, die Energieerzeugung negativ wird, was die Existenz von Energiesenken in den äußeren Schichten der Sterne forderte. Man kann freilich

---

[1] H. VOGT, Astron. Nachr. Nr. 5342. 1925; A. S. EDDINGTON, The Observatory Bd. 48, S. 73. 1925.

[2] Siehe S. ROSSELAND, Astrophys. Journ. Bd. 63, S. 215. 1926; H. VOGT, Veröffentl. d. Univ.-Sternw. Jena Nr. 2. 1929.

hier einwenden, daß die Annahme, der Strahlungsfluß sei proportional dem Temperaturgradienten, in den Sternatmosphären nicht zutrifft, wodurch die ganze Schlußfolgerung auch hinfällig wird. Dieser Einwand ist aber kaum stichhaltig, denn für unsere Sonne ist der Grenzwert der Dichte schon $2 \cdot 10^{-5}$ g $\cdot$ cm^{-3}, liegt also über der Photosphärendichte. Für typische Gigantensterne mit mäßiger Rotationsgeschwindigkeit (β Lyrae z. B.) muß die kritische Dichte $W^2/2\pi G$ schon tief unter der Photosphärenschicht eintreten. Es ist also aus ganz allgemeinen Überlegungen zu schließen, daß wenigstens die äußeren Schichten schnell rotierender Sterne eine allgemeine Zirkulation besitzen.

22. Viskosität der Sternsubstanz.

Die Bedeutung, die diesen Konvektionsströmungen beizumessen ist, wird natürlich in hohem Grade von der hemmenden Wirkung der viskösen Spannungen der Sternsubstanz abhängen. Von verschiedenen Seiten ist hervorgehoben worden, daß die Viskosität der Sternmaterie, durch den kinematischen Viskositätskoeffizienten gemessen, groß sein muß, verglichen mit den in Laboratorienversuchen für irdische Gase gefundenen Werten dieses Koeffizienten. Dies wurde zuerst von CHAPMAN[1] gefunden, und später von PERSICO[2] durch feinere Rechnungen bestätigt. Neben der der molekularen Diffusion entstammenden Viskosität muß man aber auch eine ähnliche Wirkung des Strahlungsfeldes berücksichtigen, wie zuerst von JEANS[3] gezeigt wurde. Im ersten Augenblick klingt es vielleicht merkwürdig, daß die Strahlung eine materielle Viskosität hervorrufen soll, aber beim genaueren Nachdenken wird man die Richtigkeit der Behauptung einsehen. Auch ist es leicht, an Hand der Formeln der Gastheorie die Größe des entsprechenden Viskositätskoeffizienten anzugeben. Nach der einfachen Formel von MAYER ist dieser Koeffizient durch den Ausdruck

$$\lambda = \tfrac{1}{3} \varrho \bar{v} l \tag{188}$$

gegeben, wo $\varrho, \bar{v}$ und l Dichte, mittlere Geschwindigkeit und freie Weglänge der für die Viskosität verantwortlichen Teilchen

---

[1] Month. Not. Bd. 82, S. 202. 1922.

[2] Month. Not. Bd. 86, S. 93. 1926. Siehe auch S. ROSSELAND, Astrophys. Journ. Bd. 62, S. 404. 1925.

[3] Month. Not. Bd. 86, S. 328. 1926.

sind. Nun sind wir in der Physik daran gewöhnt, ein Strahlungsfeld als Gasmasse zu betrachten, wo die Atome durch Lichtquanten
repräsentiert sind. Die Massendichte der Strahlung finden wir
bekanntlich, wenn wir die Energiedichte $\varrho(\nu)\,d\nu$ durch das Quadrat
der Lichtgeschwindigkeit dividieren. Indem wir uns auf Strahlung
des Frequenzintervalles ν bis $\nu + d\nu$ beschränken, finden wir
also für die Massendichte:

$$\varrho = \frac{1}{c^2}\,\varrho(\nu)\,d\nu. \tag{189}$$

Die Geschwindigkeit $\bar{v}$ der Quanten ist einfach gleich der Lichtgeschwindigkeit c, während die freie Weglänge l durch den reziproken Wert des Absorptionskoeffizienten $\varkappa_\nu$ gegeben ist. Nach
der Gastheorie ist nämlich die Wahrscheinlichkeit, daß ein Molekül
eine freie Weglänge x beschreiben wird, proportional zu $e^{-x/l}$,
während die Wahrscheinlichkeit, daß ein Lichtquant sich eine
Strecke x ohne Absorption bewegt, proportional zu $e^{-\varkappa_\nu x}$ ist.
Also ist $l = \varkappa_\nu^{-1}$, wie behauptet wurde. Der Koeffizient der
Strahlungsviskosität des Frequenzintervalles ν bis $\nu + d\nu$ ist
daher

$$\lambda_\nu = \frac{1}{3c\varkappa_\nu}\,\varrho(\nu)\,d\nu. \tag{190}$$

Um den totalen Viskositätskoeffizienten zu erhalten, integrieren
wir λ_ν über alle Frequenzen. Der vollständige Viskositätskoeffizient wird dann

$$\lambda = \frac{1}{3c\varkappa}\,a\,T^4, \tag{191}$$

wo a die STEFAN-BOLTZMANNsche Strahlungskonstante, T die
Temperatur und $1/\varkappa$ den folgenden Mittelwert des reziproken
Absorptionskoeffizienten bedeutet:

$$\frac{1}{\varkappa} = \frac{\displaystyle\int_0^\infty \varkappa_\nu^{-1}\varrho(\nu)\,d\nu}{\displaystyle\int_0^\infty \varrho(\nu)\,d\nu}. \tag{192}$$

Also ist $\varkappa$ nicht einfach mit dem im Ausdruck für den gesamten
Strahlungsstrom auftretenden Absorptionskoeffizienten zu ver-
wechseln. Wenn man aber zwischen den zwei Mittelwertbildungen
nicht zu unterscheiden braucht, kann man den Koeffizient der
Strahlungsviskosität durch den Strahlungsfluß F, die Temperatur

und den Temperaturgradienten ausdrücken. Man hat dann nämlich

$$\frac{1}{\varkappa} = -\frac{\frac{3}{4}F}{ac\,T^3\,|\nabla T|} \tag{193}$$

und folglich

$$\lambda = -\frac{TF}{4c^2\,|\nabla T|}\,. \tag{194}$$

JEANS hat auch genauere Rechnungen angestellt[1] und dabei einen von dem obigen wesentlich verschiedenen numerischen Faktor gefunden. Daß die von JEANS gegebene Verfeinerung eine wirkliche Verbesserung darstellt, ist wohl zweifelhaft, da er in der Transformation des Strahlungsfeldes nur die Aberration der Strahlenrichtung und nicht den Doppler-Effekt der Amplitude berücksichtigt, der doch von derselben Größenordnung ist[2]. Durch Eintragung numerischer Werte in obiger Formel findet JEANS, daß die Strahlungsviskosität im Sonneninnern mehrmals größer ist als die materielle Viskosität nach Rechnungen von PERSICO[3]. Zum Vergleich sei bemerkt, daß die Viskosität von gewöhnlichem Olivenöl viermal kleiner ist als die materielle Viskosität im Innern der Sonne. Die Sternsubstanz besitzt also eine ziemlich große Zähigkeit.

a) Turbulente Viskosität. Die obigen Rechnungen beziehen sich auf die exakte Bewegung einer Flüssigkeit, wie sie durch die hydrodynamischen Gleichungen definiert ist. Solche Bewegungen lassen sich in kleinem Maßstabe in Laboratorienversuchen verfolgen, sofern man mit so kleinen Geschwindigkeiten arbeitet, daß die Bewegung einem einfachen Bewegungstypus angehört, wie rein laminare Strömung durch enge Röhren, stationäre Rotationen um eine vertikale Achse usw. Es zeigt sich aber, daß solche einfachen Bewegungstypen sich nur für kleine räumlich veränderliche Geschwindigkeiten herstellen lassen. Wenn die Stromgeschwindigkeit in einer Röhre über einen kritischen Wert hinauswächst, schlägt die laminare Strömung plötzlich in eine wirbelnde Bewegung um, die sehr verwickelt sein kann, und die turbulente Bewegung genannt wird. Die kritische Stromgeschwindigkeit ist dem Querschnitt der Röhre umgekehrt proportional, weshalb die Bewegungen der Atmosphäre, der Ozeane

---

[1] Month. Not. Bd. 86, S. 444. 1926. Siehe auch E. A. MILNE, Ebenda Bd. 89, S. 518. 1929.

[2] Siehe z. B. A. EINSTEIN, Phys. ZS. Bd. 18, S. 121. 1917.

[3] Month. Not. Bd. 86, S. 93. 1926.

und noch mehr der Sterne, vorwiegend dem turbulenten und nicht dem laminaren Bewegungstypus angehören. Die Natur der typisch turbulenten Bewegung ist so verwickelt, daß es selbst mittels der feinsten Laboratoriumsapparatur schwierig ist, die Strömungen im einzelnen zu verfolgen; alle Messungen beziehen sich auf Mittelwerte der Geschwindigkeiten und Schwankungen um diese Mittelwerte. Ein Blick auf die hydrodynamischen Gleichungen, und insbesondere auf den Ausdruck für die durch Viskosität erzeugte Wärmetönung (130), zeigt, daß die Gleichungen der gemittelten Bewegung den strengen Gleichungen gegenüber sehr wesentliche Abweichungen aufweisen können. Die schnellen Schwankungen der Geschwindigkeit spielen gewissermaßen dieselbe Rolle, wie die ungeordnete Bewegung der Moleküle in der Gastheorie, indem sie einen gewissen zusätzlichen Druck einerseits und Viskosität andererseits hervorrufen. Der turbulente Druck ist durch genau denselben Ausdruck gegeben wie der gewöhnliche Gasdruck: Das mittlere Quadrat der Geschwindigkeitsschwankungen ersetzt die molekulare Geschwindigkeit. Erfahrungsgemäß lassen sich auch, was man nicht ohne weiteres hätte voraussagen können, die turbulenten Spannungen weitgehend beschreiben durch einen Tensor von ähnlichem Bau wie bei gewöhnlicher Viskosität. Der turbulente Viskositätskoeffizient ist aber von ganz anderer und höherer Größenordnung als der laminare Koeffizient. Beispielsweise sei bemerkt, daß die scheinbare Viskosität der Atmosphäre und der Ozeane ungefähr 500 000 mal größer ist als die entsprechende laminare Viskosität[1]. Natürlich müssen wir auch mit turbulenter Diffusion und turbulenter Wärmeleitung von ähnlicher Größenordnung rechnen. Der tiefere Grund, warum die molekularen Austauschphänomene: Diffusion, Wärmeleitung und Viskosität durch eine entsprechende Reihe halbmakroskopischer Austauschphänomene parallelisiert werden, und zwar nur oberhalb einer gewissen Geschwindigkeitsschwelle, liegt noch im Dunkeln.

b) Astronomische Konsequenzen. Wie zuerst von HELMHOLTZ gezeigt wurde, nimmt die Bedeutung der Viskosität schnell ab,

---

[1] Siehe W. SCHMIDT, Der Massenaustausch in freier Luft und verwandte Erscheinungen (Probleme der kosmischen Physik VII), Hamburg 1925, und L. F. RICHARDSON, Weather Prediction by Numerial Process, Cambridge Univ. Press 1922, S. 72.

wenn man die Dimensionen der bewegten Flüssigkeit vergrößert, ohne den Bewegungstypus und die Natur der Flüssigkeit zu ändern. Denken wir uns nämlich, daß wir die Längen mit ξ, die Zeit mit τ, die Dichte mit s und den Viskositätskoeffizienten mit η multiplizieren, und verlangen wir, daß die hydrodynamischen Bewegungsgleichungen durch diese Transformation nicht geändert werden sollen, so folgt

$$\tau = \xi^2 \cdot \frac{s}{\eta}. \tag{195}$$

Bei einer rein geometrischen Dehnung der Flüssigkeit ($\eta = s = 1$) wächst also die Zeitskala wie das Quadrat der Längendimensionen. Gesetzt z. B., daß das Absterben eines freien Wirbels in einer ausgedehnten Wassermasse 5 Minuten dauert. Der ungefähre Querschnitt des Wirbels sei 1 m². Dann folgt aus der obigen Relation, daß bei demselben Werte von ϱ/λ ($s/\eta = 1$) das Absterben eines Sonnenwirbels vom Querschnitt 10^{14} m² (kleiner Sonnenfleck) tausend Millionen Jahre dauern würde. Durch ganz ähnliche Betrachtungen schließt man, daß unter denselben Voraussetzungen eine merkliche Ausgleichung der äquatorealen Beschleunigung der Sonne wohl mehr als hundert Billionen Jahre in Anspruch nehmen würde. Hieraus hat man gefolgert[1], daß das eigentümliche Rotationsgesetz der Sonne möglicherweise ein Überbleibsel ihrer fernsten Urgeschichte ist. Diese Schlußweise ist aber falsch, weil sie auf der Annahme laminarer und nicht-turbulenter Strömung gegründet ist. Um die Bedeutung der Viskosität für die Bewegungen auf der Sonne richtig beurteilen zu können, brauchen wir die Kenntnis des solaren Wertes des turbulenten Viskositätskoeffizienten. Dieser Koeffizient ist uns zwar nicht bekannt. Daß aber die Sonne in typisch turbulenter Bewegung begriffen ist, läßt sich kaum leugnen angesichts der auffallenden Erscheinung der Granulation, die unzweideutig von einer kochenden Bewegung der ganzen Sonnenoberfläche zeugt. Diese Turbulenz wird wohl durch die veränderliche Rotationsgeschwindigkeit ausgelöst. Möglicherweise läßt sich eine tiefgehende Analogie zwischen der Bewegung der Sonne und der Erdatmosphäre begründen, da in beiden Fällen eine allgemeine

---

[1] J. Wilsing, Astron. Nachr. Bd. 127, S. 233. 1891; E. T. Wilczynski, Dissert. Berlin 1897; R. A. Sampson, Mem. Roy. Astron. Soc. Bd. 51, S. 123. 1894. Siehe auch J. H. Jeans, Astronomy and Cosmogony, S. 71.

Zirkulation vorhanden ist, die zu der Bildung von Wirbeln und Geschwindigkeitsschwankungen aller Art Anlaß gibt. Das Wehen des Windes bei uns würde etwa der Granulation auf der Sonne entsprechen, unsere größten atmosphärischen Wirbel, die Zyklone, den Sonnenflecken. Aller Wahrscheinlichkeit nach sind jedoch die atmosphärischen Turbulenzerscheinungen bei uns träge im Vergleich mit den entsprechenden Bewegungen auf der Sonne.

Möglicherweise wird es gelingen, die Theorie der Sonnenflecken so weit zu treiben, daß hieraus der solare Viskositätskoeffizient berechnet werden kann. Daß dort, wie hier, die Turbulenz eine fast millionenmal vergrößerte Viskosität mit sich bringt, dürfen wir wohl sogleich aus der kurzen Lebensdauer der Sonnenflecken herleiten. Daraus folgt weiter der wichtige Satz, daß die äquatoreale Beschleunigung der Sonnenrotation kein Überbleibsel ihrer Urgeschichte sein kann. Denn die Ausgleichung dieser Bewegung würde in der Wirklichkeit kaum mehr als einige Millionen Jahre in Anspruch nehmen, was kosmisch gesprochen eine sehr kurze Zeit ist.

c) **Rotationsgesetz der Sonne.** Die obige Betrachtung dürfte für die kritische Beurteilung der Sonnentheorien von wesentlicher Bedeutung sein, da hierdurch der von JEANS verfochtenen Theorie der Strahlungsbremsung der Boden entzogen wird. Als einzige Möglichkeit bleibt die Annahme erzwungener Konvektionsströme als primäre Ursache der äquatorealen Beschleunigung übrig. Bekanntlich hat JEANS[1] darauf aufmerksam gemacht, daß die Strahlung des Sternes eine bremsende Wirkung ausüben muß. Das Vorhandensein dieser Bremsung kann kaum geleugnet werden, da es einfach aus dem allgemeinen Satz von der Erhaltung des Impulses der Strahlung folgt.

Die austretende Strahlung wird nämlich streben, den ursprünglichen Rotationsimpuls zu behalten, und also die durchströmte Materie in einen Zustand zu versetzen, in dem der Rotationsimpuls eines Teilchens längs der Stromlinien der Strahlung konstant bleibt. Diese Vorstellung führt in der Tat auf eine mit der Beobachtung verträgliche Formel für die Winkelgeschwindigkeit, wie zuerst von FAYE[2] von einem ganz verschiedenen Gesichtspunkt aus gezeigt wurde. Man betrachte den einfachen Fall,

[1] Month. Not. Bd. 85, S. 328. 1926.
[2] C. R. Bd. 60, S. 89, 138. 1865.

wo der Stern aus einem strahlenden Kern besteht und von einer Gashülle umgeben ist, in der keine Strahlungsenergie erzeugt wird. Der Kern rotiere mit konstanter Winkelgeschwindigkeit ω_0 und habe die Form eines Rotationsellipsoids, indem die Meridiane durch die Ellipsengleichung

$$r_0^2 = \frac{a^2(1-e^2)}{1-e^2\cos^2\varphi} \tag{196}$$

gegeben seien, wo a, e, r_0 und φ große Achse, Exzentrizität, Radiusvektor und Polarwinkel bedeuten. Wenn die Gashülle durch Rotation nicht allzu abgeplattet ist, wird die Energieströmung in radialer Richtung stattfinden, und das Rotationsmoment $r^2\omega\sin\varphi$ muß längs eines gegebenen Radius den konstanten Wert $r_0^2\omega_0\sin\varphi$ bewahren. Insbesondere folgt hieraus, daß auf der Oberfläche der Sonne ($r = R$) die Winkelgeschwindigkeit ω durch die Gleichung

$$\left.\begin{aligned}
\omega &= \omega_0\frac{r_0^2}{R^2} = \omega_0\frac{a^2}{R^2}\frac{1-e^2}{1-e^2\cos^2\varphi}\\
&= \omega_0\frac{a^2}{R^2}\left\{1 - \frac{e^2}{1-e^2}\sin^2\varphi + \frac{e^4}{(1-e^2)^2}\cdot\sin^4\varphi + \cdots\right\}
\end{aligned}\right\} \tag{197}$$

gegeben ist, die durch geeignete Wahl der Konstanten die Beobachtungsresultate gut wiedergibt.

Soweit ist alles gut und schön, denn die Schwierigkeiten entstehen erst, wenn wir nach der Bedeutung der Strahlungsbremsung gegenüber der Viskosität fragen. JEANS hat gefunden, daß für Abstände vom Sonnenmittelpunkt kleiner als $\frac{1}{3}R$ die laminare Viskosität die Strahlungsbremsung überwiegt. Bei millionenfacher Vergrößerung der Viskosität wird aber diese Grenze in den Bereich der Sonnenatmosphäre gerückt sein, wodurch die ganze Grundlage der Theorie hinfällig wird. Die wahrscheinlichste Folgerung dürfte deshalb sein, daß die Strahlungsbremsung für die Rotation der Sonne und wohl auch für die Sterne im allgemeinen keine große Rolle spielen kann, und daß die äquatoreale Beschleunigung der Sonne durch Konvektionsströme erhalten wird.

Wenn die Konvektionsströme allein in radialer Richtungstattfinden, sollten wir wieder auf das Gesetz $\omega r^2 = f(\varphi)$ der JEANSschen Theorie geführt werden. Diese Vorstellung ist aber kaum annehmbar, da die von der inneren Erhitzung erzeugten Konvektionsströme, wie früher bemerkt wurde, zunächst längs der

Rotationsachse bis zum Pol aufsteigen, dann über die Oberfläche hin zum Äquator laufen und dort wieder nach innen sinken müssen. Doch gibt auch dieses Schema sicherlich ein ganz verzerrtes Bild der wirklichen Verhältnisse, da die ablenkende Kraft der Sonnenrotation stark eingreifen und zu der Bildung von Breitengürteln Anlaß geben muß, wie wir sie ja auf der Erde und auf den äußeren Planeten klar verwirklicht sehen. Daß in der Sonne jetzt keine merklichen Vertikalbewegungen direkt vom Mittelpunkt nach der Oberfläche stattfinden, ist übrigens durch die gleichmäßige Helligkeit der Sonnenoberfläche zur Evidenz bewiesen[1]; also müssen die inneren Strömungen, falls sie vorhanden sind, zum überwiegenden Teil einen rein rotatorischen Charakter besitzen. Wieweit der Verlauf der Sonnenrotation in einfacher Weise mit solchen inneren Strömungen in Verbindung gebracht werden kann, steht noch dahin. Eine gründliche Diskussion dieser Frage wäre von großer Bedeutung für die Theorie der Sterne.

23. Die Sonnenflecke.

Wie früher bemerkt, ist es natürlich, die Sonnenflecke als den terrestrischen Zyklonen entsprechende Wirbel zu betrachten, die durch die allgemeine Zirkulation der Sonne erzeugt werden. Die Argumente für die zyklonale Natur der Flecke sind freilich heterogener Art, aber von einem einheitlichen Gesichtspunkt betrachtet, scheint die Schlußfolgerung zwingend. So stimmt diese Ansicht schön mit dem ABBOTschen Befunde überein, daß die Sonnenstrahlung zur Zeit größter Fleckenaktivität auch am größten ist. Es handelt sich ja hier um eine von der Energieerzeugung der Sonne getriebene thermodynamische Maschine, und es ist ganz klar, daß die Maschine am heftigsten arbeiten muß, wenn die hineingesteckte Energie am größten ist. Andererseits deutet der Fleckenmagnetismus auf eine subphotosphärische Wirbelbewegung, und HALE hat festgestellt, daß die von oben in die Flecke hineinströmenden Wasserstoffmassen in Wirbelbewegung begriffen sind.

Aus direkten Messungen der Fleckenstrahlung und aus der Tatsache, daß das Fleckenspektrum dem Typus KO angehört,

---

[1] Vgl. EDDINGTON, Month. Not. Bd. 90, S. 54. 1929, und S. ROSSELAND, Astrophys. Journ. Bd. 63, S. 238. 1926.

folgt, daß die effektive Temperatur der normalen Flecke um etwa
1000° K niedriger ist als die effektive Temperatur der umgebenden
Sonnenoberfläche. Die nächstliegende Frage ist nun die, wie
eine so tiefe Temperatur monatelang erhalten bleiben kann,
trotz der Erhitzung durch die von allen Seiten sich aufdrängende
Sonnenstrahlung. Es ist klar, daß die Abkühlung nicht durch
Divergenz der Stromlinien der Strahlung zustande kommt, da die
Depression der isothermen Flächen in den Flecken eine Konvergenz der Stromlinien herbeiführt. In den Fleckengebieten
muß sich also Strahlungsenergie in kinetische und potentielle
Energie der Fleckensubstanz umwandeln durch expansive Vertikalbewegung in den Flecken.

Die Konsequenzen dieses Gedankens können wir an Hand
der allgemeinen Energiegleichung (131) quantitativ verfolgen.
Wir vernachlässigen die Energieerzeugung und die Degradation
kinetischer Energie durch Viskosität und Turbulenz ($\Phi = 0$),
und schreiben die Energiegleichung in der Form

$$\operatorname{div} F = V\left(\frac{p}{\varrho}\, V\varrho - \varrho\, VE\right), \tag{198}$$

wo E jetzt die thermische Energie pro Masseneinheit bedeutet.
Für ein ideales, einatomiges Gas ($p = \frac{2}{3}\varrho E$) folgt

$$\operatorname{div} F = p(V \cdot V \log \varrho\, E^{-\frac{3}{2}}). \tag{199}$$

Wenn $\varrho\, E^{-\frac{3}{2}}$ konstant ist, wird die Bewegung also keine Vernichtung oder Erzeugung von Strahlungsenergie herbeiführen,
da die Schichtung dann — wie früher gezeigt wurde — gerade
in konvektivem, labilem Gleichgewicht ist.

Es ist hier von besonderem Interesse, den Fall zu unter-
suchen, wo $\varrho \sim E^n$, $n > \frac{3}{2}$. Zwar kann eine solche Relation
keine strenge Gültigkeit beanspruchen, weil nur in ganz speziellen
Fällen die Dichte eine Funktion der Temperatur allein sein kann.
Aber für eine nullte Näherung, bei der der Zustand nicht weit
vom Gleichgewichtszustand entfernt ist, scheint die Annahme
zulässig. Es ist dann $V \log \varrho\, E^{-\frac{3}{2}} = \dfrac{n - \frac{3}{2}}{n + 1} \cdot V \log p$ und

$$\operatorname{div} F = \frac{n - \frac{3}{2}}{n + 1} \cdot (V \cdot Vp). \tag{200}$$

Diese Gleichung integrieren wir über eine vertikale Säule in der
Fleckenmitte, deren Wände aus Stromlinien des Strahlungs-

stromes bestehen und die oben und unten durch Normalflächen
des Stromes abgeschnitten ist. Wir nehmen den Querschnitt der
Säule so klein an, daß der Strahlungsstrom über den Querschnitt (Mittelwert Q) konstant ist. Indem wir die obige Gleichung
über die Säule integrieren und dabei die Geschwindigkeit als
Konstante betrachten, erhalten wir für die in der Säule pro Zeiteinheit verlorengegangene Strahlungsenergie den angenäherten
Ausdruck

$$Q(F_1 - F_2) = \frac{n - \frac{3}{2}}{n + 1} \cdot QV(p_1 - p_2), \qquad (201)$$

wo F_1, p_1, F_2, p_2 Strahlungsstrom und Gasdruck an dem unteren
bzw. oberen Ende der Röhren sind. Wenn plausible Werte für
n und V angegeben werden können, zeigt diese Relation, wie
man den Gasdruck an der Basis des Fleckes aus der Erniedrigung
der Strahlungsintensität berechnen kann. Als typisches Beispiel
betrachten wir eine Temperaturerniedrigung von $1000\,^\circ$ K. Die
Intensität der Fleckenstrahlung ist dann gleich der Hälfte der
Intensität der gewöhnlichen Sonnenstrahlung. Man findet

$$F_1 - F_2 = \tfrac{1}{2} F_1 = 4 \cdot 10^{10} \, g \cdot \text{sek}^{-3}. \qquad (202)$$

Die Vertikalgeschwindigkeit kann kaum mehr als ein paar Kilo-
meter pro Sekunde betragen. Wir setzen daher größenordnungsgemäß $V = 10^5$ cm/sek. Für die Zahl n benutzen wir den früher
gefundenen Wert $n = 3$. Es folgt dann für den Druck p der
Wert 10^6 dyn $\cdot$ cm^{-2}, was bekanntlich etwa dem mittleren Luft-
druck an der Erdoberfläche gleichkommt. Zwar hat man die
Vertikalgeschwindigkeit im Gebiete der Umbra eines Fleckes
nicht beobachten können, aber daß Vertikalbewegungen wirklich
vorhanden sind, kann kaum geleugnet werden angesichts der
Entdeckung von EVERSHED, daß die Substanz der Penumbra in
expansiver Bewegung ist, und zwar mit einer Geschwindigkeit
von 2—3 Kilometern in der Sekunde.

Weiter liegt die Vermutung nahe, daß die Einteilung eines
Fleckes in Umbra und Penumbra einem Unterschied des Be-
wegungstyps entspricht. Für einen Zusammenhang der Temperaturerniedrigung in der Penumbra mit der Bewegung spricht
der von EVERSHED entdeckte Umstand, daß die Ausströmung
an der äußeren Begrenzung der Penumbra sehr schnell aufhört.
Die Spektrallinien erscheinen an dieser Grenze sehr verwaschen,
offenbar infolge einer sich durch Doppler-Effekt kundgebenden

wirbelnden Bewegung. Die dynamische Auffassung der Sonnenflecke wird also durch die Beobachtungen weitgehend gerechtfertigt.

Die nächste Frage ist nun, wie die aufsteigenden Bewegungen
in den Flecken entstehen. Diese Frage ist von BJERKNES[1] in Angriff genommen worden, der zeigte, daß eine mit der Höhe veränderliche Rotation in den Flecken eine Vertikalverschiebung zur
Folge haben muß. In der Tat, betrachten wir zuerst einen zirku-
laren Wirbel ohne Vertikalbewegung, und denken wir uns, daß
die Winkelgeschwindigkeit nach oben zunimmt. Dann wird die
Temperatur zunehmen, wenn wir uns auf einer Isobaren von der
Rotationsachse entfernen, und der Wirbel hat einen kalten Kern.
Wenn man sich einfach auf die Frage der Temperatur der Flecke
beschränken könnte, wäre es formal möglich, die Temperaturerniedrigung ausschließlich auf eine spezielle Rotationsbewegung
ohne Vertikalbewegung zurückzuführen. Sobald man aber den
Energietransport berücksichtigt, ändert sich das Bild, weil die Forderung der Erhaltung der Energie sich nicht mit der Forderung einer
reinen Rotationsbewegung verträgt. Ein Wirbel mit nach oben zu-
nehmender Rotationsgeschwindigkeit (kaltem Kern) ist deshalb
immer mit einer expansiven Vertikalbewegung nach oben verbunden.

Ferner ist zu fragen, wie die spezielle vermutete Rotationsbewegung der Flecke zustande kommt. Man weiß hierüber noch
wenig. Daß die Flecke irgendwie als Resultat der Auslösung
eines instabilen Bewegungszustandes der Sonnenatmosphäre entstehen, dürfte sehr wahrscheinlich sein; aber wir wissen nicht,
ob die Instabilität vorwiegend dynamischer oder thermischer
Natur ist. Auf Grund der Theorie des Strahlungsgleichgewichts
wäre man geneigt, die Schichtung als thermisch stabil zu betrachten[2] und also die Fleckenbildung mit der dynamischen
Labilität der inneren Strömungen in Verbindung zu bringen.
BJERKNES scheint die andere Möglichkeit vorzuziehen. Man
kann aber in beiden Fällen kaum dem Schluß entgehen, daß
die Fleckenbildung innig mit der Rotation zusammenhängt. Eine
Änderung des Rotationszustandes der Sonne wird also eine Änderung der Charakteristika der Fleckentätigkeit, z. B. der Intensität und der Periode, nach sich ziehen.

---

[1] Astrophys. Journ. Bd. 64, S. 93. 1926.

[2] A. UNSÖLD, ZS. f. Astrophys. Bd. 1, S. 138. 1930 verficht die entgegengesetzte Auffassung.

24. Flecken auf anderen Sternen.

Da wir die Fleckenbildung auf dynamische Ursachen zurückgeführt haben, dürfen wir offenbar annehmen, daß das Vorkommen der Flecke nicht an die Sonne oder an Sterne einer
bestimmten Spektralklasse gebunden ist. Vielleicht sind die
Helligkeitsschwankungen der Sterne in der überwiegenden Mehrzahl der Fälle (reine Bedeckungsveränderliche ausgenommen)
durch Fleckenbildung in weitestem Sinne zu erklären. Eine
einheitliche Diskussion der Frage von diesem Gesichtspunkt aus
steht noch dahin[1], und wir können daher nur eine flüchtige
Skizze der vermutlichen qualitativen Züge einer solchen Theorie
entwerfen.

Die veränderlichen Sterne werden in mehrere Klassen ein-
geordnet.

1. Die langperiodisch veränderlichen Sterne sind typische Riesensterne von niedriger effektiver Temperatur (2000° bis 3000° K)
und sehr geringer Dichte, deren Perioden zwischen den Werten
$P = 90^d$ und $P = 600^d$ schwanken. Die Veränderlichkeit betrifft nicht nur die Helligkeit, sondern auch die effektive Temperatur, die Spektralklasse und die Radialgeschwindigkeit. Der
Stern hat zur Zeit des Helligkeitsminimums die niedrigste Temperatur und die kleinste Radialgeschwindigkeit. Man kann die
Helligkeitsänderungen dieser Sterne nicht in strengem Sinne
periodisch nennen, da bisweilen beträchtliche Störungen in der
Zeitdauer von einem Maximum bis zum nächsten vorkommen.

2. An die langperiodisch Veränderlichen schließen sich die
δ Cephei-Sterne (Perioden zwischen 2^d und 60^d) und die Haufen-
veränderlichen (P zwischen 4^h und 1^d) an, die zusammen die
Klasse der kurzperiodisch Veränderlichen bilden. Auch bei ihnen
ändern sich, genau so wie bei den langperiodisch Veränderlichen,
neben der Helligkeit effektive Temperatur und Radialgeschwindigkeit. Die Schwankung verläuft zwar synchron mit der Hellig-
keitsschwankung, wie für die langperiodisch Veränderlichen, aber
die Amplitude ist viel kleiner. Bemerkenswerterweise fällt aber
die kleinste Radialgeschwindigkeit diesmal mit der Phase größter
Helligkeit zusammen, also gerade umgekehrt wie bei den lang-

---

[1] Siehe aber S. Rosseland, Avh. Vid. Akad. Oslo, I. Mat. Nat. Klasse
Nr. 6. 1929.

periodisch Veränderlichen, von denen die Kurzperiodischen sich
auch durch eine sehr hohe Reinheit der Periodizität unterscheiden.

Zwischen die lang- und kurzperiodisch Veränderlichen schieben sich die RV Tauri-Sterne ein. Die Lichtkurven dieser Sterne erinnern an die Lichtkurven der Bedeckungsveränderlichen, indem zwei verschiedene Maxima und Minima abwechseln. Wenn man zwischen den Haupt- und Nebenmaxima usw. nicht unterscheidet, hat die Radialgeschwindigkeit eine doppelt so große Periode wie die Lichtschwankung. Die Periode und die Lichtkurve sind oft stark veränderlich.

3. Als dritte Hauptklasse sind die unregelmäßig Veränderlichen zu nennen. Die Veränderlichkeit dieser Sterne ist sehr heterogenen Charakters, von der reinen Aperiodizität der sog. neuen Sterne einerseits bis zur Quasiperiodizität der RV Tauri-Sterne andererseits.

25. Die Pulsationstheorie.

Wie kommen nun die Helligkeitsschwankungen zustande? Will man alle Helligkeitsänderungen der Sterne einheitlich erklären, so kann man die Ursache nur in der Energieerzeugung und in der Rotation suchen. Es ist nicht sofort einzusehen, wie dann eine Periodizität erhalten werden kann. Doch fehlt es nicht an terrestrischen Anhaltspunkten. Denken wir z. B. an die heißen intermittierenden Quellen, wie sie auf Island oder im Yellowstonegebiet vorkommen. Die Periodizität dieser Quellen kommt wohl so zustande, daß sich durch Erwärmung von unten allmählich ein instabiler Zustand herstellt, der erst durch eine vollständige Umwälzung der Schichtung der Wassermassen ausgelöscht wird. Die Periode der Quelle ist dann die Summe der Zeitintervalle, die 1. zum Aufbau und 2. zur Auslöschung der Instabilität nötig sind.

Daß es sinngemäß erscheint, eine solche Betrachtung auf die Fleckentätigkeit der Sonne auszudehnen, haben wir schon mehrmals bemerkt. Daß die Helligkeitsschwankungen der Sonne klein sind, dürfte in erster Linie mit der langsamen Sonnenrotation zusammenhängen. Größere Instabilitäten brauchen aber nicht notwendig durch schnellere Rotation oder eine empfindlichere Energieerzeugung hervorgerufen zu werden. Denn selbst mäßige Schwingungen können sehr verstärkt werden, wenn ihre

Periode mit der Periode einer Eigenschwingung des Systems zusammenfällt (Resonanz).

Es ist daher vielleicht möglich, die Veränderlichkeit der δ Cephei-Sterne, der Mira-Sterne und der RV Tauri-Sterne formal durch freie Schwingungen darzustellen. Bis jetzt liegt nur ein einziger ernster Versuch in dieser Richtung vor, in der von PLUMMER, SHAPLEY und EDDINGTON entwickelten Pulsationstheorie der δ Cephei-Sterne.

Die veränderliche Radialgeschwindigkeit dieser Sterne legt den Gedanken nahe, daß sie Doppelsterne seien. Dies trifft aber sicher nicht zu, da Masse und Durchmesser der δ Cephei-Sterne so groß sind, daß ein Satellit, der sich in der gegebenen Periode um den Hauptstern bewegt, keinen Platz hat. Es ist EDDINGTON gelungen[1], sowohl die Größe der Periode wie die charakteristische Form der Lichtkurve durch die Annahme symmetrischer, rein radialer Pulsationen eines isolierten Sternes zu erklären. Ungeklärt blieb dagegen die übereinstimmende Phase von größter Helligkeit und kleinster Radialgeschwindigkeit. Man sollte nämlich erwarten, wie besonders von JEANS[2] hervorgehoben wurde, daß die größte Helligkeit zur Zeit der größten Kompression eintritt, wenn also die Radialgeschwindigkeit ihren mittleren Wert annimmt. Die Rechnung, die von JEANS als Begründung dieser Behauptung ausgeführt wurde, ist jedoch durch Vernachlässigung der turbulenten Viskosität entstellt. Es kann sein, daß die beobachtete Phasenverschiebung hierdurch zustande kommt.

Wenn die Voraussetzungen der Pulsationstheorie zutreffen, ist ein δ Cephei-Stern als ein einziger periodisch wiederkehrender „Sonnenfleck" zu betrachten, wenn auch die äußere Verwandtschaft mit der bescheidenen Fleckenaktivität der Sonne ganz verlorengegangen ist. Eine größere Verwandtschaft mit der Fleckentätigkeit der Sonne liegt vielleicht vor bei den langperiodisch Veränderlichen, den RV Tauri-Sternen und den unregelmäßig Veränderlichen. Speziell die RV Tauri-Sterne dürften in dieser Hinsicht interessant sein. Die doppelte Periodizität der Lichtschwankung, verglichen mit der spiegelbildlich verlaufenden Schwankung der Radialgeschwindigkeit, könnte inner-

---

[1] Siehe A. S. EDDINGTON, Der innere Aufbau der Sterne, Kap. 8.
[2] Month. Not. Bd. 86, S. 86. 1926.

halb einer erweiterten Pulsationstheorie erklärt werden durch die Annahme, daß zwei Teile der Sternoberfläche mit entgegengesetzten Phasen schwingen. Solche befremdend anmutenden Schwingungen sind kaum theoretisch auszuschließen, da die Fleckenaktivität der Sonne keinen sphärischen, sondern einen zonalen Charakter besitzt, und bei beliebiger Vergrößerung der Aktivität ist wohl zu erwarten, daß bisweilen zonale und nicht radiale Schwingungen entstehen.

Eine tiefgehende Diskussion des Problems der veränderlichen Sterne wäre sehr erwünscht, besonders weil die Eigenschaften der Energieerzeugung der Sterne gerade hier einer näheren Untersuchung zugänglich zu sein scheinen. Bei der weiteren Entwicklung der Pulsationstheorie im obigen Sinne dürfte von wesentlicher Bedeutung sein, die Magnetfelder der Sterne zu kennen, da ja nach alltäglichen Erfahrungen die Bewegung stark leitender Substanzen, wie die Sternmaterie, sehr stark durch Magnetfelder beeinflußt und gedämpft wird.

Der Gedanke, daß die Veränderlichkeit der Sterne letzten Endes auf die Rotationsbewegung zurückzuführen ist, wurde besonders von JEANS[1] verteidigt. Andere Astronomen, besonders EDDINGTON und RUSSELL[2], haben die Meinung vertreten, daß die Schwingungen direkt durch die primären Energiequellen der Sterne gespeist werden, indem die Ergiebigkeit durch Kompression vergrößert und durch Ausdehnung verkleinert werden soll. Eine Entscheidung zwischen diesen zwei Gesichtspunkten ist wohl erst zu erwarten, wenn man den Mechanismus der Energiequellen genau kennt.

26. Verteilung der Elemente in einem Stern.

Soviel wir wissen, sind auf den Sternoberflächen nur bekannte Elemente vorhanden, etwa in dem uns von der Erde her bekannten Mischungsverhältnis (s. § 41). Über das Mischungsverhältnis im Sterninnern können wir uns dagegen nur ziemlich vage Vorstellungen bilden. Wir sind geneigt, aus den täglichen Erfahrungen auf der Erde auf eine starke Tendenz zur Konzentration der schwereren Elemente gegen den Sternmittelpunkt hin zu schließen. Diese Tendenz wird aber durch die sehr vorgeschrittene Ionisation

---

[1] Month. Not. Bd. 85, S. 797. 1925.
[2] Siehe EDDINGTON, Der innere Aufbau der Sterne, deutsche Ausg. S. 242 ff.

im Sterninnern weitgehend aufgehoben. Betrachten wir zwei gleiche, benachbarte Volumina, die je ein reines gasförmiges Element enthalten. Damit die in den zwei Volumina eingeschlossenen Massen im Gleichgewicht seien, müssen Druck, Temperatur und Dichte überall dieselben Werte besitzen. Also muß auch das mittlere Molekulargewicht für beide Gase dasselbe sein, oder

$$\frac{M + Z\mu}{1 + Z} = \text{konst.} \tag{203}$$

für beide Elemente, wo Z die Zahl der von einem Atom abgespaltenen Elektronen ist und M und μ die Masse eines Atoms bzw. eines Elektrons bedeuten. Wir haben nun früher bei der Berechnung des Ionisationsgleichgewichts zeigen können, daß die mittleren Molekulargewichte der verschiedenen Elemente, mit Ausnahme des Wasserstoffs, durch die Ionisation fast gleich werden, und dürfen also daraus auch den Schluß ziehen, daß die Ionisation in gleichem Maße die Trennung der Elemente durch die Schwere verhindert. Da die Höhenverteilung der Elemente für kleine Änderungen des mittleren Molekulargewichts sehr empfindlich ist, wäre immerhin eine bedeutende zentrale Konzentration von schweren Elementen zu erwarten, sofern die Elemente die volle Gelegenheit hätten, der Schwerewirkung zu folgen. Das können sie aber sicher nicht bei einem rotierenden Stern mit inneren Konvektionsströmungen. Ob diese Strömungen stark genug sind, um eine völlige Durchmischung der Sterne herbeizuführen, steht noch dahin. Wahrscheinlich bilden sich im Sterninnern abgeschlossene Stromsysteme aus, die ohne wesentlichen Massenaustausch wie Zahnräder ineinander greifen. Diese ganze Frage ist ein typisches Zukunftsproblem der Hydrodynamik der Sterne.

a) Anomalie des Wasserstoffs. Ionisierter Wasserstoff ist etwa viermal leichter als die übrigen Elemente in einem Stern und wird eine entsprechend große Tendenz besitzen, zur Sternoberfläche aufzusteigen. Der Vorgang entspricht ungefähr dem Auftrieb eines mit Helium gefüllten Ballons in unserer Atmosphäre, und es ist klar, daß zufällig vorhandene Mengen reinen Wasserstoffs durch rein hydrodynamischen Auftrieb ziemlich schnell zur Sternoberfläche transportiert werden. Diese Tendenz ist natürlich auch merklich bei Helium, dessen mittleres Molekulargewicht 1,33 ist. Dies ist vielleicht die Erklärung der Tatsache, daß Wasserstoff und Helium in den Sternatmosphären stärker vorherrschen, als nach ihrer terrestrischen Häufigkeit zu erwarten wäre.

27. Ausbildung elektrischer Felder durch Diffusion von Elektronen.

Wir haben oben als gegeben hingestellt, daß die Sternsubstanz, makroskopisch betrachtet, elektrisch neutral ist, daß also in jedem Volumelement ebenso viele freie Elektronen wie freie positive Elementarladungen vorhanden sind. Das kann aber nicht streng zutreffen, wie man durch folgende Überlegung sieht: Wegen ihrer kleinen Masse wirkt auf die freien Elektronen keine nennenswerte Schwerkraft, während sie, aus demselben Grunde, viel größere thermische Geschwindigkeiten besitzen als die Atome. Wenn die Schwerkraft allein vorhanden wäre, würden daher die Elektronen in kurzer Zeit von der Sternoberfläche in den Weltraum verdampfen. Hierdurch erhält aber der Stern sogleich eine überschüssige positive elektrische Ladung, die die Elektronen festzuhalten strebt. Die Größe der überschüssigen Ladung, die nötig ist, um das Verdampfen der Elektronen von der Sonnenoberfläche zu verhindern, ist winzig klein, da die elektrische Abstoßung zwischen zwei Wasserstoffkernen die Schwerewirkung um den Faktor $3 \cdot 10^{36}$ übertrifft. Also ist größenordnungsgemäß eine überschüssige positive Elementarladung für je 10^{36} kompensierte Elementarladungen zu erwarten, oder anders ausgedrückt, 5 Milligramm von überschüssigen Wasserstoffkernen im Mittelpunkt der Sonne würden genügen, um der Schwerkraft auf einen freien Wasserstoffkern außerhalb der Sonne das Gleichgewicht zu halten. Es ist von einem gewissen Interesse, die Berechnung dieses Feldes genauer durchzuführen, einerseits, weil hierdurch die Wasserstoffanomalie in verschärfter Fassung erscheint, andererseits, weil dieses Feld nach CHAPMAN[1] vielleicht an der Ausbildung des allgemeinen Magnetfeldes der Sonne mitwirken dürfte.

Wir betrachten dann den Fall des reinen hydrostatischen Gleichgewichts eines rotationslosen Sternes, wenn die Atome soweit wie möglich unabhängig voneinander verteilt sind (Diffu-

---

[1] Month. Not. Bd. 89, S. 59. 1928; vgl. aber auch T. G. COWLING, ebenda Bd. 90, S. 140. 1929.

sionsgleichgewicht). Der Stern bestehe aus s verschiedenen Atom-
sorten, und p_i, n_i, m_i, $Z_i e$ seien Druck, Teilchendichte, Masse
und Ionenladung der Atome $i$ter Sorte, während p_e, n_e, μ, $-e$
die entsprechenden Größen für freie Elektronen bezeichnen.
Ferner bezeichnen Φ und Ψ das Schwerepotential bzw. das
elektrostatische Potential.

Die Gleichgewichtsbedingungen des Sternes lauten dann, unter
Vernachlässigung des Lichtdruckes,

$$\left.\begin{aligned}
\frac{dp_i}{dr} + n_i m_i \frac{d\Phi}{dr} + n_i Z_i e \frac{d\Psi}{dr} = 0; \quad p_i = n_i kT, \quad i = 1, 2, \ldots; s. \\[2ex]
\frac{dp_e}{dr} + n_e \mu \frac{d\Phi}{dr} - n_e e \frac{d\Psi}{dr} = 0; \quad p_e = n_e kT,
\end{aligned}\right\} \quad (204)$$

oder, in integrierter Form geschrieben,

$$\left.\begin{aligned}
n_i = n_i^0 \frac{T_0}{T} e^{-\int_0^r \left(m_i \frac{d\Phi}{dr} + Z_i e \frac{d\Psi}{dr}\right)\frac{dr}{kT}}; \\[3ex]
n_e = n_e^0 \frac{T_0}{T} e^{-\int_0^r \left(\mu \frac{d\Phi}{dr} - e \frac{d\Psi}{dr}\right)\frac{dr}{kT}}.
\end{aligned}\right\} \quad (205)$$

Hierzu kommen die POISSONschen Gleichungen der Potentiale:

$$\nabla^2 \Psi = -4\pi e\left\{\sum_i n_i Z_i - n_e\right\}; \quad \nabla^2 \Phi = 4\pi G\left\{\sum_i n_i m_i + n_e \mu\right\}. \quad (206)$$

Die Natur der brauchbaren Lösungen dieser Gleichungen läßt
sich sogleich aus dem früher erwähnten Umstand erschließen,
daß der Stern sehr nahe elektrisch neutral sein muß. Schreiben
wir die elektrische Dichte in der Form

$$ne = e\sum n_i Z_i - e n_e, \quad (207)$$

so ist also n verschwindend klein, verglichen sowohl mit n_e
als auch mit $\sum_i n_i Z_i$. Indem wir in diese Gleichung die Ausdrücke (205) für n_i und n_e einführen, erhalten wir

$$e^{-\int_0^r \left(\mu \frac{d\Phi}{dr} - e \frac{d\Psi}{dr}\right)\frac{dr}{kT}} = \frac{\sum_i n_i^0 Z_i e^{-\int_0^r \left(m_i \frac{d\Phi}{dr} + Z_i e \frac{d\Psi}{dr}\right)\frac{dr}{kT}} - nT/T_0}{\sum_i n_i^0 Z_i - n^0}. \quad (208)$$

Da n und n^0 neben $\sum_i n_i^0 Z_i$ vernachlässigt werden können, ist die linke Seite der Gleichung das arithmetische Mittel der exponentiellen Terme rechts. Da die Elektronenmasse μ neben jedem m_i zu vernachlässigen ist, sieht man unmittelbar ein, daß Ψ und Φ entgegengesetzte Vorzeichen besitzen, daß also der Stern positiv aufgeladen sein muß. Für den Fall eines einzigen Elementes folgt aus (208) in erster Näherung

$$\mu \frac{d\Phi}{dr} - e \frac{d\Psi}{dr} = m_i \frac{d\Phi}{dr} + Z_i e \frac{d\Psi}{dr}, \qquad (209)$$

oder integriert

$$\Psi = - \frac{m_i - \mu}{e(Z_i + 1)} \cdot \Phi. \qquad (210)$$

Dieser Lösung entspricht nach (206) eine elektrische Dichte

$$ne = \varrho\, G \cdot \frac{m_i - \mu}{e(Z_i + 1)}, \qquad (211)$$

wo ϱ die Massendichte bedeutet. Unter Vernachlässigung der Elektronenmasse ist die totale potentielle Energie eines Ions (relativ zum Sternmittelpunkt):

$$U = Z_i e\, \Psi + m_i \Phi = \frac{m_i}{Z_i + 1} \cdot \Phi. \qquad (212)$$

Wir sehen hier von neuem, wie sehr das mittlere Molekulargewicht für die Energie der Ionen maßgebend ist.

Wenn mehrere Ionensorten vorhanden sind, können wir $\Psi = -\alpha\, \Phi$ schreiben, wo α mit dem Abstand vom Sternmittelpunkt variiert. Mit Rücksicht auf Gleichung (208) schließt man, daß α der Ungleichung

$$\frac{M}{e(Z + 1)} > \alpha > \frac{m}{e(z + 1)} \qquad (213)$$

genügen muß, wo M, Z, m, z dem schwersten bzw. dem leichtesten vorkommenden Element entsprechen, und je nach der relativen Häufigkeit der betreffenden Elemente wird sich α dem oberen oder dem unteren Grenzwert nähern. Wir interessieren uns hier besonders für den unteren Grenzwert von α und wollen, um die allgemeinen Züge des Problems zu beleuchten, zwei typische Fälle betrachten. Im ersten Fall bestehe der Stern vorzugsweise aus Wasserstoff. Die untere Grenze ist dann $H/2e$, und die potentielle Energie eines Wasserstoffkernes relativ zum Sternmittelpunkt ist $\frac{1}{2}H\Phi$. Im zweiten Fall soll der Minimalwert von α durch ein schwereres Element vom Atomgewicht $M = AH$ und der Ionenladung Z bestimmt sein:

$$\alpha = \frac{AH}{e(Z+1)}.\tag{214}$$

Die potentielle Energie eines Wasserstoffions ist in diesem Falle

$$U_H = -\frac{A-Z-1}{Z+1}\,H\Phi,$$

also negativ (da $A > 2Z$ ist), was eine Abstoßung des Ions vom Sternmittelpunkt zur Folge hat. Dasselbe kann natürlich auch für Helium und andere leichte Elemente eintreffen, wenn sie in eine genügend schwere Substanz eingebettet sind. Dieses Resultat entspricht, in anderer Fassung und unter etwas verschiedenen Gültigkeitsbedingungen, dem früheren Resultat, daß Wasserstoff und Helium eine Tendenz besitzen, sich an der Sternoberfläche anzureichern.

Wir haben noch die Genauigkeit der gefundenen Näherungslösung abzuschätzen. Zu diesem Zweck betrachten wir den einfachen Fall, daß der Stern aus ionisiertem Wasserstoff besteht und die Temperatur konstant ist. Wir vernachlässigen ferner auch die Elektronenmasse neben der Masse des Wasserstoffkernes, und erhalten durch Division der beiden entsprechenden Poissonschen Gleichungen (206) für die Potentiale

$$\frac{\nabla^2\Psi}{\nabla^2\Phi} = -\frac{e}{GH}\left\{1 - \frac{n_e^0}{n_H^0}\,e^{2e\left(\Psi+\frac{H}{2e}\Phi\right)/kT}\right\}\tag{215}$$

oder, indem wir

$$\frac{n_e^0}{n_H^0} = 1 - (1-\sigma)\frac{H^2G}{2e^2}\tag{216}$$

schreiben,

$$\frac{2e}{H}\frac{\nabla^2\Psi}{\nabla^2\Phi} = (1-\sigma)e^{\frac{2e\Psi+H\Phi}{kT}} + \frac{2e^2}{H^2G}\left(1 - e^{\frac{2e\Psi+H\Phi}{kT}}\right).\tag{217}$$

Für $\sigma = 0$ ist $\Psi + \frac{H}{2e}\Phi = 0$ eine Lösung dieser Gleichung. In diesem Falle ist also die allgemeine Näherungslösung (210) genau richtig. Es kann aber sein, daß die Verdampfungsgeschwindigkeit der Elektronen von der Oberfläche einen anderen Grenzwert des elektrischen Potentials und also auch einen anderen σ-Wert erfordert, als dieser Lösung entspricht. Man muß nun beachten,

daß der Koeffizient $2e^2/H^2G$ den numerischen Wert $3 \cdot 10^{86}$ hat,
also sehr groß ist. Dies hat zur Folge, daß selbst winzig kleine,
von Null verschiedene σ-Werte zu enormen Änderungen des
elektrischen Oberflächenpotentials Anlaß geben, was zu beweisen
war. Wenn makroskopische Magnetfelder vorhanden sind, können
sich die Verhältnisse natürlich ganz anders gestalten[1].

IV. Energetik und Entwicklungsgeschichte.

Das größte der aktuellen Probleme der modernen Astronomie
ist unzweifelhaft die Frage nach dem Ursprung der Strahlungsenergie. Solange dieses Problem nicht geklärt ist, muß die Astrophysik in einem unbefriedigenden Zustand der Unsicherheit be-
harren, da wir ja die Kenntnis der treibenden Kraft der Welt-
maschine vermissen. Insbesondere können wir nicht erhoffen,
eine nur angenähert zuverlässige Skizze einer Entwicklungsgeschichte der Sterne zu entwerfen, solange die Natur der Energiequellen verborgen bleibt, wie wir im folgenden sehen werden.

28. Über die Zeitdauer der Sternentwicklung.

Soweit die geschichtliche Forschung zurückreicht, scheint die
Leuchtkraft der Sonne keine großen Veränderungen erlitten zu
haben. Kosmisch betrachtet, umfaßt aber die Menschengeschichte
nur ein verschwindend kurzes Zeitintervall. Viel weiter reichen
die in den geologischen Formationen der Erdkruste aufbewahrten
Zeugnisse. Insbesondere zeigt das Mischungsverhältnis der in
den Gesteinen vorhandenen Elemente der radioaktiven Zerfalls-
reihen, daß die Erdkruste sich eines Alters von mindestens 1600 Millionen Jahren rühmen kann, und die Paleontologen behaupten,
daß die Leuchtkraft der Sonne in dieser Zeit nur kleinen Schwankungen unterworfen gewesen sei. Diese radioaktive Altersbestimmung, das muß hervorgehoben werden, bildet die Hauptstütze
der langen Zeitskala im Kosmos. Die übrigen geologischen
Methoden einer Kalibrierung der kosmischen Zeitskala sind viel
weniger genau und geben viel kleinere Zeiträume. So kommt
man bei Betrachtung des Salzgehaltes des Meeres und des Aufbaues der sedimentären Gesteine auf ein Alter der Erdkruste
von nur 100 Millionen Jahren. Um dieses Resultat mit dem

---

[1] Vgl. T. G. Cowling, Month. Not. Bd. 90, S. 140. 1929.

radioaktiven Befunde zu versöhnen, muß man Hilfshypothesen machen. Man könnte z. B. annehmen, daß wir jetzt eine Periode abnorm großer Erosionsgeschwindigkeit erleben.

Die radioaktive Zeitskala wird in verschiedener Weise durch astronomische Beobachtungen gestützt. So ist uns in den δ Cephei-Sternen ein empfindliches Mittel gegeben, die Sternentwicklung zu verfolgen. Die Periodizität der Lichtvariation dieser Sterne scheint sehr vollkommen zu sein. So ist der Prototyp der Sterngruppe, δ Cephei selbst, seit dem Jahre der Entdeckung (1784) ständig beobachtet worden, ohne daß eine sichere Spur einer Verkürzung oder einer Verlängerung der Periode festgestellt werden konnte. Es existiert nun eine Korrelation zwischen der Periode und der mittleren Leuchtkraft dieser Sterne, die von großer Bedeutung für die Astronomie gewesen ist, da sie zur Bestimmung der Abstände der MAGELLANschen Wolken (HERTZSPRUNG), der kugelförmigen Sternhaufen (SHAPLEY) und der Spiralnebel (HUBBLE) verwendet wurde[1]. Die Konstanz der Perioden bedeutet daher auch die Konstanz der mittleren Leuchtkraft der Sterne. Die Kontrolle ist so scharf, daß man mit Sicherheit behaupten kann, daß die mittlere Leuchtkraft von δ Cephei sich seit 1784 um weniger als den zehnmillionsten Teil geändert hat. Wenn die jetzige Entwicklungsgeschwindigkeit für δ Cephei typisch ist, so heißt dies, daß merkliche säkulare Helligkeitsänderungen dieses Sternes höchstens nach einigen hundert Millionen Jahren zu erwarten sind, was mit dem geologischen Befunde für die Sonne harmoniert.

Die Konstanz der Perioden der δ Cephei-Sterne bedeutet wahrscheinlich noch etwas mehr als die bloße Konstanz der Leuchtkraft. Wenn die früher besprochene Pulsationstheorie dieser Sterne zu Recht besteht, und wohl auch unter viel allgemeineren Voraussetzungen, müssen wir erwarten, daß das Produkt der Periode P und der Quadratwurzel aus der mittleren Dichte ϱ konstant ist:

$$P\sqrt{\varrho} = \text{Konstante.} \tag{218}$$

Die zeitliche Konstanz der Periode bedeutet daher, daß die mittlere Dichte auch konstant ist: der Stern besteht also mit

---

[1] Siehe aber auch die Bedenken von SCHILT gegen diese Korrelation. Astron. Journ. Bd. 28, S. 197. 1928.

unveränderter Dimension und Leuchtkraft weiter. Nach einigen
tausend Jahren wird man imstande sein, diese Entwicklungs-
kriterien mit unvergleichlich viel größerer Schärfe zu analysieren;
aber schon jetzt eröffnen uns die δ Cephei-Sterne einen weiten
Ausblick über die kosmogonische Zeitskala.

29. Die Relaxationszeit.

Sehr nützliche, obwohl weniger präzise Fingerzeige in derselben Richtung gibt uns das Studium der Eigenbewegungen
der Sterne und deren Verteilung im Raume. Ein individueller
Stern wird durch die gleichzeitige Anziehung aller Sterne des
Milchstraßensystems eine pendelnde Bewegung um eine Gleichgewichtslage ausführen. Die Größenordnung der Periode dieser
Bewegung kann man durch Betrachtung eines kugelförmigen
Sternsystems konstanter Dichte ϱ abschätzen. Für diesen Fall
ist die Periode bekanntlich durch

$$P = \sqrt{\frac{3\pi}{G\varrho}} \tag{219}$$

gegeben. In der Umgebung der Sonne befindet sich etwa ein
Stern pro 350 Kubik-Lichtjahre, was, wenn wir die Masse des
Sternes der Sonnenmasse gleich setzen ($1{,}95 \cdot 10^{33}$ g), einer Dichte
von $6 \cdot 10^{-24}$ g cm^{-3} und einer Schwingungsperiode von 150 Millionen Jahren entspricht. Diese pendelnde Bewegung der Sterne
hat zur Folge, daß anfängliche Unregelmäßigkeiten in der Raum-
oder der Geschwindigkeitsverteilung allmählich verwischt werden,
wodurch das System in einen Zustand von dynamischem
Gleichgewicht übergeht. Es herrscht dann ein enger Zusammenhang zwischen der Verteilung der Sterne im Raume und
der Verteilung der Geschwindigkeiten, und in Betracht des
symmetrischen Baues unseres Fixsternsystems scheint es plausibel, daß es sich, wenigstens angenähert, in dynamischem Gleichgewicht befindet[1]. Es ist wohl ohne weiteres klar, daß die Sterne
das Sternsystem mehrmals durchquert haben müssen, ehe es
diesen Zustand erreichte, daß also das Sternsystem als solches
wesentlich älter ist als 150 Millionen Jahre.

---

[1] Siehe jedoch die Bedenken von SCHILT gegen die Annahme, daß unser
Sternsystem sich vollständig im dynamischen Gleichgewicht befindet.
Astron. Journ. Bd. 39, S. 150. 1929.

Soweit haben wir uns mit unteren Grenzwerten für die kosmische Zeitskala beschäftigt. Die Betrachtung der Sternbewegungen ergibt aber auch einen oberen Grenzwert des Alters des Sternsystems, durch Betrachtung der durch Sternpassagen hervorgerufenen Unordnung der Bewegung von benachbarten Sternen mit parallelen und gleich großen Geschwindigkeiten. Soweit die Individualität der Sterne für die Bewegung unwesentlich ist, sollte man erwarten, daß benachbarte Sterne in fast unbegrenzter Zeit nebeneinander verweilen würden. Dies kann aber in Wirklichkeit nicht so andauern, da in vereinzelten Fällen irgend zwei Sterne so nahe aneinander vorbeiwandern müssen, daß ihre gegenseitige Anziehung viel größer wird, als die Anziehung jedes Sternes durch das gesamte Sternsystem. Dadurch werden die Sterne in ganz neue Bahnen geworfen. Nun sind mehrere Haufen von Sternen bekannt, die in ihrem gesamten Leben durch Sternpassagen in ihrer Bewegung nicht merklich beeinflußt wurden. So bilden die hellen Sterne des großen Bären, α und η ausgenommen, einen solchen Haufen. Dasselbe gilt für die Pleiaden und die Hyaden im Taurus, die Orion-, die Perseus- und die Scorpiusgruppe.

Die Häufigkeit solcher geordneten Sternschwärme zeigt unzweideutig, daß das Sternsystem nicht einen Zustand des idealen statistischen Gleichgewichts erreicht hat, was übrigens auch aus der Raum- und der Geschwindigkeitsverteilung der Sterne im allgemeinen folgt. Wir wollen jetzt, wie in der statistischen Mechanik allgemein üblich ist, den Grad der Unordnung der Sternverteilung im Geschwindigkeitsraum durch die erreichte Annäherung an das ideale Äquipartitionsgesetz der Energie charakterisieren. Man betrachte einen Schwarm von benachbarten Sternen, die sich anfänglich $(t = 0)$ in derselben Richtung und mit derselben kinetischen Energie bewegen. Es sei T die von einem Stern in der Zeit t durch Sternpassagen verlorene kinetische Energie, T_0 der lineare und L^2 der quadratische Mittelwert des Energieverlustes. Zur Zeit $t = \tau$ werden die T-Werte eine GAUSSsche Verteilung um den Mittelwert T_0 aufweisen, indem die relative Zahl der Sterne, deren T-Werte in Intervalle T bis $T + dT$ fallen, durch

$$W(T)\, dT = L \left(\frac{2}{\pi}\right)^{\frac{1}{2}} \cdot e^{-\frac{1}{2}\left(\frac{T-T_0}{L}\right)^2} dT \qquad (220)$$

gegeben ist.

Es ist ganz klar, daß L mit wachsender Zeit auch wachsen wird, wodurch, wie die obige Relation zeigt, die Bewegung der Sterngruppe immer mehr ungeordnet wird. Solange die mittlere kinetische Energie eines Sternes $\frac{1}{2}mV^2$ (Scharmittel) groß ist verglichen mit L, wird der Gruppencharakter der Sterne näherungsweise bestehen bleiben. Wenn aber diese Größen miteinander vergleichbar werden, ist die Individualität der Sterngruppe als verloren zu erachten. Wir definieren daher die Lebensdauer τ einer solchen Sterngruppe durch die Forderung

$$L(\tau) = \overline{\tfrac{1}{2}mV^2}. \tag{221}$$

Diese Lebensdauer können wir größenordnungsmäßig mit der **Relaxationszeit** des Systems identifizieren, da sie offenbar ein Maß der Geschwindigkeit ist, mit welcher das System sich dem Zustande des statistischen Gleichgewichts nähert. Wenn die Geschwindigkeit der Sterngruppe groß ist, verglichen mit den Geschwindigkeiten der Sterne des Feldes, findet man in erster Näherung[1]:

$$L^2 = \tau \cdot 4\pi G^2 m^4 \sum_i \overline{V}(1 + m/M_i)^{-2}. \tag{222}$$

Hier sind m und $\overline{V}$ Masse und zeitlicher Mittelwert der Geschwindigkeit eines Sternes der Gruppe, M_i ist die Masse eines Sternes des Feldes, und die Summe ist über alle Feldsterne der Volumeinheit zu erstrecken. Also erhalten wir für die Relaxationszeit des Systems:

$$\tau = \frac{(\tfrac{1}{2}mV^2)^2}{4\pi G^2 m^4 \sum_i \overline{V}(1 + m/M_i)^{-2}}. \tag{223}$$

Um hieraus die obere Grenze des Alters unseres Sternsystems abzuschätzen, verwenden wir folgende Werte der in τ eingehenden Größen: $M_i = m = 1{,}95 \cdot 10^{33}$ g (Sonnenmasse); $\overline{V} = V = 20$ km/s (Geschwindigkeit der Sonne); Zahl der Sterne in der Volumeinheit $N = 3{,}4 \cdot 10^{-57}$ cm^{-3} (ein Stern auf 350 Kubik-Lichtjahre = Sterndichte in der Nachbarschaft der Sonne). Wir finden dann

$$\tau \sim 4 \cdot 10^{14} \text{ Jahre.}$$

Daß Sternpassagen für die Ausbildung des Sternsystems eine merkliche Rolle gespielt haben, wird nach JEANS[2] durch die Ver-

---

[1] S. ROSSELAND, Month. Not. Bd. 88, S. 208. 1928.
[2] Month. Not. Bd. 85, S. 6. 1927.

teilung der großen Halbachsen und der Exzentrizitäten der Bahnen weiter Doppelsternpaare angedeutet. Die Rechnungen von JEANS beruhen auf der Annahme, daß die Doppelsterne aus einzelnen Sternen entstehen, die aus irgendwelchem Grunde in einen instabilen Zustand geraten und in mehrere Komponenten aufspalten. Jeder Doppelstern bewegt sich dann ursprünglich in einer kreisförmigen Bahn von kleinem Durchmesser, und die großen Exzentrizitäten und Bahndimensionen solcher Sterne würden größtenteils auf die Wirkung von Sternpassagen zurückzuführen sein. Es sei hier auch auf die von HALM und SEARES[1] gefundene Tendenz der Sterne, sich dem Äquipartitionsgesetz zu fügen, hingewiesen.

Ein besonderes Problem bilden die offenen Sternhaufen. Ein offener Sternhaufen, wie der Schwarm in Taurus oder der Ursa-Major-Schwarm, bei dem die Sterne sich sehr genau mit gleichen Geschwindigkeiten bewegen, ist offenbar als ein sehr offenes multiples System aufzufassen, das wegen der großen Separation der Komponenten für äußere Störungen besonders empfindlich ist. Wenn die Sterne eines offenen Sternschwarmes eine ungeordnete Geschwindigkeit von 1 km/sek. hätten, würden sie im Laufe von einigen Millionen Jahren ganz auseinandergestoben sein. Dies gibt nach (223) für die Lebensdauer einer solchen Gruppe, soweit sie sich innerhalb unseres Sternsystems bewegt hat, einen oberen Grenzwert von der Ordnung

$$\tau = 10^{10} \text{ Jahre.}$$

Die Deutung dieses Resultats ist nicht ganz klar. Wenn die Haufen sich permanent innerhalb unseres Sternsystems bewegt haben, und mittlere Sterndichte und Geschwindigkeit richtig geschätzt sind, würde es heißen, daß das Alter des ganzen Sternsystems nicht viel größer als 10^{10} Jahre sein kann, wodurch die JEANSsche Erklärung der Verteilung der Exzentrizitäten und Bahndimensionen der visuellen Doppelsterne hinfällig würde. Es ist aber vielleicht möglich, daß die offenen Sternhaufen nur die spärlichen Überreste viel größerer Systeme sind, in welchen früher die Eigengravitation die Wirkung von Sternpassagen teilweise aufgehoben hat, und die nur gelegentlich die sternbesäten Teile des Milchstraßensystems durchqueren. In diesem Fall würde man

---

[1] Astrophys. Journ. Bd. 50, S. 165. 1922.

das Alter des Sternsystems viel höher schätzen müssen, vielleicht nahe an der früher gegebenen oberen Grenze. Die Korrelation zwischen Masse, Helligkeit und effektiver Temperatur der Sterne ist, wie wir sehen werden, am einfachsten durch eine solche lange Zeitskala zu erklären.

30. Energiequellen der Sterne.

Für die Energiequellen der Sterne kommen fast nur folgende vier Möglichkeiten in Betracht.

1. **Potentielle Schwereenergie.** Daß die Sterne in ihrer Schwereenergie eine sehr wirksame Energiequelle besitzen, wurde zuerst von Helmholtz erkannt. Man glaubte lange Zeit, damit das Problem der Energiebilanz der Sterne gelöst zu haben. Das Sonnenlicht sollte also prinzipiell in derselben Weise hergestellt werden, wie das einem Wasserfallkraftwerk entstammende elektrische Licht. Die durch Senkung der Sternmassen freigemachte Schwereenergie steht aber nicht in ihrer Gesamtheit für Strahlung zur Verfügung, da sie teilweise zur Erwärmung des Sternes verbraucht wird. Dennoch ist die Schwereenergie so groß, daß sie genügen würde, um die Strahlung der Sonne noch 20 Millionen Jahre zu erhalten, ohne den Sonnenradius auf weniger als die Hälfte zu verkürzen. Die ganze bisherige Entwicklung der Sonne hätte sich in einer ähnlichen Zeitspanne abspielen müssen. Dies verträgt sich aber nicht mit den geologischen Altersbestimmungen der Erde, die eine mindestens 100 mal größere Lebensdauer verlangen. Unwahrscheinlich viel kürzer noch wird die Lebensdauer der Riesensterne, z. B. der Cepheiden; nach der HELMHOLTZschen Hypothese beträgt sie höchstens 100 000 Jahre. Sofern die Pulsationstheorie der δ Cephei-Sterne zutrifft, kann man sogar die HELMHOLTZsche Hypothese direkt als widerlegt betrachten, da sie nach (218) eine Verkürzung der Periode von δ Cephei seit 1784 von 17 Sekunden verlangen würde, wovon die Beobachtungen keine Spur verraten.

2. **Radioaktivität.** Als um die Wende des Jahrhunderts die Radioaktivität entdeckt wurde, hat man sogleich geglaubt, die Energiequelle der Sternstrahlung gefunden zu haben. Die bekannten radioaktiven Elemente sind aber nicht ergiebig genug, denn selbst, wenn die Sonne ganz aus Uran bestünde, könnte die Radioaktivität nur die Hälfte der Sonnenstrahlung ersetzen.

Für die schwereren Sterne steht die Sache noch schlechter, denn ihre Ausstrahlung übertrifft die Sonnenstrahlung mehrere tausendmal. Also sind die auf der Erde bekannten radioaktiven Prozesse für die Erklärung der Sternstrahlung ungeeignet.

3. **Aufbau der Elemente aus Wasserstoff.** Wir stehen hier vor einem Geheimnis, dessen endgültige Lösung wahrscheinlich eine tiefergehende Kenntnis der Eigenschaften der Materie erfordert, als sie uns die heutige Physik gewährt. Wir müssen uns mit Vermutungen über die Natur des unbekannten Prozesses begnügen. Zunächst könnte man daran denken, daß es sich um eine Zerspaltung oder einen Aufbau der Elemente handle, also um eine Art erweiterter Radioaktivität. Diese Hypothese läßt sich streng prüfen, sobald man das EINSTEINsche Prinzip der Äquivalenz von Masse und Energie zu Hilfe nimmt. Aus den ASTONschen Arbeiten über isotope Elemente wissen wir, daß die Massenänderung bei etwaigen Umwandlungen der Atomkerne klein bleibt, sobald es sich nicht um Anlagerung oder Abspaltung von individuellen Wasserstoffkernen handelt. Wenn vier freie Wasserstoffkerne und zwei Elektronen einen Heliumkern bilden, ist das Gewicht des Kernes um 1% kleiner als das Gewicht des Aggregates der freien Teilchen, und dieses Defizit wird wahrscheinlich als harte Gammastrahlung ausgesandt. Hier steht also eine hypothetische Energiequelle zur Verfügung, die den Sternen eine Lebensdauer sichert, die höchstens der Verbrennung von 1% ihrer Masse entspricht. Eine Umwandlung der Sonne aus Wasserstoff in Helium würde ungefähr 10^{11} Jahre in Anspruch nehmen und also den meisten Forderungen der Astronomie und der Geologie genügen.

Eine gewisse Stütze für eine solche Annahme dürfte in dem Umstand zu erblicken sein, daß die Quantentheorie der Radioaktivität, wie sie kürzlich von verschiedenen Verfassern auf Grund der Wellenmechanik entwickelt wurde, die Möglichkeit eines sukzessiven Aufbaues von leichten Elementen durch Anlagerung von Wasserstoffkernen unter stellaren Verhältnissen ergibt[1].

4. **Umwandlung der Materie in Strahlung.** Die Idee, daß unter Umständen die Sternmaterie sich vollkommen in Strahlung umsetzen könne, ist unabhängig von verschiedenen

---

[1] Siehe R. d'E. ATKINSON u. F. G. HOUTERMANS, ZS. f. Phys. Bd. 54, S. 656. 1929.

Seiten ausgesprochen worden. Sie gibt wohl die größtmögliche Erweiterung der kosmischen Zeitskala, die mit unseren physikalischen Erfahrungen verträglich ist. Ihre Konsequenzen lassen sich an Hand der Masse-Leuchtkraft-Beziehung einfach verfolgen.

Der sekundlichen Ausstrahlung L eines Sternes entspricht ein sekundlicher Massenverlust

$$\frac{dM}{dt} = -\frac{L}{c^2}.\tag{224}$$

Die Masse-Leuchtkraft-Beziehung kann man in genügender Näherung in der Form

$$L \sim M^n$$

schreiben, wo n konstant ist. Für mittlere Helligkeiten ist $n = 3$ eine brauchbare Näherung. Die Integration von (224) gibt dann

$$t - t_0 = \frac{c^2}{n-1}\left(\frac{M}{L} - \frac{M_0}{L_0}\right).\tag{225}$$

Wenn die Anfangsmasse M_0 groß ist verglichen mit M, und $n - 1 > 0$, so ist das konstante Glied dieser Formel zu vernachlässigen. Indem wir die bekannten Werte für die Sonne einführen ($M = 1,95 \cdot 10^{33}$ g; $L = 4 \cdot 10^{33}$ Erg/s) und $n = 3$ setzen, findet man $7 \cdot 10^{13}$ Jahre als obere Grenze des Alters der Sonne.

JEANS[1] hat darauf hingewiesen, daß der säkulare Massenverlust eine allgemeine Ausdehnung des ganzen Fixsternsystems zur Folge hat. So dehnen sich die um den gemeinsamen Schwerpunkt beschriebenen Ellipsen eines Doppelsternes allmählich aus gemäß dem Gesetze

$$\frac{a_1 m_2}{(1 + m_1/m_2)^2} = \text{konst.}\tag{226}$$

Hier sind m_1, m_2 die Massen der beiden Komponenten des Sternes, a_1 ist die der Masse m_1 entsprechende große Halbachse. Der Beweis dieser Relation folgt einfach aus der adiabatischen Invarianz von T/W für ein periodisches System von mittlerer kinetischer Energie T und Kreisfrequenz W. Die Bewegung des einen Sternes (Masse m_1) im Zweikörperproblem läßt sich ja auf die Bewegung eines fiktiven Sternes zurückführen, dessen träge Masse Eins ist, und der von einer im gemeinsamen Schwer-

---

[1] Month. Not. Bd. 85, S. 2. 1925.

punkt der beiden Sterne gelegenen Masse $m_2\left(1 + \dfrac{m_1}{m_2}\right)^{-2}$ angezogen wird. Für diesen fiktiven Stern ist nach bekannten
Formeln des Zweikörperproblems

also

$$T = \frac{1}{2}\,G\,\frac{M_1}{a_1}\,; \qquad W = \left(\frac{G\,M_1}{a_1^3}\right)^{\frac{1}{2}}, $$

$$\frac{T}{W} = \frac{1}{2}\,\sqrt{G\,M_1\,a_1}\,; \qquad M_1 = \frac{m_2}{\left(1 + \dfrac{m_1}{m_2}\right)^2}\,, \tag{227}$$

wo a die große Halbachse der elliptischen Bahn ist. Die bekannte
adiabatische Invarianz von T/W führt also in der Tat auf die
Invarianz von $M\,a$.

Betrachten wir andererseits die pendelnde Bewegung eines
Sternes durch das Sternsystem. Sofern man annehmen kann, daß
das System sphärisch und von konstanter Massendichte ϱ sei, gilt

$$T = \frac{W^2}{4}\,(a^2 + b^2)\,; \quad W = C\sqrt{\varrho}\,; \quad \frac{T}{W} = \frac{C}{4}\,(a^2 + b^2)\,\sqrt{\varrho}\,; \quad C = \text{konst.}, \tag{228}$$

wo a_1 und b die Halbachsen der Bahnellipse sind. Da die linearen
Dimensionen der Bahn sich diesmal also umgekehrt wie die vierte
Wurzel aus der Dichte ändern, erfolgt die Ausdehnung viel langsamer als im Falle des Doppelsterns. An der äußeren Begrenzung
des Systems, wo die Sterne sich gewissermaßen unter der Anziehung eines Massenzentrums bewegen, müssen sich die Bahnen
wieder ungefähr wie Kepler-Ellipsen verhalten. Das Sternsystem
als ganzes wird also eine Auflockerung erfahren, die im Zentrum
am kleinsten und am Rande am größten ist. Dieser Umstand
erfordert eine kleine Reduktion des oben gegebenen numerischen
Wertes der Relaxationszeit, um der zeitlichen Abnahme der
Häufigkeit der Sterne pro Volumeinheit Rechnung zu tragen, die
aber für unsere Zwecke unwesentlich ist.

    a) Die Stabilität der Sterne. Fernere Aufschlüsse über die
Natur der Energiequellen lassen sich kaum aus Betrachtungen
von Sternen in hydrostatischem Gleichgewicht erhalten. Von
einer Analyse der veränderlichen Sterne sollte man viel mehr
in dieser Hinsicht erhoffen, aber die wenigen zur Zeit vorliegenden
Untersuchungen sind nicht einmal untereinander verträglich.

    Es ist natürlich zu verlangen, daß die Energieerzeugung derart
ist, daß ein rotationsloser Stern in hydrostatischem Gleichgewicht
bleiben kann. Dies macht keine Schwierigkeit; man muß aber

die schärfere Forderung stellen, daß die Energiequellen den Zustand des Sternes so genau regulieren, daß stabile Schwingungen des Sternes möglich sind. Wenn die Energiequellen von der Dichte und der Temperatur abhängen, kann es vorkommen, daß diese Forderung Schwierigkeiten bereitet, und man hat in der Tat Mühe, ein Auseinanderstieben oder eine allzu schnelle Kontraktion des Sternes zu verhindern. JEANS[1] glaubt sogar bewiesen zu haben, daß ein gasförmiger Stern unter solchen Umständen in keiner Weise in stabilem Gleichgewicht sein könne. Diese Behauptung dürfte jedoch, wie von VOGT[2] hervorgehoben wurde, wegen der vereinfachenden Annahmen der JEANSschen Rechnung nicht zwingend sein; aber offenbar sind die Möglichkeiten sehr beschränkt.

JEANS hat diese Schwierigkeiten so ernst empfunden, daß er geneigt ist, eine der Grundlagen unserer ganzen Theorie des Sterninnern fallen zu lassen, indem er sich die Sterne in flüssigem Zustande vorstellt. Die Atome im Sterninnern sollen undurchdringliche Volumina besitzen, die zum Teil viel größer sind als die Volumina elektrisch neutraler Atome, und die durch die bisherige Atomphysik nicht zu begründen sind. Und noch mehr: das Farbenhelligkeitsdiagramm wird durch die Annahme gedeutet, daß jedem Ast ein besonderes Atomvolumen zukommt, das am größten ist bei den Riesensternen, und am kleinsten bei den weißen Zwergen. Er hat auch versucht, diese Ansicht durch eine feinere Analyse des Farbenhelligkeitsdiagramms zu begründen. Wegen der systematischen Fehler des von JEANS zugrunde gelegten Diagramms ist aber diesem Versuche nur eine sehr beschränkte Bedeutung beizumessen. Zusammenfassend kann man wohl sagen, daß die säkuläre Stabilität der Sterne noch einer rationellen Begründung entbehrt.

31. Entwicklungsgeschichte des Sternsystems.

Für die Aufstellung einer bestimmten Theorie der Sternentwicklung liegen nur sehr wenige Anhaltspunkte vor, und die Auffassungen verschiedener Forscher gehen oft sehr auseinander. Anhaltspunkte für entwicklungstheoretische Betrachtungen sind

---

[1] Month. Not. Bd. 87, S. 400. 1925.
[2] Astron. Nachr. Bd. 232, S. 1. 1928). Siehe auch Veröffentl. d. Univ.-Sternw. Jena Nr. 2. 1929.

enthalten in der ausgesprochenen Korrelation zwischen Helligkeit einerseits und effektiver Temperatur, Masse und Dimensionen andererseits. Man hat allgemein diese Korrelation als Abbild der Entwicklung des einzelnen Sternes angesehen. Die Riesensterne der „spätesten" M-Klassen bilden den Anfangszustand, und die Entwicklung schreitet den Riesenast entlang bis zu den B- und O-Sternen fort, wo die effektive Temperatur ein Maximum erreicht. Von da ab geht die Entwicklung längs der Hauptreihe, bis die Sterne als M-Zwerge unserer Kontrolle entschwinden. Wenn dieser Entwicklungsgang richtig ist, muß ein Stern während seines Lebenslaufes sehr viel an Masse verlieren. Dies gibt ein Maß für die Zeitdauer der Entwicklung. Man sieht unmittelbar aus den vorhergehenden Rechnungen, daß eine solche Entwicklungsgeschichte eine Zeitskala von der Ordnung 10^{13} bis 10^{15} Jahre verlangt, sofern der Massenverlust auf Strahlung allein zurückzuführen ist. Wir wissen aber, daß die Sterne auch noch in anderer Weise ihre Massen verändern als durch Strahlung. So werden die Gase in geringen Mengen direkt von der Oberfläche eines Sternes verdampfen. Man glaubt, daß die erdmagnetischen Störungen und die Nordlichtphänomene von intermittierenden Eruptionen auf der Sonne zeugen, die Massenverluste zur Folge haben. Aber es ist nicht möglich gewesen, hierdurch einen so großen Massenverlust der Sonne oder der Sterne plausibel zu machen, daß man die Korrelation zwischen Masse und effektiver Temperatur im Farbenhelligkeitsdiagramm außer bei Strahlung erklären kann.

Man wird daher zu der Annahme geführt, daß die Ausstrahlung der Sterne direkt durch Verbrennung der Sternmasse selbst gedeckt wird. Im einzelnen scheint die Energieerzeugung von der Dichte und der Schwere in ähnlicher Weise abzuhängen wie bei der HELMHOLTZschen Kontraktionshypothese. Daß der Verbrennungsprozeß von einer Kontraktion des Sternes begleitet wird, ist nämlich ein ebenso charakteristischer Zug des Entwicklungsprozesses, wie etwa die fortschreitende Reduktion der Lichtstärke oder der effektiven Temperatur längs der Hauptreihe. Dies ist freilich nur eine andere Weise, auf den notwendigen Zusammenhang zwischen der Energieerzeugung und der allgemeinen Homologie aller Sterne hinzuweisen, worauf früher aufmerksam gemacht wurde.

RUSSELL[1] hat den Versuch gemacht, die Parallelität so zu interpretieren, daß die Energie durch die Kontraktion ausgelöst wird, fast in ähnlicher Weise, wie wenn man irgendeinen Sprengstoff durch einen Schlag zur Explosion bringt. Solche Annahmen lassen sich durch Stabilitätsbetrachtungen sehr einschränken; aber bis jetzt ist man auf diesem Wege zu keiner befriedigenden Lösung gelangt.

Man wird einräumen müssen, daß es augenblicklich schwer ist, eine bestimmte Ansicht über den Entwicklungsgang der Sterne zu verfechten; und wahrscheinlich wird es auch so bleiben, solange uns die Natur der Energiequellen der Sterne verborgen bleibt.

32. Das Pauli-Verbot und die Theorie der weißen Zwerge.

Gesetzt, daß die Sterne sich unter fortwährender Kontraktion entwickeln, so wie man es sich gewöhnlich vorstellt. Wie weit kann sich dann die Kontraktion fortsetzen, und wann hören die gewöhnlichen Gasgesetze auf, gültig zu sein?

Angesichts unserer Rechnungen über die Ionisation und den elektrischen Druck im Sterninnern könnte man den Eindruck bekommen, daß die Sternmaterie unbegrenzt kompressibel sei, und daß die Grenze erst bei unendlich hoher Kompression erreicht werde. Dieses eigentümliche Resultat dürfte nur durch die vereinfachenden Annahmen vorgetäuscht sein. Sobald man jedoch das Pauli-Verbot in die Gastheorie einführt (FERMI[2], DIRAC[3]), kommen bei großen Dichten ganz besondere Verhältnisse zum Vorschein, die die Kompressibilität eines 'Sternes stark herabsetzen. FOWLER[4] hat zuerst auf die astronomischen Konsequenzen dieser Theorie hingewiesen.

Da diese Frage für unsere Anschauungen über die Sternentwicklung von prinzipiellem Interesse sein dürfte, wollen wir hier die Theorie von FERMI und DIRAC ganz kurz betrachten. Wir denken uns N Atome eines einatomigen Gases (Masse eines Atoms gleich M) in ein kubisches Gefäß vom Volumen $V = a^3$ eingeschlossen. Die Atome sollen keine Kräfte aufeinander aus-

---

[1] Nature Bd. 116, S. 209. 1925.
[2] ZS. f. Phys. Bd. 36, S. 902. 1926.
[3] Proc. Roy. Soc. London (A) Bd. 112, S. 661. 1926.
[4] Month. Not. Bd. 87, S. 114. 1926.

üben und von den Gefäßwänden elastisch reflektiert werden. Die Atome führen also eine periodische Bewegung aus, und ihre Energiewerte sind gemäß der Formel

$$\varepsilon = \frac{h^2}{8\,M\,a^2}\,(k^2 + l^2 + m^2)\,, \qquad k,\,l,\,m = 0,\,1,\,2,\,\ldots,\,n \qquad (229)$$

gequantelt.

Wir können uns an Hand dieser Gleichung die Wirkung des Pauli-Verbots leicht veranschaulichen. Da keine zwei Atome im selben Quantenzustand sitzen dürfen, kann jederzeit nur ein Atom die Energie Null besitzen. Es ist dann $k = l = m = 0$. In der nächsten Energiestufe können höchstens drei Atome sitzen, entsprechend den drei Möglichkeiten $k = 1$, $l = m = 0$; $l = 1$, $k = m = 0$; $m = 1$, $k = l = 0$ usw. Wenn wir k, l und m als rechtwinklige Koordinaten eines dreidimensionalen Raumes aufgetragen denken, kommt im Mittel eine mögliche Lösung pro Volumeneinheit vor. Der positive Oktant einer Kugel vom Radius $(k^2 + l^2 + m^2)^{\frac{1}{2}}$ um den Ursprung, enthält also nach (229)

$$N = \frac{4\,\pi}{3}\,\frac{V}{h^3}\,(2\,M\,\varepsilon)^{\frac{3}{2}} \qquad (230)$$

mögliche Lösungen, deren zugeordnete Energiewerte im Intervall von Null bis ε verteilt sind. Aus dieser Formel erhält man durch Differentiation die Zahl der Lösungen im Energieintervall $d\varepsilon$:

$$dA = V\frac{2\,\pi}{h^3}\,(2\,M)^{\frac{3}{2}}\,\sqrt{\varepsilon}\,d\varepsilon\,. \qquad (231)$$

Wenn alle möglichen Lösungen bis zum Energiewert ε_0 besetzt sind, ist also die Gesamtenergie des Systems

$$E = \int\limits_0^{E_0} \varepsilon\,dA = V \cdot \frac{4\,\pi}{5\,h^3}\,(2\,M)^{\frac{3}{2}}\,\varepsilon_0^{\frac{5}{2}}\,. \qquad (232)$$

Da die Atome keine mechanischen Kräfte aufeinander ausüben, ist der Druck des Gases durch die gewöhnliche Gasgleichung

$$p = \frac{2}{3}\,\frac{E}{V} \qquad (233)$$

gegeben oder nach (230) und (232)

$$p = \frac{1}{20}\left(\frac{6}{\pi}\right)^{\frac{2}{3}}\frac{h^2}{M}\left(\frac{N}{V}\right)^{\frac{5}{3}}\,. \qquad (234)$$

Der Druck ist also proportional der Dichte in die Potenz 5/3 erhoben, gerade wie für ein einatomiges Gas in adiabatischem Gleichgewicht.

Da die Atome alle in den tiefsten Quantenzuständen sitzen, gibt es keine Ausstrahlung, und die Gesamtheit der Atome hat die Temperatur Null, obwohl alle Atome bis auf eines in Bewegung begriffen sind. Eine vertiefte statistische Betrachtung liefert, wenn die Bewegung sehr nahe, aber doch nicht ganz geordnet ist, folgenden Ausdruck für den Druck:

$$p = \frac{1}{20}\left(\frac{6}{\pi}\right)^{\frac{2}{3}}\frac{h^2}{M}\left(\frac{N}{V}\right)^{\frac{5}{3}} + \frac{2^{\frac{4}{3}}\pi^{\frac{8}{3}}}{3^{\frac{5}{3}}}\frac{M}{h^2}\left(\frac{N}{V}\right)k^2\,T^2 + \cdots. \tag{235}$$

Und für den Grenzfall, wenn die Abweichungen von den gewöhnlichen Gasgesetzen klein sind:

$$p = \frac{N}{V}kT\left\{1 + \frac{h^3\,N/V}{16\,(\pi M\,kT)^{\frac{3}{2}}} + \cdots\right\}. \tag{236}$$

Mittels dieser letzten Formel überzeugt man sich, daß die durch das Pauli-Verbot bedingten Abweichungen von den gewöhnlichen Gasgesetzen sich bei gewöhnlichen Sternen nicht bemerkbar machen können. Am ehesten sind Abweichungen bei den weißen Zwergen zu erwarten. Für ionisierten Wasserstoff bei einer Dichte 100 000 g/cm³ und der Temperatur Null folgt aus (234) ein Druck, der so groß ist, wie der nach der gewöhnlichen Gasgleichung mit einer Temperatur von etwa 100 Millionen Grad berechnete. Dies mag wohl den Verhältnissen im Mittelpunkt der weißen Zwerge nahekommen.

a) **Wärmetod?** Bekanntlich hat CLAUSIUS versucht, auf Grund des zweiten Hauptsatzes der Wärmetheorie die Schlußfolgerung zu begründen, daß das Universum als Ganzes unvermeidlich gegen einen Zustand strebe, in dem alle Temperaturunterschiede ausgeglichen sind und alles in Stillstand geraten ist.

Dies setzt einerseits voraus, daß das Weltgeschehen sich innerhalb eines abgeschlossenen Raumes abspiele. Aber selbst, wenn dies etwa im Sinne der allgemeinen Relativitätstheorie EINSTEINS zutreffen sollte, darf man nicht behaupten, daß die Materie nach einmal erreichtem Wärmetod nicht wieder in einen Zustand, wie wir ihn jetzt erleben, geraten könne. Im Gegenteil: aus der atomistischen Begründung der Thermodynamik folgt, daß um jede Gleichgewichtslage Schwankungen vorkommen müssen. Das

Universum kann daher nach erreichtem Wärmetod nicht einfach in ewiger Ruhe verweilen, sondern ist dazu gezwungen, sich in Richtung kleinerer Gesamtentropie zu entwickeln, und muß schließlich auch Zustände erreichen, wie wir sie jetzt erleben. Daß nach allen Vorstellungen der Statistik hierzu sehr lange Zeiträume nötig sind, ist eine andere Sache, die uns nicht berechtigt, einfach auf den unvermeidlichen Wärmetod hinzuweisen[1]. Einige Forscher haben auch die Hypothese untersucht, daß das Weltall sich schon jetzt in einem Zustand von maximaler Entropie befindet[2].

V. Physik der Sternatmosphäre.

Wie wir gesehen haben, kommt für die Physik des Sterninneren im wesentlichen nur die Grobstruktur der Atome in Betracht, d. h. das Atomgewicht, die Atomnummer und die Zahl der von jedem Atom abgespaltenen Elektronen. Man darf vermuten, daß für die Energieerzeugung auch feinere Eigenschaften wesentlich mitspielen; aber bisher fehlen die Mittel, diese Spur weiter zu verfolgen. Um das feinere Wechselspiel der Elektronen im Atom durch astrophysikalische Beobachtungen zu untersuchen, müssen wir uns der Physik der Sternatmosphäre zuwenden, die hierfür reiches Material darbietet, das in gewissen Fällen dem in irdischen Laboratorien gewonnenen Material überlegen ist.

Bei der Untersuchung der Sternatmosphären ist es oft von großer Bedeutung, daß man allgemeine Folgerungen an der Sonne nachprüfen kann, deren Atmosphäre unvergleichlich viel besser bekannt ist als die anderer Sterne. Freilich stellt die Sonne nur einen isolierten Fall dar; aber sie hat gewisse allgemeine Eigenschaften, die bei allen Sternen wiederkehren dürften. Man kann z. B. sicher die Atmosphäre eines Sternes in Analogie zu der Sonnenatmosphäre in drei Hauptschichten teilen, in welchen bei allen Sternen sich ähnliche physikalische Prozesse abspielen. Unten liegt die Photosphäre, die ziemlich willkürlich durch die Festsetzung definiert ist, daß hier der kontinuierliche Untergrund des Sternspektrums entsteht. Die Basis der Photosphäre markiert

---

[1] Vgl. J. B. S. Haldane, Nature Bd. 122, S. 808. 1928.

[2] Vgl. O. Stern, ZS. f. Elektrochem. Bd. 31, S. 448. 1925; R. C. Tolman, Proc. Nat. Acad. Amer. Bd. 12, S. 670. 1926; F. Zwicky, ebenda Bd. 14, S. 592. 1928.

also, wie weit man von außen in den Stern hineinblicken kann. Die Photosphäre geht unmerklich in die umkehrende Schicht über, in der die meisten Absorptionslinien entstehen. Danach kommt die Chromosphäre, die freilich wieder nicht scharf gegen die umkehrenden Schichten abzugrenzen ist. Ihr dynamisches Gleichgewicht kommt durch ganz besondere Umstände zustande. Hier entstehen vermutlich auch die Emissionslinien, die in einigen Sternspektren vorkommen. Über diesen drei Schichten wölbt sich wohl bei allen Sternen, wie bei der Sonne, die Korona, die sich nach außen in den interstellaren Raum verliert.

33. Strahlungsgleichgewicht einer Sternatmosphäre.

Da unsere ganze Kenntnis der Sternatmosphären aus den Sternspektren gewonnen werden muß, beginnen wir mit einigen allgemeinen Betrachtungen über das Strahlungsgleichgewicht der Sternatmosphären. Die Kontinuitätsgleichung der Strahlungsenergie lautet wie früher

$$\frac{1}{x_\nu}\frac{\partial I_\nu}{\partial s} = B_\nu - I_\nu. \tag{237}$$

Diese Gleichung wollen wir jetzt allgemein integrieren. Es sei

$$\tau_{AB} = \int_A^B x_\nu\, ds \tag{238}$$

die optische Länge der Strecke AB. Die obige Gleichung läßt sich dann offenbar auch wie folgt schreiben:

$$\frac{\partial}{\partial \tau}(e^\tau I_\nu) = e^\tau B_\nu$$

oder integriert

$$(I_\nu)_C = (I_\nu)_A\, e^{-\tau_{AC}} + \int_A^C B_\nu\, e^{-\tau_{BC}} d\tau_{BC}, \tag{239}$$

wo A, B, C drei Punkte bedeuten, die auf einer geraden Linie in der Richtung der Strahlungsintensität liegen. Es sei nebenbei bemerkt, daß diese Gleichung auch für den allgemeinen Fall des zeitlich veränderlichen Feldes gültig ist, sofern die Werte der Integrationsvariablen für die Zeit der Passage der durch $(I_\nu)_C$ gemessenen Energie entsprechen. Dies kann z. B. verifiziert werden, indem man die Gleichung als partielle Differentialgleichung erster Ordnung in der Zeit und der einen Raumkoordinate s, auffaßt.

Bei der Analyse des Sternlichtes von der Erde aus ist nun in der Gleichung (239) der Punkt C mit dem auf der Erde befindlichen Standorte des Beobachters zu identifizieren, während A irgendwo im Stern in der zufällig gewählten Blickrichtung liegt. Es ist dann offenbar vorteilhaft und erlaubt, diesen Punkt so weit ins Innere des Sternes zu verlegen, daß das erste Glied rechts in Gleichung (239), das die von dem Punkte A ungehindert nach außen gelangende Strahlung ergibt, ganz zu vernachlässigen ist. Dies ist sicher der Fall, wenn A sich im Unendlichen, jenseits des Sternes befindet, vorausgesetzt, daß keine Strahlung von außen auf den Stern fällt. Die Gleichung (239) reduziert sich dann auf die Form

$$I_\nu = \int\limits_0^\infty B_\nu e^{-\tau} ds, \qquad (240)$$

wo wir aus Bequemlichkeitsgründen die Integrationsrichtung umgekehrt und den Anfangspunkt in den Beobachter verlegt haben.

Wir beschränken uns jetzt auf den Fall, wo der Sehstrahl die Photosphäre des Sternes wirklich schneidet und also die optische Länge des Sehstrahls sehr groß ist verglichen mit der Einheit. Es seien ferner die Atmosphärenschichten als eben betrachtet, und statt der optischen Länge τ des Sehstrahles die optische Tiefe $t = \tau \cdot \cos \Theta$ eingeführt, wo Θ der Neigungswinkel zwischen dem Sehstrahl und der Normalen zur Sternoberfläche ist. Der Ausdruck (240) für die Austrittstrahlung wird also jetzt mit $\mu = \cos \Theta$

$$I_\nu = \int\limits_0^\infty B_\nu e^{-t/\mu} \frac{dt}{\mu}. \qquad (241)$$

Wenn B_ν von t unabhängig ist (isotherme Atmosphäre), folgt hieraus direkt $I_\nu = B_\nu$ nach allen Blickrichtungen, für die der Stern undurchsichtig ist. Der Stern emittiert dann schwarze Strahlung, und zwar gleichmäßig nach allen Richtungen, ohne Randverdunklung. Der Frequenzverlauf des Absorptionskoeffizienten spielt dann überhaupt keine Rolle im Problem. Sobald aber die Temperatur räumlich variabel ist, wird dies anders, da dann das Spektrum der Austrittstrahlung wesentlich von der

Natur der Extinktionsprozesse abhängt. Der Koeffizient x_ν ist, wohl bemerkt, die Summe des Absorptions- und des Streukoeffizienten, und die spezifische Emissionsfähigkeit B_ν gibt die Summe sowohl von primär emittiertem als von gestreutem Licht an. Wir wollen die Verhältnisse an einigen einfachen Beispielen näher beleuchten.

a) Grenzfall der reinen Absorption. Es sei der Einfachheit halber der Absorptionskoeffizient von der Frequenz unabhängig. Die Gleichung des Strahlungstransportes bleibt dann in unveränderter Form bestehen, wenn man sie über alle Frequenzen integriert, und also I_ν und B_ν durch '

$$I = \int_0^\infty I_\nu \, d\nu ; \qquad B = \int_0^\infty B_\nu \, d\nu \qquad (242)$$

ersetzt. Die Transportgleichung lautet also jetzt

$$\mu \, dI/dt - I = -B, \qquad (243)$$

wo wir aus Bequemlichkeitsgründen die Richtung der Ableitung umgekehrt haben. Sei ferner F der Strahlungsfluß und J/c die Energiedichte der Strahlung, also

$$F = \int \mu I \, d\omega; \qquad J = \int I \, d\omega, \qquad (244)$$

wo die Integrationen über die ganze Einheitskugel zu erstrecken sind. Wenn wir die Gleichung (243) mit $d\omega$ multiplizieren und über alle Richtungen integrieren, finden wir

$$\frac{dF}{dt} = J - 4\pi B. \qquad (245)$$

Wenn wir zweitens die Gleichung (243) mit μ multiplizieren und integrieren, finden wir

$$F = \frac{d}{dt} \int I \mu^2 \, d\omega . \qquad (246)$$

Wir haben schon früher Gründe dafür angegeben, daß in den Sternatmosphären keine Energiequellen vorhanden sein können. Wenn außerdem keine Energie durch geordnete oder ungeordnete Bewegung der Gase transportiert wird, so folgt notwendig, daß F durch die ganze Atmosphäre konstant sein muß. Also folgt, mit Rücksicht auf Gleichung (245)

$$J = 4\pi B . \qquad (247)$$

Wir wollen jetzt die Größen F und J in sukzessiven Näherungen berechnen. Als erste Näherung teilen wir das Strahlungsfeld an jeder Stelle in eine konstante Austrittsstrahlung $I_1 (1 > \mu > 0)$ und eine konstante Eintrittstrahlung $I_2 (0 > \mu > -1)$. Es folgt dann einfach

$$J = 2\pi(I_1 + I_2); \quad F = \pi(I_1 - I_2); \quad \int I \mu^2 d\omega = \frac{J}{3} \quad (248)$$

und hieraus, bei Berücksichtigung der Gleichung (246)

$$\frac{dJ}{dt} = 3F \quad \text{oder integriert} \quad J = F(2 + 3t). \quad (249)$$

Daß die Integrationskonstante in der letzten Gleichung $2F$ sein muß, folgt aus der Grenzbedingung, daß außerhalb des Sternes keine Eintrittstrahlung vorhanden sein soll $(I_2 = 0$ für $t = 0)$.

Wir betrachten nun einen Zustand von lokalem Wärmegleichgewicht der Materie, d. h. $4\pi B/c$ ist nach dem STEFANschen Gesetze durch

$$\frac{4\pi B}{c} = a T^4 \quad (250)$$

gegeben. Damit hat man nun nach Gleichung (247) auch die Energiedichte des Strahlungsfeldes, aber, wie wir ausdrücklich bemerken, nicht als allgemeine Folgerung aus der Annahme des lokalen Wärmegleichgewichtes, sondern als eine viel speziellere Folgerung aus der Konstanz des Absorptionskoeffizienten. Es gilt nun ferner angenähert

$$\frac{F}{c} = a \cdot \frac{T_e^4}{4}, \quad (251)$$

wo T_e die effektive Temperatur der Photosphäre bedeutet. Diese letzte Relation wird durch die Überlegung erhalten, daß in der Photosphäre das Strahlungsfeld fast symmetrisch über alle Richtungen verteilt ist. Die Austrittstrahlung ist dann fast dieselbe wie die Eintrittstrahlung, und sie allein gibt einen Beitrag zu F. Dies gibt einen Faktor $\frac{1}{2}$ in Gleichung (251). Der andere Faktor $\frac{1}{2}$ rührt von dem Integral über μ über die Hälfte der Einheitskugel her. Also folgt schließlich

$$T^4 = T_e^4(\tfrac{1}{2} + \tfrac{3}{4}t). \quad (252)$$

Die Grenztemperatur der Atmosphäre ist daher

$$T_0 = \frac{T_e}{\sqrt[4]{2}} = 0{,}841 \cdot T_e. \quad (253)$$

Die optische Dicke der Atmosphäre ist andererseits $t = \frac{2}{3}$, denn dies macht $T = T_e$.

Die obigen Resultate beruhen ganz auf der Annahme, daß der Absorptionskoeffizient von der Frequenz unabhängig ist. Ohne diese Voraussetzung können ganz andere Resultate herauskommen. Um die dem Problem innewohnende Willkür zu beleuchten, wollen wir einige einfache Beispiele untersuchen. Es genügt, direkt den Strahlungsaustausch an der oberen Grenze der Atmosphäre zu betrachten. Die pro Volumeinheit absorbierte Strahlung hat näherungsweise die Intensität $x_\nu B_\nu(T_e)$, und da sie praktisch nur aus der unteren Halbebene kommt, ist sie auf einen Raumwinkel von 2π beschränkt. Die von dem Gasquantum in der Zeiteinheit emittierte Strahlung ist andererseits $x_\nu B_\nu(T_0)$ pro Volumeinheit, und zwar gleichmäßig über alle Richtungen. Bei Strahlungsgleichgewicht sind die absorbierten und die emittierten Energiemengen einander gleich, also

$$2\pi \int_0^\infty x_\nu B_\nu(T_e)\,d\nu = 4\pi \int_0^\infty x_\nu B_\nu(T_0)\,d\nu \,. \tag{254}$$

Diese Bedingung gilt innerhalb der betrachteten Näherung für jede nicht zu starke Frequenzabhängigkeit des Absorptionskoeffizienten. Wir unterscheiden drei typische Fälle:

1. Die Atmosphäre absorbiert nur im Infraroten, so daß $B_\nu \backsim \nu^2 T$. Die Integrale über ν heben sich dann weg und übrig bleibt die Relation

$$T_e = 2T_0\,. \tag{255}$$

2. Die Absorption findet im Ultravioletten statt, und zwar ist $x_\nu = 0$ für $\nu < \nu_m$ und $x_\nu = \text{konst.}\ \nu^{-3}$ für $\nu > \nu_m$, wo $\frac{h\nu_m}{kT_e} \gg 1$. Es ist dann erlaubt, die WIENsche Näherung für B_ν zu benutzen, und Gleichung (254) nimmt die folgende Form an

$$T_e e^{-\frac{h\nu_m}{kT_e}} = 2T_0 e^{-\frac{h\nu_m}{kT_0}} \,. \tag{256}$$

Diese Relation zeigt, daß bei beliebig großen Werten von ν_m, T_0 beliebig nahe an T_e heranrückt.

3. Der Absorptionskoeffizient ist unabhängig von der Frequenz. Wir kommen dann auf den früher diskutierten Fall zurück, da die Bedingung (254) auf

$$T_e = \sqrt[4]{2}\,T_0 \tag{257}$$

führt. Dadurch wird auch gezeigt, daß die obige Rechnung in derselben Näherung gilt wie in der früheren, scheinbar genaueren Theorie. Man sieht, daß durch Änderung der Frequenzabhängigkeit des Absorptionskoeffizienten die Extremwerte der Grenztemperatur sich um einen Faktor 2 voneinander unterscheiden können.

Nachdem die totale Austrittstrahlung ermittelt ist, kann man die Näherungsrechnung weiterführen und die Richtungsabhängigkeit der Austrittstrahlung berücksichtigen. Es genügt, den gefundenen Ausdruck der Energiedichte in Gleichung (241) einzutragen, also

$$I(\mu) = \int_0^\infty \frac{F}{4\pi}(2 + 3t)\,e^{-t/\mu}\,\frac{dt}{\mu}\,, \tag{258}$$

oder nach Integration

$$I(\mu) = \frac{F}{4\pi}\,(2 + 3\mu)\,. \tag{259}$$

Ferner folgt für die Austrittstrahlung der Frequenz ν

$$I_\nu(\mu) = \frac{2h}{c^2}\int_0^\infty \frac{e^{-t/\mu}\,dt/\mu}{e^{\frac{h\nu}{kT_e}\left(\frac{1}{2} + \frac{3}{4}t\right)^{-\frac{1}{4}}} - 1}\,, \tag{260}$$

wo wir den PLANCKschen Ausdruck für B_ν benutzt haben. Die nähere Diskussion dieser Formel wurde von MILNE[1] durchgeführt, der feststellte, daß die Abweichungen des I_ν von einer reinen PLANCKschen Kurve ziemlich unwesentlich sind.

b) Grenzfall der reinen Streuung. Das Charakteristikum der reinen Streuung ist, daß die Strahlung nur der Richtung nach durch die Atome beeinflußt wird, weil Energie und Frequenz ungeändert bleiben. Dies hat zur Folge, daß der Strahlungsfluß innerhalb eines noch so kleinen Frequenzintervalls auch unverändert bleiben muß, wenn keine Energie in anderer Weise verlorengeht. Es folgt also als allgemeine Forderung für reine Streuprozesse aus Gleichung (245)

$$\frac{dF_\nu}{dt_\nu} = 0; \qquad J_\nu = \int B_\nu d\omega \quad \text{und} \quad F_\nu = \frac{d}{dt_\nu}\int I_\nu \mu^2 d\omega. \tag{261}$$

---

[1] Month. Not. Bd. 81, S. 375. 1921.

Durch genau dasselbe Näherungsverfahren wie früher folgt

$$J_\nu = F_\nu(2 + 3t_\nu) \quad \text{oder auch} \quad F_\nu = \frac{\frac{1}{2}J_\nu}{1 + \frac{3}{2}t_\nu}. \tag{262}$$

Wenn man also den Fall betrachtet, daß eine rein streuende Atmosphäre einer schwarz strahlenden Photosphäre überlagert ist, besteht die Streuwirkung einfach darin, daß die Ausstrahlung der Photosphäre in jedem Frequenzintervall durch den Faktor $(1 + \frac{3}{2}t_\nu)$ herabgedrückt wird. Wenn die Streuung von der Frequenz unabhängig ist, entsteht also keine Verzerrung der Energieverteilung im Spektrum, und durch selektive Streuung entstehen nur dunkle Gebiete, aber keine Emissionsgebiete. Es ist ferner wichtig, die Verteilung der Streustrahlung auf verschiedene Richtungen zu kennen. Hierzu braucht man aber eine genauere Kenntnis der Streuprozesse. Nun ist bekanntlich die Streuung in einer beliebigen Richtung einfach proportional $1 + \cos^2\psi$, wo ψ der Streuwinkel ist, d. h. der Winkel zwischen der einfallenden und der gestreuten Strahlung. Die Schwankung der Streuung ist somit nicht sehr groß, und man wird daher als erste Näherung diese Schwankung ganz vernachlässigen. Es ist dann nach Gleichung (261) und (262) B_ν einfach durch

$$B_\nu = \frac{J_\nu}{4\pi} = F_\nu(2 + 3t_\nu) \tag{263}$$

gegeben. Wenn dies in die allgemeine Gleichung (241) eingeführt wird, folgt für die Austrittstrahlung nach Ausführung der Integration

$$\left. \begin{aligned} I_\nu(0, \mu) &= I_\nu(t_\nu, \mu)\, e^{-t_\nu/\mu} \\ &+ F_\nu\left\{2(1 - e^{-t_\nu/\mu}) + 3\mu\left(1 - \left(\frac{t_\nu}{\mu} + 1\right)e^{-t_\nu/\mu}\right)\right\}. \end{aligned} \right\} \tag{264}$$

Diese Gleichung läßt sich weiter vereinfachen, wenn berücksichtigt wird, daß angenähert

$$I_\nu(t_\nu, \mu) = \frac{1}{4\pi}J_\nu(t_\nu) = \frac{1}{\pi}F_\nu\left(\frac{1}{2} + \frac{3}{4}t_\nu\right) \tag{265}$$

ist. Man erhält dann

$$I_\nu(0, \mu) = \frac{F_\nu}{4\pi}(2 + 3\mu - 3\mu\, e^{-t_\nu/\mu}). \tag{266}$$

Wenn die optische Tiefe der Photosphäre groß ist verglichen mit der Einheit, ist das letzte Glied zu vernachlässigen, und die Abhängigkeit der Streustrahlung vom Emissionswinkel ist dieselbe wie für die Gesamtstrahlung bei reiner Absorption. Dieser Umstand ist von wesentlicher Bedeutung für die Erklärung des Sonnenspektrums, wie im folgenden gezeigt wird. Wenn man mittels des obigen Ausdrucks den Strahlungsfluß F_ν bildet, folgt, daß die Näherung um so besser ist, je größer t_ν ist. Dieser Punkt muß in den Anwendungen berücksichtigt werden.

c) **Gleichzeitige Streuung und Absorption.** Die Grenzfälle, die wir behandelt haben, sind nur als Vorbereitungen zum allgemeinen Problem der gleichzeitigen Wirkung von Streuung und Absorption zu betrachten. Die Differentialgleichung dieses Problems ist in der früher gebrauchten Näherung:

$$\mu\, dI_\nu/dz = (\sigma_\nu + x_\nu) I_\nu - \sigma_\nu J_\nu/4\pi - x_\nu B_\nu , \qquad (267)$$

wo σ_ν und x_ν die Koeffizienten der Streuung und der Absorption bezeichnen. Es sei jetzt t die totale optische Tiefe einer Schicht:

$$t_\nu = \int (\sigma_\nu + x_\nu)\, dz . \qquad (268)$$

Ferner schreiben wir

$$\lambda = \frac{x_\nu}{(\sigma_\nu + x_\nu)} . \qquad (269)$$

Die Gleichung lautet dann in den neuen Bezeichnungen

$$\mu\, dI_\nu/dt_\nu = I_\nu - (1 - \lambda) J/4\pi - \lambda B_\nu . \qquad (270)$$

Um diese Gleichung näherungsweise zu integrieren, verwenden wir dieselbe Methode wie in den früheren Fällen. Wir leiten zuerst in gewohnter Weise die strengen Gleichungen

$$\frac{dF_\nu}{dt_\nu} = J_\nu - 4\pi B_\nu; \qquad F_\nu = \frac{d}{dt_\nu}\int I_\nu \mu^2\, d\omega \qquad (271)$$

ab.

In der letzten Gleichung ersetzen wir wie früher μ^2 durch den Mittelwert $\frac{1}{3}$, so daß

$$F = \frac{1}{3}\frac{dJ}{dt_\nu}$$

wird. Wenn dieser Wert von F in Gleichung (271) eingetragen wird, folgt

$$\frac{d^2 J_\nu}{dt_\nu^2} = 3\lambda(J_\nu - 4\pi B_\nu) . \qquad (272)$$

Wir betrachten zunächst den Fall, daß λ konstant ist und B_ν linear von t abhängt. Hierdurch wird in grober Weise das Vorhandensein eines Temperaturgradienten berücksichtigt. Für diesen Fall läßt sich die Grundgleichung für J_ν offenbar auch wie folgt schreiben:

$$\frac{d^2}{dt_\nu^2}(J_\nu - 4\pi B_\nu) = 3\lambda(J_\nu - 4\pi B_\nu) . \qquad (273)$$

Die allgemeine Lösung ist

$$J_\nu = 4\pi B_\nu + \alpha\, e^{\sqrt{3\lambda}\,t_\nu} + \beta\, e^{-\sqrt{3\lambda}\,t_\nu} . \qquad (274)$$

Die willkürlichen Konstanten α und β sind aus den Grenzbedingungen im Inneren und an der Oberfläche des Sternes zu bestimmen. So folgt aus der Forderung, daß J_ν im Sterninneren praktisch gleich $4\pi B_\nu$ sein muß (Temperaturgleichgewicht), daß $\alpha = 0$ ist. Für die Austrittstrahlung gilt andererseits in der früher gebrauchten Näherung $J_\nu = 2F_\nu = \frac{2}{3}\frac{dJ_\nu}{dt_\nu}\,(t_\nu = 0)$. Also, indem wir B_ν in der Form $a + bt$ schreiben,

$$4\pi a + \beta = -\frac{2}{3}\sqrt{3\lambda}\,\beta + \frac{8\pi}{3}b \qquad (275)$$

oder, nach β aufgelöst:

$$\beta = 4\pi \frac{(\frac{2}{3}b - a)}{1 + \frac{2}{3}\sqrt{3\lambda}} . \qquad (276)$$

Diese Näherungslösung können wir jetzt dazu verwenden, um I_ν in zweiter Näherung zu berechnen, indem wir den gefundenen Ausdruck für J_ν in die Grundgleichung für I_ν eintragen. Es folgt dann nach Ausführung der Integration

$$\left.\begin{aligned}
I_\nu(0,\mu) &= I_\nu(t_\nu,\mu)\,e^{-t_\nu/\mu} + a\left(1 - e^{-t_\nu/\mu}\right)\\
&\quad + b\mu\left\{1 - \left(1 + \frac{t_\nu}{\mu}\right)e^{-t_\nu/\mu}\right\}\\
&\quad + \frac{\beta(1-\lambda)}{4\pi(1 + \sqrt{3\lambda}\,\mu)}\left\{1 - e^{-(1+\sqrt{3\lambda}\,\mu)\frac{t_\nu}{\mu}}\right\} .
\end{aligned}\right\} \qquad (277)$$

Für große Werte von t_ν konvergiert dieser Ausdruck gegen den Grenzwert

$$I_\nu(0,\mu) = a + b\mu + \frac{(1-\lambda)(\frac{2}{3}b - a)}{(1 + \frac{2}{3}\sqrt{3\lambda})(1 + \sqrt{3\lambda}\,\mu)} . \qquad (278)$$

Wenn λ von der Frequenz nahezu unabhängig ist, kommt ein kontinuierliches Spektrum zustande. Wenn die Absorption die Streuung überwiegt ($\lambda \to 1$) wird dieses Spektrum ungefähr der

Temperaturstrahlung im optischen Niveau $t_\nu = \mu$ entsprechen. Bei selektiven Änderungen von λ kommen entweder dunkle oder helle Spektrallinien zustande. Erstere treten auf für selektive Streuung, letztere für selektive Absorption und Emission, worauf zuerst von Schuster[1] hingewiesen wurde. Wenn die Voraussetzungen, die dieser Formel zugrunde liegen, nicht erfüllt sind, wird diese Aussage natürlich gegenstandslos. Für abnorm kleine λ, also für dunkle Linien, konvergiert der Ausdruck für die Intensität gegen den Grenzwert

$$I_\nu = \tfrac{2}{3}\sqrt{3\lambda}\,a(1 + \tfrac{3}{2}\mu)\,. \tag{279}$$

Das Glied mit b ist hier weggelassen, weil für diesen Fall b sehr klein sein muß. Der Intensitätsverlauf innerhalb der Linie ist dann also proportional der Quadratwurzel aus λ. Für den Intensitätsverlauf in den Flügeln der Linien, wo λ gegen den für das kontinuierliche Spektrum geltenden Grenzwert konvergiert, ist natürlich b beizubehalten.

d) Allgemeinere Lösungen. Es ist zunächst sehr einfach, eine allgemeine Lösung zu finden für den Fall, daß λ konstant, aber B_ν eine beliebige Funktion der optischen Tiefe ist. Wir schreiben t statt $\sqrt{3\lambda}\,t_\nu$, und setzen in gewohnter Weise

$$J = e^t \int u\,dt\,, \tag{280}$$

wo u eine neue Funktion bedeutet. Man findet dann, durch Einsetzen dieses Ausdrucks in Gleichung (272), die folgende Gleichung für u

$$\frac{du}{dt} + 2u = -4\pi B\,e^{-t}\,, \tag{281}$$

und hieraus folgt

$$u = u(o)\,e^{-2t} - 4\pi\,e^{-2t}\int_0^t B_\nu e^x\,dx\,. \tag{282}$$

Somit ist die allgemeine Lösung von Gleichung (272)

$$J_\nu = \alpha\,e^t + \beta\,e^{-t} - 4\pi\,e^t \int_0^t e^{-2z}\,dz \int_0^z B_\nu e^x\,dx\,, \tag{283}$$

wo α und β willkürliche Konstanten sind. Um den entsprechenden Näherungswert von I_ν zu erhalten, genügt es nun, diesen Aus-

---

[1] Astrophys. Journ. Bd. 21, S. 1. 1905.

druck für J_ν in die Gleichung (241) für I_ν einzutragen und die Quadraturen zu erledigen.

Es ist ferner erwünscht, wenigstens über einige Speziallösungen für veränderliche λ-Werte zu verfügen. Denn in einer strengen Theorie der Sternatmosphären kann man wegen der Änderung der Ionisation mit der Höhe kaum erwarten, mit konstantem λ auszukommen. Für eine vorläufige Orientierung genügt es, die Lösung zu kennen im Falle, wo λ nach innen monoton zu- oder abnimmt, etwa linear mit der optischen Dicke der Schicht. Dieses Problem ist von EDDINGTON[1] gelöst worden. Als unabhängige Variable wollen wir jetzt

$$t = \sqrt{3} \int \lambda \, dt_\nu \tag{284}$$

verwenden. Die Gleichung (272) für J_ν lautet dann, noch in voller Allgemeinheit,

$$\frac{d}{dt}\left(\lambda \frac{dJ_\nu}{dt}\right) = J_\nu - 4\pi B_\nu. \tag{285}$$

Wenn nun λ linear mit t verläuft, ist es offenbar vorteilhaft, λ selbst als Veränderliche anzunehmen. Um eine symmetrische Gleichung zu erhalten, nehmen wir jedoch als neue Variable nicht λ selbst, sondern

$$y = \lambda/b^2, \tag{286}$$

wo

$$\lambda = a + bt. \tag{287}$$

Die Gleichung (285) schreibt sich dann

$$\frac{d}{dy}\left(y \frac{dJ_\nu}{dy}\right) = J_\nu - 4\pi B_\nu. \tag{288}$$

Wir nehmen nun an, daß B_ν linear mit y verläuft, was wegen der Änderung der unabhängigen Veränderlichen einem ganz anderen Temperaturgradienten entsprechen kann als im früheren Fall. Die Integration der Gleichung erfolgt in zwei Schritten. Zunächst macht man die Gleichung homogen, was leicht gelingt, da Gleichung (288) wegen der Linearität von B_ν eine lineare Lösung besitzt. Diese lautet, wie man leicht nachprüft,

$$J_0 = 4\pi\left(B_\nu + \frac{dB_\nu}{dy}\right). \tag{289}$$

---

[1] Month. Not. Bd. 89, S. 620. 1929.

Da die Lösung keine willkürlichen Konstanten enthält, ist sie singulär. Wir setzen nun

$$J = J_0 + J'. \tag{290}$$

Dann befriedigt J' die homogene Gleichung

$$J' = \frac{d}{dy}\left(y\,\frac{dJ'}{dy}\right). \tag{291}$$

Dies ist die Gleichung einer BESSELschen Funktion nullter Ordnung vom Argument $\sqrt{-2y}$. Somit ist die vollständige Lösung bekannt.

e) Historische Bemerkungen zur Theorie des Strahlungsgleichgewichts. Die auf kosmische Probleme angewandte Theorie des Strahlungsgleichgewichts wurde zum ersten Male von R. A. SAMPSON in seiner Arbeit „On the mechanical State of the Sun" entwickelt (Mem. R. S. Bd. 51, S. 123. 1894). Die erste klare Formulierung des Problems rührt jedoch von A. SCHUSTER her („The Influence of Radiation on the Transmission of Heat", Phil. Mag. Bd. 5, S. 243. 1903), der seine Gleichungen in der bekannten Arbeit „Radiation through a foggy Atmosphere" (Astrophys. Journ. Bd. 21, S. 1. 1905) auf kosmische Probleme angewandt hat. Es wurde später von W. H. JACKSON gezeigt, daß SCHUSTERs Gleichungen sich in der Form einer FREDHOLMschen Integralgleichung schreiben lassen (Bull. Amer. Soc. Mathematics, June 1910, S. 473). Sodann hat SCHWARZSCHILD die Theorie weiter entwickelt, indem er zeigte, daß die Theorie des Strahlungsgleichgewichts die Randverdunkelung der Sonne ungezwungen erklären kann („Über das Gleichgewicht der Sonnenatmosphäre", Göttinger Nachr. 1906, S. 41). In dieser Arbeit hat SCHWARZSCHILD die Wirkung der Streuung vernachlässigt. Diese Frage wurde in einer späteren Arbeit berücksichtigt („Über Diffusion und Absorption in der Sonnenatmosphäre", Berl. Ber. II, math.-phys. Kl. 1914, S. 1183). In dieser Arbeit wurde überzeugend dargelegt, daß die FRAUNHOFERschen Linien im wesentlichen durch Streuung gebildet werden, wie schon lange von JULIUS behauptet wurde. SCHWARZSCHILD hat jedoch nicht die Form der Linien auf Grund der Dispersionstheorie untersucht. Die Streuung des Lichts in der Erdatmosphäre behandelt L. V. KING in der Arbeit „On the Scattering and Absorption of Light in gaseous Media", Phil. Trans. Serie A, Bd. 212, S. 375. 1912. In diese Zeit fällt auch eine Arbeit von I. BIALOBJESKY, „Sur l'Équilibre Thermodynamique d'une Sphère Gazeuse Libre", Bull. Acad. Sc. Cracovie, Mai 1913.

In allen diesen Arbeiten wird implizite angenommen, daß der Zustand an jedem Punkt nur wenig von einem Zustand lokalen Wärmegleichgewichts abweicht. Der Fall, daß das Strahlungsfeld sehr von der schwarzen Strahlung abweicht, wurde zuerst von C. FABRY untersucht („Remarques sur la Temperature d'Équilibre d'un Corps exposé à un Rayonnement", Journ. de phys. Bd. 6, S. 207. 1916, und „Remarks on the Temperature of Space", Astrophys. Journ. Bd. 45, S. 269. 1917. Es sei hier auch an eine Arbeit von Fabry über Streuung des Lichtes erinnert: „Remarques sur la Diffusion de la Lumière par les Gaz", Journ. de phys. Bd. 7, S. 89. 1917.

Durch die neueren Arbeiten über Sternspektren sind mehrere dunkle Punkte aufgeklärt worden. Die genauere Theorie des kontinuierlichen Spektrums rührt her von B. Lindblad (Uppsala Univ. Årsskr. 1920, No. 1; Nova Acta Upsal., Ser. 4, Vol. 6, Nr. 1. 1923) und E. A. Milne (Month. Not. Bd. 81, S. 375. 1921; Phil. Trans. Bd. 223, S. 201. 1922). Die Anwendung der Dispersionstheorie auf die Theorie der Fraunhoferschen Linien stammt von W. H. Julius (siehe „Zonnephysica", Groningen 1928), J. Q. Stewart (Astrophys. Journ. Bd. 59, S. 30. 1924, und A. Unsöld (ZS. f. Phys. Bd. 44, S. 793. 1927). Siehe ferner auch E. A. Milne, Month. Not. Bd. 89, S. 3. 1928 und Bd. 88, S. 493. 1928. Die Arbeit von A. S. Eddington, Month. Not. Bd. 89, S. 620. 1929 verhält sich sehr kritisch gegenüber der bisherigen Theorie der stellaren Absorptionslinien, ohne doch das Problem wesentlich weiter zu fördern. Doch sei bemerkt, daß in dieser Arbeit die Lösung des Problems des Strahlungsgleichgewichts für linear veränderliche λ-Werte gegeben wurde [vgl. d), S. 130]. S. Rosseland macht in einer Arbeit „On the Origin of Emission Lines in Stellar Spektra", Astrophys. Journ. Bd. 63, S. 218. 1926, einen vorläufigen Versuch, das Problem des Strahlungsgleichgewichts einer Gasmasse im interstellaren Raum genauer zu formulieren, als dies durch Fabry geschah. In einer andern Arbeit versucht er das allgemeine Problem des Strahlungstransports in bewegten Medien in Angriff zu nehmen (Astrophys. Journ. Bd. 63, S. 215. 1926. Siehe auch E. A. Milne, Quarterly Journ. Math. Phys. Oxford, Nr. 1; und H. Vogt, Astr. Nachr. Bd. 232, S. 1, und Veröffentl. d. Univ.-Sternw. Jena Nr. 2. Die Idee der Strahlungsbremsung wurde von Jeans eingeführt gelegentlich einer Untersuchung über rotierende Sterne. (Month. Not. Bd. 86, S. 328. 1926.)

34. Das kontinuierliche Spektrum der Sterne.

Die Spektren aller Sterne zeigen qualitativ denselben Verlauf, insofern sie aus einem glatt verlaufenden Untergrund bestehen, der durch dunkle oder helle Spektrallinien unterbrochen wird. Wir wollen zuerst die Betrachtung der Spektrallinien beiseite lassen und uns mit dem Ursprung des kontinuierlichen Untergrunds beschäftigen, um zu sehen, was er über den physikalischen Zustand der Sternatmosphären lehrt.

Der Energieverlauf im Sonnenspektrum und in den meisten Sternspektren entspricht näherungsweise der Energiekurve einer schwarzen Strahlung. Dies zeigt, daß in den Sternatmosphären keine großen Abweichungen vom idealen Fall des Wärmegleichgewichts vorkommen können. So ähnelt das kontinuierliche Spektrum der Sonne in großen Zügen dem Spektrum eines schwarzen Strahlers einer Temperatur von rund 6000° K. Das Maximum der auf Wellenlängen transformierten Energiekurve liegt etwa bei 4700 Å, was nach dem WIENschen Gesetze einer Temperatur von 6150° K entspricht. Die Gesamtstrahlung entspricht andererseits, nach dem Gesetz von STEFAN, einer Temperatur von nur 5750° K. Dieser Unterschied rührt daher, daß die Energiekurve wesentlich rascher zu ihrem Maximum aufsteigt als eine PLANCKsche Kurve. So entspricht dem infraroten Teil der Energiekurve ziemlich genau eine Temperatur von nur 5600°; im Ultravioletten ist, nach FABRY, die effektive Temperatur sehr nahe 5900°.

Das Obige bezieht sich auf das Gesamtlicht der Sonnenscheibe. Die Lichtstärke und die Energieverteilung im Spektrum ändern sich aber vom Mittelpunkt der Sonnenscheibe bis zum Rande. Für die Intensitätsverteilung der integrierten Strahlung über die Sonnenscheibe gilt das einfache Kosinusgesetz

$$I(\Theta) = I(0)(1 - u + u \cdot \cos \Theta), \qquad (292)$$

wo Θ den heliozentrischen Winkelabstand vom Mittelpunkt der Sonnenscheibe bedeutet und wo der konstante Koeffizient u der „Randverdunkelungskoeffizient" genannt wird. Er ist numerisch etwa gleich 0,56. Dieses Gesetz gilt, wohl bemerkt, nur für die integrierte Strahlung. Die Randverdunklung in den einzelnen Wellenlängen erfolgt nach einem komplizierteren Gesetz, das sich nicht durch eine so einfache Formel darstellen läßt.

Wir haben früher gesehen, wie das einfache Kosinusgesetz für die Randverdunklung einschließlich des numerischen Wertes von $u*$ aus der Theorie des Strahlungsgleichgewichtes folgt, wenn man einerseits lokales Wärmegleichgewicht voraussetzt und andererseits der Absorptionskoeffizient nur wenig von der Frequenz abhängt (s. § 33a). Es liegt nahe, hieraus zu folgern, daß die Temperaturverteilung in der Sonnenatmosphäre wirklich durch ein Gesetz von der Form (252) gegeben ist. Wenn hierdurch die physikalischen Bedingungen für den Ursprung des kontinuierlichen Spektrums restlos gegeben sind, so folgt, daß noch zwei

---

* Die kleinen vorhandenen Unstimmigkeiten zwischen Theorie und Beobachtung sind nach MILNE, The Observatory Bd. 51, S. 88. 1928 auf das Vorhandensein der Absorptionslinien zurückzuführen.

Bedingungen erfüllt sein müssen: Die Abweichungen des Sonnenspektrums von einer PLANCKschen Kurve und der Verlauf der Randverdunklung müssen sich durch denselben funktionalen Verlauf des Absorptionskoeffizienten darstellen lassen. Diese Frage ist von MILNE[1] näher untersucht worden mit dem Resultat, daß es nicht möglich zu sein scheint, beiden Forderungen gleichzeitig strenge zu genügen. Sofern den Beobachtungen zu trauen ist, wird dies bedeuten, daß unsere Theorie des Strahlungsgleichgewichtes durch andere Überlegungen ergänzt werden muß. Man kann dann, soviel wir wissen, nur noch die Wirkung von schnellen Helligkeitsschwankungen in Rechnung ziehen, wie sie in der Granulation zum Vorschein kommen. Zur Zeit fehlt aber jede systematische Untersuchung der Granulation.

Die Sternspektren im allgemeinen sind viel weniger genau bekannt als das Sonnenspektrum. Deshalb darf man nicht viel Gewicht legen auf etwaige Abweichungen von einer reinen PLANCKschen Kurve. Immerhin scheinen in mehreren Fällen wirklich bedeutende Abweichungen vorzukommen, besonders bei gewissen B-Sternen. Auch ist durch eine genaue Analyse der Lichtkurven der Bedeckungsveränderlichen[2] sichergestellt, daß die Sterne gegen den Rand verdunkelt erscheinen.

Zusammenfassend darf man behaupten, daß die Theorie des lokalen Wärmegleichgewichtes bei der Darstellung des kontinuierlichen Spektrums eine gute Annäherung an die Wirklichkeit gibt. Die lineare Beziehung (252) zwischen der optischen Tiefe und der vierten Potenz der Temperatur dürfte deshalb von Wichtigkeit sein. Um hieraus die Temperaturverteilung in verschiedenen Höhenniveaus abzuleiten, ist es notwendig, eine Relation zwischen der optischen und der linearen Tiefe zu kennen. Diese wird durch die hydrostatische Gleichgewichtsbedingung vermittelt. Dabei spielt die Dichteabhängigkeit des Absorptionskoeffizienten eine große Rolle, wodurch Schlüsse auf den Ursprung der kontinuierlichen Absorption ermöglicht werden. Diese Frage wird besonders aktuell in dem allgemeinen Problem der stellaren Absorptionslinien, wie wir später sehen werden.

---

[1] Phil. Trans., Series A, Bd. 223, S. 201. 1922.
[2] H. SHAPLEY, Orbits of Ecl. Binaries, Publ. Princeton Obs. 1915.

35. Über die Ausbildung von dunklen Linien in den Sternspektren.

Wir wollen nun untersuchen, wie weit die Annahme von lokalem Wärmegleichgewicht, das bei der Behandlung des kontinuierlichen Spektrums gute Dienste leistete, auch für die Theorie der Absorptionslinien genügt oder, gegebenenfalls, wie die Gleichgewichtsbedingungen zu modifizieren sind. Ferner ist es wichtig, aus dem astrophysikalischen Beobachtungsmaterial selbst die relative Wichtigkeit der selektiven Absorption und Streuung im Bereiche der Spektrallinien zu erschließen, da diese Frage von atomphysikalischer Seite vielleicht nicht ganz abgeschlossen ist. Sofern diese beiden Fragen befriedigend beantwortet werden können, bieten Untersuchungen über Form und Intensität von Spektrallinien mannigfaltige Anhaltspunkte für eine genaue Analyse der Sternatmosphären, wie wir sehen werden.

Wir nehmen als gegeben an, daß die kontinuierliche Strahlung durch reine Absorption und Emission entsteht, ohne Mitwirkung von Streuprozessen, und daß näherungsweise eine entsprechende Temperaturverteilung besteht. Wir halten aber die Möglichkeit offen, daß die selektive Absorption und Streuung in den Spektrallinien dem Fall des lokalen Wärmegleichgewichtes nicht zu entsprechen braucht. Auf Grund dieser Voraussetzungen wollen wir zeigen, daß die Spektrallinien weder durch reine Absorption und Emission noch durch reine Streuung entstehen. Für den Fall der reinen Absorption ist das ohne weiteres klar. Die Strahlung in dem Bereich der Linie kommt wegen des größeren Absorptionskoeffizienten aus einer kleineren optischen Tiefe und entspricht somit einer niedrigeren Temperatur und Intensität als die Strahlung außerhalb der Linie. Der untere Grenzwert der Restintensität in der Mitte der Linie sollte somit der von uns früher berechneten Grenztemperatur $T_0 = T_e/\sqrt[4]{2}$ entsprechen. Die Beobachtungen zeigen aber viele Fälle, wo die Restintensität diesen Grenzwert unterschreitet. Das ist besonders auffallend, wenn wir die FRAUNHOFERschen Linien am Sonnenrand beobachten. Nach den obigen Überlegungen würde man erwarten, daß die Linien am Sonnenrand verschwinden sollten, da hier ja die effektive Temperatur des kontinuierlichen Spektrums praktisch mit der Grenztemperatur T_0 zusammenfällt. Dies ist nun gar nicht der

Fall. Vielmehr sind die Spektrallinien am Rande ebenso stark ausgeprägt wie in der Mitte der Sonnenscheibe und machen im allgemeinen die Randverdunkelung des kontinuierlichen Spektrums mit. Es darf daher als erwiesene Tatsache gelten, daß die Absorptionslinien der Sternspektren nicht durch selektive Absorption allein entstehen. Dieser Schluß ist von vornherein physikalisch klar, aber es ist befriedigend, das Resultat so einfach aus astrophysikalischen Beobachtungen herauslesen zu können.

Zweitens wollen wir zeigen, daß die Spektrallinien in ihrer Gesamtheit auch nicht durch kohärente Streuung allein entstehen können. Nach der Dispersionstheorie ist nämlich der atomare Streukoeffizient in der Nähe einer Spektrallinie der Eigenfrequenz ν_0 durch

$$\sigma_\nu = \frac{2\pi}{3} \left(\frac{e^2}{\mu c^2}\right)^2 \frac{f}{(\nu - \nu_0)^2} \tag{293}$$

gegeben[1]. Hier ist f das Verhältnis der Gesamtabsorption zu der Absorption eines klassischen Oszillators[2]. f wird daher oft die „Oszillatorenstärke" der Linie genannt oder die „Zahl der klassischen Ersatzoszillatoren". Die übrigen in Gleichung (293) eingehenden Größen haben die übliche Bedeutung (e und μ Masse und Ladung eines Elektrons, c Lichtgeschwindigkeit). In der Linienmitte gibt diese Formel eine unendlich große Streuung. Bei Berücksichtigung der Strahlungsdämpfung (oder anderer Ursachen der Dämpfung) erhält man aber ein Zusatzglied im Nenner, das dem Quadrat der Dämpfungskonstante proportional ist. Dieses Glied macht sich aber nur in so großer Nähe der Linienmitte geltend, daß es für astrophysikalische Zwecke vernachlässigt werden kann.

Indem wir annehmen, daß die Streuung innerhalb einer Spektrallinie durch die obige Formel gegeben ist, und daß keine nichtkohärente Streuung oder Absorption vorhanden ist, folgt, daß die Intensität in der Mitte einer Linie sehr nahe auf Null herabsinken müßte, was durchaus nicht der Fall ist. Somit folgt auch, daß die Linien in allen solchen Fällen durch Zusammenwirkung von selektiver Absorption und Streuung entstehen. Man bemerkt auch, daß in den betrachteten Fällen Absorptionslinien ent-

---

[1] Siehe z. B. R. Minkowski, ZS. f. Phys. Bd. 36, S. 839. 1926.

[2] Daß f sonst eine Zustandssumme bezeichnet, dürfte hoffentlich zu keinem Mißverständnis führen.

stehen und keine **Emissionslinien.** Diese Folgerung ist in guter
Übereinstimmung mit der Erfahrung, da Emissionslinien in Sternspektren selten sind und immer in Verbindung mit außergewöhn-
lichen Verhältnissen vorkommen.

Es ist schwierig, über den selektiven Absorptionskoeffizienten
x_ν etwas Bestimmtes auszusagen. In der klassischen Dispersionstheorie sind Dispersion und selektive Absorption fast identisch
oder wenigstens so innig miteinander verbunden, daß man der
„Dispersionslinie" und der „Absorptionslinie" denselben Frequenzverlauf zuschreiben muß. Dieser Umstand erleidet in der Quantentheorie keine tiefgehende Änderung, und man muß darauf
achten, daß die scharfe Trennung zwischen „Streuung" einerseits
und „Absorption" andererseits nur aus Bequemlichkeitsgründen
vorgenommen wird. In einer strengen Theorie wären alle dies-
bezüglichen Prozesse als Absorptionsprozesse zu bezeichnen, da
sie alle mit Quantensprüngen der Atome verbunden sind. Wir
machen nun den Ansatz

$$x_\nu = E \cdot \sigma_\nu , \qquad (294)$$

wo E eine von der Frequenz unabhängige Größe ist, die wir
bis auf weiteres unbestimmt lassen.

Wir betrachten zunächst den Fall eines räumlich konstanten
Verhältnisses zwischen den Koeffizienten der Absorption und
der Streuung. Während dies im allgemeinen nicht zulässig ist,
dürfte es für eine vorläufige Orientierung genügen. Es gibt ja
viele Fälle, wo die relative Häufigkeit eines gegebenen Atomzustandes durch die Änderung der Ionisation mit der Höhe nicht
wesentlich beeinflußt wird, und in solchen Fällen sollte die einfache Theorie streng anwendbar sein. Wir nehmen ferner an, daß
die Emissionsfähigkeit B_ν nach innen linear mit der optischen
Tiefe wächst. Damit besteht also die früher entwickelte Theorie
zu Recht [§ 33 c)], und die Intensität der Austrittstrahlung ist durch
den Ausdruck (278) gegeben. Wenn das kontinuierliche Spektrum
durch reine Absorption und Emission entsteht, ist $\lambda = 1$ außerhalb der Linie. Innerhalb der Linie gilt für λ der Ausdruck

$$\lambda = \frac{x_0 + E\sigma_\nu}{x_0 + (E+1)\sigma_\nu} . \qquad (295)$$

Bei der Verwendung der Intensitätsformel (278) muß man
berücksichtigen, daß der Koeffizient b innerhalb der Linie sehr

stark von der Strahlungsfrequenz abhängt. Es sei τ_0 die optische Tiefe im Gebiet der Linie, durch den kontinuierlichen Absorptionskoeffizienten gemessen. Wenn wir

$$B_\nu = a + b'\tau_0$$

schreiben, ist b' im Gebiete der Linie von der Frequenz unabhängig. Ferner gilt offenbar

$$\tau_0 = \frac{x_0}{x_0 + (E+1)\sigma_\nu}\,\tau_\nu = \{\lambda - E(1-\lambda)\}\tau_\nu \qquad (296)$$

und also

$$b = b'(\lambda - E(1-\lambda)) . \qquad (297)$$

Die Intensitätsformel (278) schreibt sich also schließlich in der Form

$$I_\nu = a\left(1 - \frac{1-\lambda}{(1 + \tfrac{2}{8}\sqrt{3\lambda})(1 + \sqrt{3\lambda}\mu)}\right) \left.\begin{array}{c} \\ \\ \end{array}\right\}$$
$$+ (\lambda - E(1-\lambda))b'\left(1 + \frac{\tfrac{2}{8}(1-\lambda)}{(1 + \tfrac{2}{8}\sqrt{3\lambda})(1 + \sqrt{3\lambda}\mu)}\right). \qquad (298)$$

Hieraus erhalten wir den gesamten Strahlungsfluß

$$F_\nu = 2\pi\int_0^1 I_\nu\mu\,d\mu = 2\pi a\left\{1 - \frac{(1-\lambda)f'}{1 + \tfrac{2}{8}\sqrt{3\lambda}}\right\}$$
$$+ 2\pi b'(\lambda - E(1-\lambda))\left\{1 + \frac{\tfrac{2}{8}(1-\lambda)f'}{1 + \tfrac{2}{8}\sqrt{3\lambda}}\right\}, \qquad (299)$$

wo

$$f' = \frac{1}{3\lambda}\{\sqrt{3\lambda} - \log(1 + \sqrt{3\lambda})\} \qquad (300)$$

ist. Im erlaubten Intervall für λ ändert sich f' nur um einen Faktor 2. Die Größen a und b' sind aus der früher entwickelten Theorie des Strahlungsgleichgewichtes zu berechnen. Es sei wie früher T_0 die Grenztemperatur der Atmosphäre; dann gilt

$$T^4 = T_0^4(1 + \tfrac{3}{2}\tau_0) ,$$

und hieraus folgt

$$\left(\frac{\partial T}{\partial\tau_0}\right)_{\tau_0=0} = \tfrac{3}{8}\,T_0 . \qquad (301)$$

Ferner gilt

$$a = \frac{2\,h\nu^3/c^2}{e^{\frac{h\nu}{kT_0}} - 1} \qquad (302)$$

und

$$b' = \left\{ \frac{\partial T}{\partial \tau_0} \cdot \frac{\partial}{\partial T} \left(\frac{2\,h\nu^3/c^2}{e^{\frac{h\nu}{kT}} - 1} \right) \right\}_{T=T_0} = \frac{3}{8} \frac{x \cdot a}{1 - e^{-x}}; \qquad x = \frac{h\nu}{kT_0}, \qquad (303)$$

und also schließlich

$$\frac{b'}{a} = u = \frac{3}{8} \frac{x}{1 - e^{-x}}. \qquad (304)$$

Die Größe u wächst also von rot nach violett hin, bleibt aber für den Fall der Sonne im visuellen Gebiet von der Größenordnung eins bis drei. Die obigen Formeln für die Intensität der Austrittstrahlung sind scheinbar sehr kompliziert. Eine numerische Diskussion zeigt aber, daß im erlaubten Spielraum für λ und für den Mittelpunkt der Sonnenscheibe ein rein linearer Ansatz den Intensitätsverlauf ziemlich gut wiedergibt, also

$$I_\nu = (I_\nu)_0 \lambda, \qquad (305)$$

wo $(I_\nu)_0$ die Intensität des kontinuierlichen Spektrums unmittelbar außerhalb der Linie bedeutet.

Wenn die obige Theorie richtig ist, folgt, daß wir aus dem Verlauf der Linienform im Übergang zum kontinuierlichen Spektrum das Verhältnis des Streukoeffizienten zum kontinuierlichen Absorptionskoeffizienten und auch die Größe E bestimmen können. Denken wir uns ferner, daß wir mehrere Linien derselben Ionisationsstufe eines Atoms gemessen haben. Das Verhältnis der gefundenen Werte von σ_ν/x_0 gibt dann näherungsweise das Verhältnis der Zahl der Atome in den entsprechenden Zuständen. Hieraus folgt unmittelbar die Temperatur (über die Atmosphäre gemittelt) aus dem BOLTZMANNschen Prinzip. Aus Bogenlinien einerseits und Funkenlinien andererseits folgt der Ionisationsgrad des Elements, und aus Messungen von Linien, die verschiedenen Elementen angehören, folgt die relative Häufigkeit der betreffenden Elemente.

Das Verhältnis σ_ν/x_0 hat eine einfache physikalische Bedeutung. Da wir ja von vornherein σ_ν/x_0 als räumlich konstant angesehen haben, können wir σ_ν und x_0 durch die entsprechenden optischen Tiefen ersetzen, also

$$\frac{\sigma_\nu}{x_0} = \frac{\tau_\nu}{\tau_0}. \qquad (306)$$

Es sei nun daran erinnert, daß die Lage der Photosphäre durch die Forderung bestimmt ist, daß die optische Tiefe im kontinuierlichen Gebiet von der Größenordnung eins sein soll. Es folgt also, daß σ_ν/x_0, bis auf eine Konstante der Ordnung eins, einfach gleich der optischen Streutiefe ist, bis zu der Photosphäre gemessen. Wenn wir weiter diese Größe durch den atomaren Streukoeffizienten dividieren, erhalten wir die Zahl der Atome in den beiden Quantenzuständen der Linie, die in einer vertikalen Säule vom Querschnitt eins enthalten sind, die sich von der Photosphäre bis zur oberen Grenze der Atmosphäre erstreckt. Diese Zahl wollen wir durch N_k bezeichnen, wo der Index k sich auf den unteren Quantenzustand bezieht. Wir nennen N_k die Häufigkeit dieses Atomzustandes in der Atmosphäre (der Beitrag des oberen Zustandes zu dieser Zahl ist zu vernachlässigen).

a) **Die Linienformen.** Es ist nun zuerst wichtig nachzuprüfen, wie weit die Theorie imstande ist, den Intensitätsverlauf in den Absorptionslinien zwanglos wiederzugeben. Es dürfte übrigens nicht überflüssig sein, darauf aufmerksam zu machen, daß die Theorie nur auf Absorptionslinien anwendbar ist, und daß die Emissionslinien also vorläufig von der Betrachtung ausgeschlossen sind. Dies liegt hauptsächlich an dem postulierten linearen Ansatz für B_ν. Welche Änderungen für die Behandlung von Emissionslinien vorzunehmen sind, wollen wir später untersuchen. Ein weiterer Grund liegt in der angenommenen Konstanz von E, die sich aber schwerlich vermeiden läßt, ohne die ganze Theorie von neuem aufzubauen. Eine weitere Verengung des Absorptionsgebietes würde z. B. zur Folge haben, daß alle Absorptionslinien zentrale Emissionslinien besitzen sollten, was durchweg nicht der Fall ist. Eine allmähliche Verbreiterung des Absorptionsgebietes würde aber schwerlich mit den Forderungen der Atomphysik vereinbar sein. Wir halten daher an der Konstanz von E fest.

Experimentelles Material über den Intensitätsverlauf innerhalb der FRAUNHOFERschen Linien im Sonnenspektrum ist von SCHWARZSCHILD[1], v. KLÜBER[2], MINNAERT[3] und UNSÖLD[4] geschaffen worden. Es war SCHWARZSCHILD im wesentlichen nur daran gelegen, die Wirkung der Randverdunkelung auf die Ab-

---

[1] Sitz.-Ber. Preuß. Akad. d. Wiss. Bd. 2, S. 1183. 1914.
[2] ZS. f. Phys. Bd. 44, S. 481. 1927.
[3] ZS. f. Phys. Bd. 45, S. 610. 1927.
[4] ZS. f. Phys. Bd. 46, S. 765. 1928.

sorptionslinien klarzulegen, und er beschränkte sich daher auf die
Untersuchung der Resonanzlinien H und K von Kalzium (3968—3934)

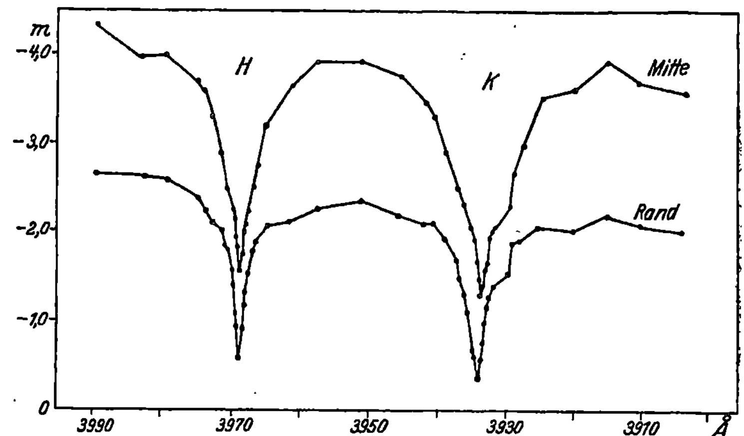

Abb. 6. Kalzium H und K (SCHWARZSCHILD). Die Intensitäten sind hier in Größenklassen m gegeben. Es gilt log (Intensität) = − 0,4 · m + Konstante. Aus dieser Abbildung geht klar hervor, wie die Absorptionslinien die Randverdunklung des kontinuierlichen Spektrums mitmachen.

im Mittelpunkt und am Rande der Sonnenscheibe. Die Abb. 6
gibt seine Messungen wieder. Unter den übrigen Arbeiten sind

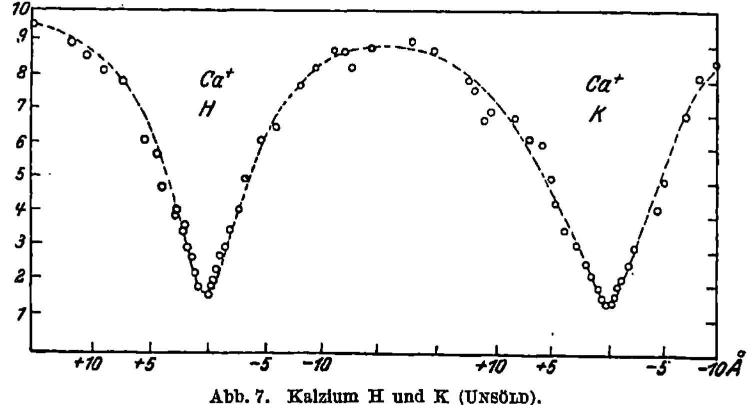

Abb. 7. Kalzium H und K (UNSÖLD).

die Messungen von UNSÖLD (im EINSTEIN-Turm) besonders zu erwähnen. Sie beziehen sich auch im wesentlichen auf Resonanzlinien, und zwar auf diejenigen von Na (5896—90), Ca (4227),
Ca^+ (3968—34), Sr (4607), Sr^+ (4216, 4078), Ba^+ (4934, 4554) und

Al (3962—44). Diese Messungen sind zum Teil in den Abb. 7, 8, 9 und 10 wiedergegeben. In diesen Abbildungen (also nicht in Abb. 6) sind nach Gleichung (295) und (298) berechnete theoretische Kurven eingetragen (punktiert). Dabei wurde das Produkt $N_i\,f$ aus der Häu-

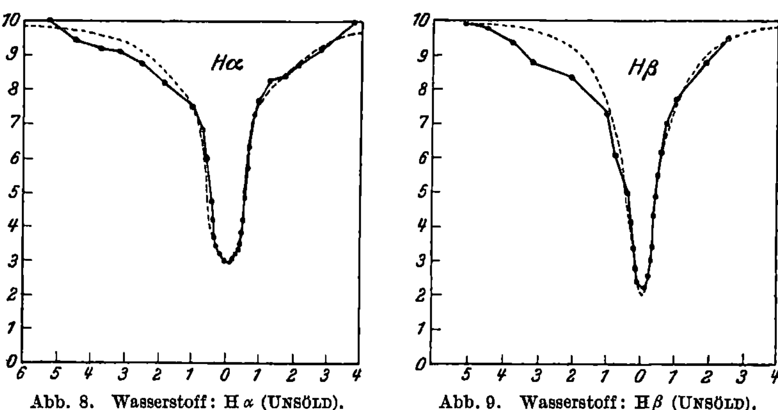

Abb. 8. Wasserstoff: H α (Unsöld).   Abb. 9. Wasserstoff: Hβ (Unsöld).

figkeit N_i und der Oszillatorenstärke f, ebenso das Verhältnis E des Streukoeffizienten zum Absorptionskoeffizienten so gewählt, daß

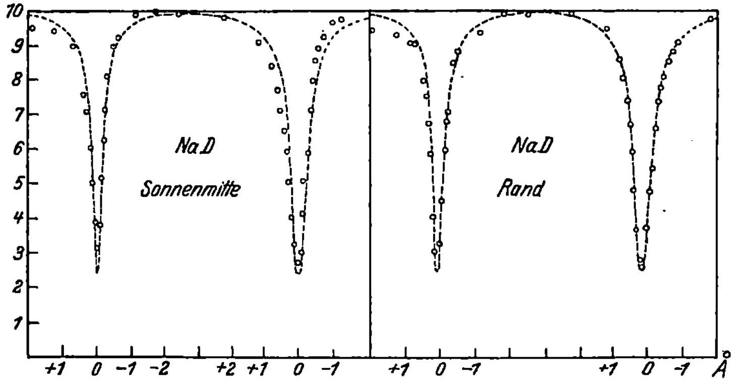

Abb. 10. Die Natrium D-Linien (Unsöld).

die Theorie möglichst gut mit den Messungen übereinstimmt. Man sieht, daß hierdurch der Intensitätsverlauf sehr gut dargestellt wird sowohl im Mittelpunkt als auch am Rande der Sonnenscheibe. Eine weitere Prüfung der Theorie wird durch das Vorkommen der Oszillatorenstärke f in der Intensitätsformel ermöglicht. Diese Größe ist in mehreren Fällen aus Messungen bekannt. Insbesondere verhalten sich die Oszillatorenstärken zweier Dublettlinien wie $1:2$; die Breiten solcher Linien, z. B. die der Komponenten des gelben Natriumdubletts, müssen sich deshalb, an Stellen gleicher Intensität, näherungsweise wie $1:\sqrt{2}$ verhalten. Unsere Abbildungen zeigen, daß diese Forderung erfüllt ist.

b) Die Restintensität. Es ist von verschiedenen Seiten[1] die Meinung ausgesprochen worden, daß die Restintensitäten durch Stöße zwischen Atomen entstehen, und daß in einer extrem verdünnten Atmosphäre die Restintensität sehr nahe auf Null herabsinken sollte. Diese Ansicht wird durch die Annahme begründet, daß bei Abwesenheit der Stöße die absorbierte Strahlung in derselben Frequenz wieder ausgestrahlt wird, wodurch die reine Streutheorie zu Recht besteht. Wie früher an Hand der Formeln (262) und (293) bemerkt wurde, wird dann die Restintensität im allgemeinen sehr nahe auf Null herabsinken müssen. Diese Annahme dürfte aber nicht haltbar sein, was aus beliebigen einfachen Fluoreszenzversuchen folgt. Der Einfluß der Stöße auf die stellaren Absorptionslinien liegt wohl in ganz anderer Richtung, indem die Stöße dazu beitragen, einen Zustand lokalen Wärmegleichgewichtes aufrechtzuerhalten. In Abwesenheit der Stöße herrscht das reine Strahlungsgleichgewicht, bei dem bedeutende Abweichungen von lokalem Wärmegleichgewicht vorhanden sein können und bei dem Fluoreszenzphänomene sich geltend machen. In diesem Fall können die Restintensitäten sowohl kleiner als auch größer sein als im Fall von lokalem Wärmegleichgewicht, was durch das Vorkommen von hellen Linien in den Spektren von einigen Sternen wohl besonders klar gezeigt wird. Bei Berücksichtigung der Fluoreszenzerscheinungen wird aber die Theorie des Strahlungsgleichgewichtes sehr verwickelt, und wir müssen uns mit groben Annäherungen begnügen (s. § 48). Die genaue Theorie der Restintensitäten dürfte aber nur durch eine sinngemäße Berücksichtigung der Fluoreszenzerscheinungen zu erreichen sein.

---

[1] E. A. MILNE, Month. Not. Bd. 88, S. 493. 1928; A. UNSÖLD, Sommerfeldfestschrift 1928, S. 95; A. S. EDDINGTON, Month. Not. Bd. 89, S. 620. 1928; R. v. D. R. WOOLLEY, Month. Not. Bd. 90, S. 170. 1929.

36. Anregung und Ionisation der Elemente in der Sonnenatmosphäre.

Wie früher bemerkt, erlaubt die Theorie eine quantitative Analyse des Anregungs- und Ionisationszustandes der Sonnenatmosphäre. Besonders wichtig ist es, zu untersuchen, wie weit die Verteilung der Atome über verschiedene Quantenzustände dem BOLTZMANNschen Verteilungsgesetz gehorcht, weil dieses Gesetz die Grundlage der Thermodynamik der Gleichgewichtszustände bildet. Solche Untersuchungen sind von ADAMS und RUSSELL[1] einerseits und UNSÖLD[2] andererseits durchgeführt worden. Wir beschäftigen uns hier zunächst mit der UNSÖLDschen Arbeit, deren Gedankengang unserer obigen Theorie am nächsten steht. Die von UNSÖLD beobachteten Linien sind in der Tabelle 11 gegeben.

Tabelle 11.

Element	Wellenlänge	Serienzuordnung	f	$N f_0$
Ca$^+$	3933,684	$4^2S \;-\; 4^2P_{\frac{3}{2}}$	$\frac{2}{3}$	$23,3 \cdot 1^{18}$
	3968,494	$4^2S \;-\; 4^2P_{\frac{1}{2}}$	$\frac{1}{3}$	
	8498,060	$3^2D_{\frac{3}{2}} - 4^2P_{\frac{3}{2}}$	0,0667	$0,45 \cdot 10^{18}$
	8542,130	$3^2D_{\frac{5}{2}} - 4^2D_{\frac{3}{2}}$	0,600	
	8662,170	$3^2D_{\frac{3}{2}} - 4^2P_{\frac{1}{2}}$	0,333	
Ba$^+$	4554,038	$6^2S \;-\; 6^2P_{\frac{3}{2}}$	$\frac{2}{3}$	$4 \cdot 10^{18}$
	4934,040	$6^2S \;-\; 6^2P_{\frac{1}{2}}$	$\frac{1}{3}$	
	5853,691	$5^2D_{\frac{3}{2}} - 6^2P_{\frac{3}{2}}$	0,071	
	6141,733	$5^2D_{\frac{5}{2}} - 6^2P_{\frac{3}{2}}$	0,609	$1,0 \cdot 10^{18}$
	6496,916	$5^2D_{\frac{3}{2}} - 6^2P_{\frac{1}{2}}$	0,320	

Die 4. Kolonne gibt die Oszillatorenstärke der Linien, in Einheiten der Gesamtstärke des Multipletts, und die 5. Kolonne gibt die beobachteten Werte der Häufigkeiten N, multipliziert mit der Gesamtstärke des Multipletts. Diese Werte sind freilich auf Grund der reinen Streutheorie berechnet, also unter Vernachlässigung der selektiven Absorption; aber der Unterschied spielt praktisch keine Rolle. Wenn die f-Werte genau bekannt wären, ließe sich das Verhältnis der N-Werte direkt berechnen. Die f-Werte sind nun nicht bekannt, und UNSÖLD hat sich deshalb

---

[1] Astrophys. Journ. Bd. 68, S. 279. 1928.
[2] Astrophys. Journ. Bd. 69, S. 322. 1929.

damit begnügt, die Resultate für Kalzium und Barium miteinander zu vergleichen, da der Bau der äußeren Elektronenhülle
wahrscheinlich für beide Atome sehr nahe derselbe ist. Die gefundenen Werte stimmen mit dem BOLTZMANNschen Prinzip überein, sofern man die Temperatur der Sonnenatmosphäre im Bereiche 4700—5000° K ansetzt, was ja mit der zu erwartenden
Grenztemperatur der Sonne größenordnungsgemäß übereinstimmt.

37. Methode von ADAMS und RUSSELL.

Die große Schwierigkeit, mit der alle Arbeiten über die genaue Analyse der Sternspektren zu kämpfen haben, ist der Mangel
an genauen Messungen der Linienintensitäten. Über diese Schwierigkeit haben ADAMS und RUSSELL[1] sich in folgender Weise hin-
weggeholfen. Die Gesamtintensitäten der Absorptionslinien des
Sonnenspektrums sind aus den ROWLANDschen Schätzungen näherungsweise bekannt. Es kommt nur darauf an, die von ROWLAND
willkürlich festgesetzte Skala in wirkliche Energieeinheiten oder
in irgendwie physikalisch verständliche Einheiten umzurechnen.
Als solche Einheiten wählen ADAMS und RUSSELL das Produkt aus
der einer Linie zugeordneten Oszillatorenstärke und der Zahl N
der über der Flächeneinheit der Photosphäre lagernden Atome, die
die betrachteten Linien selektiv absorbieren. Es liegt also dem
Verfahren die Hypothese zugrunde, daß die Intensität einer Linie
ausschließlich eine Funktion dieser Größe ist, was ja den Voraussetzungen unserer früheren theoretischen Überlegungen entspricht, sofern die Linien innerhalb eines engeren Spektralintervalls
liegen. Für Multiplettlinien mit demselben Ausgangszustand sind
nun die N-Werte alle gleich, und die Intensitäten hängen nur von
den Oszillatorenstärken ab. Solange man sich innerhalb eines
engen Multipletts befindet, macht übrigens die Änderung der N-
Werte wenig aus. Es sollte deshalb möglich sein, die ganze ROW-
LANDsche Skala einfach mit Hilfe der Theorie der Intensitäten von
Multiplettlinien zu kalibrieren, und dies gerade haben ADAMS und
RUSSELL[2] getan. Das Sonnenspektrum ist so reich an Linien,
daß es keine Schwierigkeit macht, in jedem Teil des Spektrums
passende Multipletts zu finden.

[1] Astrophys. Journ. Bd. 68, S. 279. 1928.
[2] H. N. RUSSELL, W. S. ADAMS und C. E. MOORE, Astrophys. Journ.
Bd. 68, S. 271. 1928.

. Nach diesen Vorbereitungen lassen sich die Intensitäten der Linien in einem Sternspektrum durch direkten Anschluß an das Sonnenspektrum finden, indem man die beiden Spektren im Stereokomparator vergleicht. Die Spektren müssen also alle mit derselben Apparatur und Dispersion aufgenommen sein. Mittels der kalibrierten Intensitätsskala folgt hiernach direkt für jede Linie die Häufigkeit i_r des entsprechenden Atomzustandes in der Sternatmosphäre relativ zu der entsprechenden Häufigkeit in der Sonnenatmosphäre. Nach dem BOLTZMANNschen Prinzip sollte diese Größe, logarithmisch geschrieben, durch

$$\log i_r = \frac{\chi_i}{k}\left(\frac{1}{T} - \frac{1}{T'}\right) \tag{307}$$

gegeben sein, wo χ_i die Anregungsenergie des Zustandes und T, T' die Atmosphärentemperaturen der Sonne und des Sterns bedeuten. Wenn es erlaubt wäre, die effektive Temperatur und Teilchendichte für alle Linien gleich anzunehmen, würde diese Formel einfach aussagen, daß $\log i_r$ linear mit der Anregungsenergie der Linien verlaufen soll. Diese Forderung haben ADAMS und RUSSELL an Hand eines ausgedehnten experimentellen Materials geprüft, das freilich nur im Auszug veröffentlicht worden ist. Was vorliegt, ist aber dazu geeignet, die allgemeine Richtigkeit der thermodynamischen Theorie darzulegen. So wird man nach Gleichung (307) zu erwarten haben, daß $\log i_r$ mit wachsender Anregungsenergie wachsen oder abnehmen wird, je nachdem die Temperatur des Sterns größer oder kleiner ist als die Temperatur der Sonne, und diese Erwartung wird von den Beobachtungen sehr schön erfüllt.

In der Abb. 11 sind einige Messungen wiedergegeben. Man sieht, daß die Punkte sich näherungsweise geraden Linien anschließen, wie zu erwarten war, und daß die Neigung der Linien von α Bootis zu γ Cygni, Prokyon und Sirius sich monoton ändert, dem Verlauf der effektiven Temperaturen dieser Sterne entsprechend. Solche Messungen können offenbar dazu verwendet werden, die Atmosphärentemperaturen der Sterne zu bestimmen.

Es lassen sich aber auch Abweichungen von der reinen Linearität feststellen. Diese sind besonders deutlich für die roten Riesensterne Beteigeuze und Antares, die für eine solche Untersuchung wegen der tiefen effektiven Temperaturen besonders günstig sind. Die Daten für Eisenlinien sind in der Abb. 12 wiedergegeben. Man sieht, daß die Punkte sich deutlich einer gekrümmten Kurve anschließen. ADAMS und RUSSELL haben diese Krümmung als Anzeichen einer reellen Abweichung von den Gesetzen des idealen Wärmegleichgewichtes gedeutet. Daß diese Gesetze in den Sternatmosphären nicht erfüllt sind, ist an sich ganz selbstverständlich und liegt unserer ganzen Theorie zugrunde. Wieweit die genannte Krümmung wirkliche Abweichungen von den Gesetzen des lokalen Wärmegleichgewichtes andeutet, ist aber schwieriger zu entscheiden. Man könnte zunächst an schnelle Temperaturschwankungen als Ursache denken, so wie wir sie auf der Sonnenoberfläche in der Granulation und besonders auffallend in den Flecken beobachten. Solche Schwankungen würden das kontinuierliche Spektrum und die Spektrallinien in verschiedener Weise beeinflussen, und zwar im Sinne einer scheinbaren

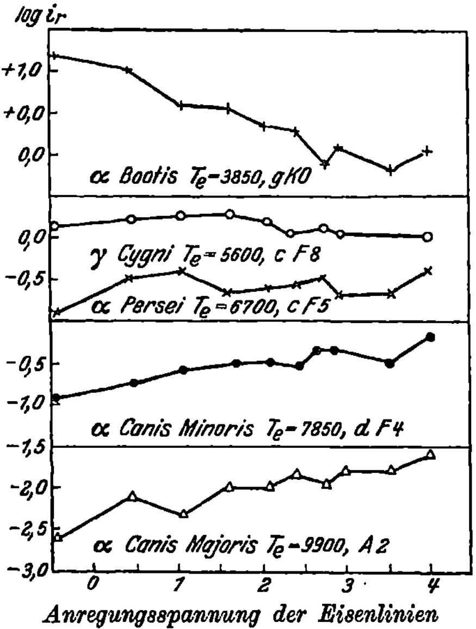

Abb. 11. Prüfung von BOLTZMANNs Prinzip in Sternspektren (nach ADAMS und RUSSELL).

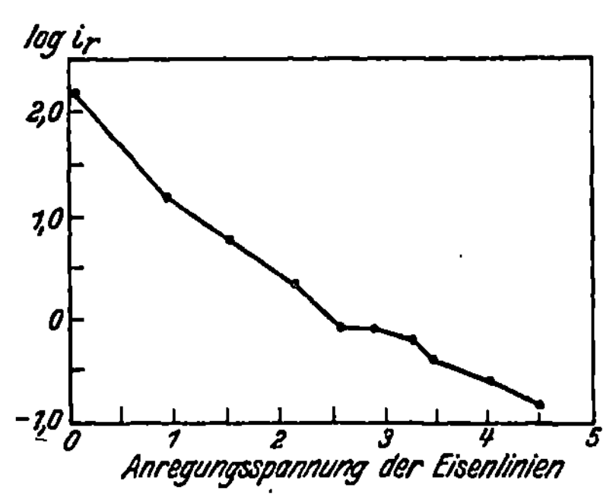

Abb. 12. Intensitätsverlauf der Eisenlinien in den Spektren von σ Scorpii und α Orionis (nach ADAMS und RUSSELL).

Vergrößerung der Zahl der hoch angeregten Energiestufen, was den Resultaten von ADAMS und RUSSELL entspricht[1]. Man muß

---

[1] W. H. McCREA, Month. Not. Bd. 89, S. 729. 1929.

andererseits bedenken, wie schon früher hervorgehoben wurde, daß die Verteilung der Atome über verschiedene Zustände in hohem Grade durch den Intensitätsverlauf des Sternspektrums in dem Bereich der Spektrallinien bedingt ist, und daß hierdurch fast sicher Abweichungen von den Verteilungsgesetzen des Wärmegleichgewichtes zustande kommen müssen[1].

Es dürfte nicht überflüssig sein zu bemerken, daß die von ADAMS und RUSSELL gefundenen Abweichungen in keinem Gegensatz zu den Resultaten von UNSÖLD stehen, da seine Messungen sich nur über ein kleines Intervall von Anregungsstufen erstrecken.

38. Häufigkeit und Anregung der Elemente auf der Sonne.

In der Tabelle 12 sind einige Resultate von Messungen UNSÖLDS[2] an Linien im Sonnenspektrum wiedergegeben. Unter den N-Werten in der Kolonne 4 dieser Tabelle finden sich nun sowohl solche, die sich auf den ionisierten Zustand eines Atoms als auch solche, die sich auf den neutralen Zustand beziehen. Dies ist der Fall für Kalzium und Strontium. Da es sich in beiden Fällen um den Grundzustand handelt, sehen wir sogleich, daß beide Elemente stark ionisiert sind. Auf jedes elektrisch neutrale Kalziumatom entfallen 700 ionisierte Atome. Für Strontium ist die entsprechende Zahl ungefähr 200. Diese Zahlen sind natürlich nur Mittelwerte, da die Ionisation sich mit der Höhe ändern muß.

Tabelle 12.

El.	λ	f	$N \cdot 10^{-18}$
Na	5890—96	$\frac{2}{8} \cdot \frac{1}{8}$	0,026
Al	3962—44	$\frac{2}{8} \cdot \frac{1}{3}$	0,070
Ca$^+$	3934—68	$\frac{2}{8} \cdot \frac{1}{3}$	23,3
Sr$^+$	4078—216	$\frac{2}{3} \cdot \frac{1}{3}$	0,021
Ba$^+$	4554—934	$\frac{2}{3} \cdot \frac{1}{8}$	0,004
Ca	4227	2	0,034
Sr	4607	2	0,0001

Es ist nun von großer Wichtigkeit, daß wir aus diesen Zahlen, unter Hinzuziehung der Gleichungen des Dissoziationsgleichgewichtes, den entsprechenden Mittelwert der Elektronendichte berechnen können, woraus man ein vorläufiges Maß für die Dichte

---

[1] Vergleiche zwei ganz verschiedene Versuche in dieser Richtung, von B. P. GERASIMOVIC, Month. Not. Bd. 89, S. 272. 1929 einerseits und A. S. EDDINGTON, bei H. N. RUSSELL, Astrophys. Journ. Bd. 70, S. 15. 1929 andererseits.

[2] ZS. f. Phys. Bd. 46, S. 773. 1928.

der umkehrenden Schicht der betreffenden Spektrallinie bekommt. Die Ionisationsformel lautet bekanntlich

$$\frac{n_e\, n^+}{n} = \frac{f_e\, f^+}{f},\qquad (308)$$

wo n_e die Elektronendichte bedeutet, und n, n^+ sich auf sukzessive Ionisationsstufen beziehen. Wir werden die gewöhnlichen Vereinfachungen dieser Formel erlauben, also das Verhältnis der Zustandssummen f/f^+ durch $h^3 e^{-\chi/kT}$ ersetzen. Bei völliger Durchmischung der Elemente und bei konstanter Atmosphärentemperatur kann man das Verhältnis n^+/n der Atomdichten durch das entsprechende Verhältnis N^+/N der Häufigkeiten ersetzen und den entsprechenden Wert von n_e als einen gewissen Mittelwert der Elektronendichte betrachten. Also

$$n_e = \frac{N}{N^+}\,\frac{(2\,\pi\,\mu\,k\,T)^{\frac{3}{2}}}{h^3}\, e^{-\chi/kT}.\qquad (309)$$

Die in diese Formel eingehende Temperatur ist offenbar ein Mittelwert im Intervalle zwischen der effektiven Temperatur und der Grenztemperatur der Sonne. Wir beziehen im folgenden alle Rechnungen auf die effektive Temperatur (Sonne $T_e = 5740$) und finden dann für Kalzium

$$n_e = 8{,}5 \cdot 10^{11}\ \mathrm{cm}^{-3}\qquad (310)$$

und für Strontium praktisch denselben Wert. Indem wir annehmen, daß dieser Wert von n_e auch für die übrigen Elemente zutrifft, was streng genommen nicht der Fall zu sein braucht, läßt sich der Ionisationsgrad und auch die gesamte Häufigkeit jedes Elementes berechnen. Die so gewonnenen Resultate sind in der Tabelle 13 wiedergegeben.

Hierdurch ist offenbar der Weg zu einer systematischen quantitativen Analyse der Sonnenatmosphäre vorgezeichnet; aber vorläufig ist die Analyse auf ganz wenige Elemente beschränkt. Russell[1] hat aber versucht, mittels der früher besprochenen

Tabelle 13.

El.	$N+N^+$	N^+/N	N^{++}/N^+
Na	64,10	2460	
Al	22	3090	
Ca	23	6800	0,0002
Sr	0,021	6300	0,0004
Ba	0,004		0,0269

[1] Astrophys. Journ. Bd. 70, S. 11. 1929.

Kalibrierung der RowLANDschen Intensitätsskala die Analyse auf
alle Elemente zu erstrecken. Seine Resultate werden im folgenden
kurz besprochen. In der Arbeit von RUSSELL und ADAMS war nur
von der relativen Zahl der Atome in verschiedenen Quantenzuständen die Rede. Um die Zahl der Atome pro Quadratzentimeter
der Photosphäre aus den Rowland-Intensitäten zu erhalten, muß
eine neue Kalibrierung der Skala mittels der Theorie der Linienform durchgeführt werden. Die so gewonnene Kalibrierung der
Intensität kann dazu dienen, die Produkte aus den N-Zahlen und
den zugehörigen Oszillatorenstärken aller anderen Linien im
Sonnenspektrum zu berechnen. Die Oszillatorenstärken sind
meistens nicht bekannt, so daß die RUSSELLschen Zahlen N nicht
der Zahl der Atome selbst entsprechen, sondern der Zahl der unabhängigen klassischen Ersatzoszillatoren über einem Quadratzentimeter der Photosphäre.

RUSSELLs Resultate sind in der Tabelle 14 wiedergegeben.

Unter El. stehen die betreffenden Elemente; N_0 und N_1 bezeichnen die Zahl der betreffenden Atome im neutralen bzw. im
einfach ionisierten Zustand pro Quadratzentimeter der Photosphäre. In diesen Zahlen stecken natürlich gewisse Mittelwerte
der Oszillatorenstärken. Hieraus ist dann die gesamte Häufigkeit
der Atome $N_{01} = N_0 + N_1$ berechnet und auch die Masse M der
Elemente pro Quadratzentimeter der Photosphäre. Am Ende der
Tabelle sind die entsprechenden Zahlen für molekulare Verbindungen angeführt. Die Einheit der Zahlen N_0, N_1 und N_{01} ist
$6 \cdot 10^{12}$. Die Einheit von M ist dementsprechend $1,0 \cdot 10^{-11}\,\mathrm{g/cm^2}$.
Ein Doppelpunkt (:) nach einer Zahlenangabe zeigt an, daß die
Zahl sehr unsicher ist.

Die Zahlen in dieser Tabelle sind nun nicht ganz durch den
einfachen Prozeß der Kalibrierung der Rowland-Intensitäten entstanden. So hat RUSSELL gewisse Korrektionen für Abweichungen
vom idealen Fall des Wärmegleichgewichtes angebracht, die etwas
problematisch erscheinen. Diese Korrektionen beeinflussen besonders die Elemente, deren Häufigkeiten aus den Intensitäten
von Linien mit hoher Anregungsenergie abgeleitet wurden, also
vor allem H, C, N, O und S. Wenn man diese Korrektionen nicht
anbringt, werden die Häufigkeiten der betreffenden Elemente viel
größer. Die Elemente Li, In und Rb sind nur in Sonnenflecken
gefunden, wo die Ionisation so klein ist, daß Bogenlinien

Tabelle 14. Häufigkeit der Elemente in der Sonnenatmosphäre.

	El.	$\log N_0$	$\log N_1$	$\log N_{01}$	$\log M$		El.	$\log N_0$	$\log N_1$	$\log N_{01}$	$\log M$
1	H	11,5::	5,7::	11,5::	11,5::	44	Ru	1,0	1,6	1,7	3,7
3	Li	—0,9:	2,0:	2,0:	2,8:	45	Rh	—0,3	0,5	0,5	2,5
4.	Be	1,8	0,8	1,8	2,8	46	Pd	0,6	0,9	1,1	3,1
6	C	7,4:	4,4:	7,4:	8,5:	47	Ag	0,0	1,0	1,0	3,0
7	N	7,6?	1,8?	7,6?	8,7?	48	Cd	2,1:	1,6:	2,2:	4,2:
8	O	9,0:	3,3:	9,0:	10,2:	49	In	—2,0:	0,0:	0,0:	2,1:
11	Na	4,0	7,2	7,2	8,6	50	Sn	0,3?	1,2?	1,2?	3,3?
12	Mg	7,0	7,7	7,8	9,2	51	Sb	0,4:	0,7:	0,8:	2,9:
13	Al	4,6	6,4	6,4	7,8	56	Ba	—0,2	3,3	3,3	5,4
14	Si	7,0	7,0	7,3	8,8	57	La	—0,7:	1,8	1,8	3,9
16	S	5,7:	3,4:	5,7:	7,2:	58	Ce	...	2,4	2,4	4,6
19	K	2,8:	6,8:	6,8:	8,4:	59	Pr	...	0,6:	0,6:	2,8:
20	Ca	4,6	6,7	6,7	8,3	60	Nd	...	2,0	2,0	4,2
21	Sc	1,9	3,6	3,6	5,3	62	Sm	...	1,5	1,5	3,7
22	Ti	3,6	5,2	5,2	6,9	63	Eu	...	1,4:	1,4:	3,6:
23	V	1,9	5,0	5,0	6,7	64	Gd	...	1,1:	1,1:	3,3:
24	Cr	4,4	5,7	5,7	7,4	66	Dy	...	1,6:	1,6:	3,8:
25	Mn	5,1	5,8	5,9	7,6	68	Er	...	0,1:	0,1:	2,3:
26	Fe	6,7	7,1	7,2	9,0	72	Hf	...	0,4	0,4	2,6
27	Co	5,1	5,4	5,6	7,4	74	W	—0,1	—0,1	0,2	2,5
28	Ni	5,7	5,7	6,0	7,8	77	Ir	—0,5?	—0,5?	—0,2?	2,1?
29	Cu	4,3	4,9	5,0	6,8	78	Pt	1,5	1,0	1,6	3,9
30	Zn	4,9	3,8	4,9	6,7	81	Tl	—0,8?	1,4?	1,4?	3,7?
31	Ga	0,2:	2,0:	2,0:	3,8:	82	Pb	0,2	1,2	1,2	3,5
32	Ge	2,5	2,8	3,0	4,9						
33	As	0,6?	—0,7?	0,6?	2,5?		CN	3,2	...	3,2	4,6
37	Rb	—2,5:	1,7:	1,7:	3,6:		C_2	1,3	...	1,3	2,7
38	Sr	0,6	3,3	3,3	5,2		CH	3,0	...	3,0	4,1
39	Yt	0,8	2,6	2,6	4,5		NH	2,1	...	2,1	3,3
40	Zr	0,9	2,5	2,5	4,5		OH	3,0	...	3,0	4,2
41	Cb	—0,2:	1,0:	1,0:	3,0:		BO	1,4	...	1,4	2,8
42	Mo	0,5	1,4	1,4	3,4						

beobachtet werden konnten. Helium kommt in der Tabelle nicht vor, da die Heliumlinien nicht im gewöhnlichen Sonnenspektrum vorhanden sind. Dennoch wissen wir aus Untersuchungen der Protuberanzen und des Flash-Spektrums bei Sonnenfinsternissen, daß Helium sehr häufig in der Sonnenatmosphäre ist. Die Elemente, die bisher im Spektrum der Sonne nicht nachgewiesen wurden, sind He, B, F, Ne, P, Cl, A, Se, Br, Kr, Ma, Te, I, Xe, Cs, Il, Tb, Ho, Tu, Yb, Lu, Ta, Re, Os, Au, Hg, Bi, Po, Rn, Ra, Ac, Th, Pa, U.

Aus dieser Reihe können die Elemente Ma, Il, Tb, Ho, Tu, Yb, Lu, Ta, Re, Th und U wegen Mangel an Laboratoriumsdaten gestrichen werden. Die Tatsache, daß die übrigen Elemente im Sonnenspektrum nicht nachgewiesen werden konnten, ist in der weit fortgeschrittenen Ionisation oder durch die hohen Anregungspotentiale der betreffenden Linien begründet. Mit Ausnahme der Balmer-Linien haben fast sämtliche der beobachteten Sonnenlinien Anregungspotentiale, die kleiner als 8 Volt sind. Für die Hälfte der betreffenden Elemente sind die Anregungspotentiale der beobachtbaren Linien größer.

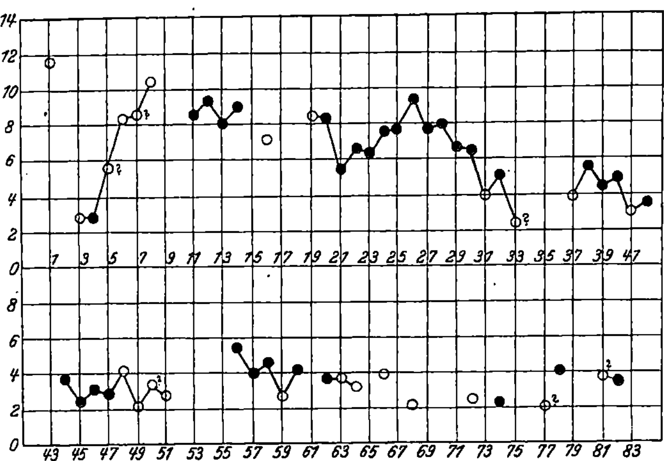

Abb. 13.   Häufigkeit der Elemente auf der Sonne (nach RUSSELL).

Die Abwesenheit der Alkalimetalle Cs und Bi ist wohl durch sehr fortgeschrittene Ionisation zu erklären. Man braucht daher im allgemeinen nicht anzunehmen, daß die nicht nachgewiesenen Elemente in der Sonnenatmosphäre abnorm selten sind.

Man erhält ein klareres Bild der Verteilungsgesetze der Elemente in der Sonnenatmosphäre, wenn man die Daten der Tabelle 14 in ein Diagramm einträgt, vgl. Abb. 13.

Charakteristisch für diese Abbildung ist erstens der Abfall der Häufigkeit nach rechts — also für wachsendes Atomgewicht — und zweitens der zickzackförmige Verlauf der Kurve. Der letztere Umstand ist ein Ausdruck für die von der Erde her wohlbekannte Tatsache, daß Elemente mit gerader Atomnummer durchweg viel häufiger sind als Elemente, die ungeraden Atomnummern entsprechen. Die „geraden" Elemente sind im Mittel etwa zehnfach häufiger als die „ungeraden".

Wasserstoff ist das häufigste Element, sowohl dem Volumen wie dem Gewicht nach. Dann kommen Sauerstoff, Kohlenstoff, Stickstoff, Magnesium, Silizium und Eisen. Wenn wir zunächst von dem anomalen Fall des Wasserstoffes absehen, scheint die Verteilung der Elemente auf der Sonne in großen Zügen dieselbe zu sein wie in der Erdkruste, wie man aus der Tabelle 15 ersehen kann.

Tabelle 15. Häufigkeit der Elemente in der Erdkruste und auf der Sonne (nach Russell).

El.	Sonne	Erde	El.	Sonne	Erde
Na	8,6	8,7	Fe	9,0	9,0
Mg	9,2	8,6	Co	7,4	5,8
Al	7,8	9,2	Vi	7,8	6,8
Si	8,8	9,7	Cu	6,8	6,3
K	8,4	8,7	Zn	6,7	5,9
Ca	8,3	8,8			
Sc	5,3	3 :	H	11,5:	8,3
Ti	6,9	8,1	C	8,5:	7,4
V	6,7	6,9	N	8,7?	6,8
Cr	7,4	7,1	Q	10,2:	9,7
Mn	7,6	7,3	S	7,2:	7,3

a) Die Wasserstoffanomalie. Die überwiegende Häufigkeit des Wasserstoffs in der Sonnenatmosphäre dürfte eines der Hauptresultate der quantitativen Spektralanalyse des Sonnenspektrums sein, und es ist sehr wichtig, die genauere physikalische Begründung des Resultates zu kennen. Die große Häufigkeit von Wasserstoff nicht nur auf der Sonne, sondern auch auf den Sternen, war schon vor der erwähnten Russellschen Arbeit bekannt, besonders durch Arbeiten von Unsöld[1], McCrea[2] (Sonne) und Payne[3] (Sterne).

Die Bestimmung der Häufigkeit des Wasserstoffes aus den Intensitäten der Balmer-Linien ist aber mit besonderen Schwierigkeiten verbunden, die in der großen Breite und der unsymmetrischen Form der Linien ihren Grund haben. Zwar kann man den Intensitätsverlauf der Linien durch ähnliche Ausdrücke dar-

---

[1] ZS. f. Phys. Bd. 46, S. 765. 1928.
[2] Month. Not. Bd. 89, S. 483. 1929.
[3] Harvard Obs. Monographs Bd. 1, S. 183. 1925.

stellen wie die meisten anderen Linien, wie man aus den Abb. 8 und 9 ersehen kann. Die Oszillatorenstärken, die man in dieser Weise empirisch erhält, stimmen aber gar nicht mit den theoretisch zu erwartenden Werten überein. So konnte UNSÖLD aus seinen Messungen an H_α, H_β, H_γ und H_δ die folgenden empirischen Werte der Oszillatorenstärken dieser Linien ableiten:

$$H_\alpha : H_\beta \ : \ H_\gamma \ : H_\delta$$
$$f \quad 1 : 0,73 : 0,91 : 1,0$$

wo f_{H_α} willkürlich gleich eins gesetzt wurde. Andererseits hat SUGIURA[1] nach der Wellenmechanik die folgenden Werte erhalten:

$$H_\alpha : H_\beta \ : \ H_\gamma \ : H_\delta$$
$$f \quad 1 : 0,19 : 0,07 : 0,03$$

Die beobachtete Breite der höheren Serienglieder der Balmer-Linien ist also viel größer, als man nach der einfachsten Theorie erwarten sollte.

Diese anomale Verbreiterung der Wasserstofflinien wurde von RUSSELL und STEWART[2] und EDDINGTON[3] als Druckverbreiterung gedeutet. Auch STRUVE[4] und UNSÖLD[5] haben kürzlich auf die Notwendigkeit dieser Annahme hingewiesen.

Daß gerade die Balmer-Linien und fast keine anderen Linien in der Sonnenatmosphäre einen Druckeffekt zeigen, ist etwa das, was man aus den Erfahrungen der Atomphysik erwarten sollte. Die ungefähre Konstanz der Breiten aller Balmer-Linien im Sonnenspektrum[6] zeigt andererseits, daß die Verbreiterung sehr schnell mit wachsender Hauptquantenzahl zunimmt, wie zu erwarten ist. Man könnte sich zunächst wundern, daß ein Druckeffekt dieser Stärke überhaupt in der Sonnenatmosphäre beobachtbar ist, da wir ja gefunden haben, daß die Dichte der Sonnenatmosphäre sehr klein ist. Man muß aber bedenken, daß die Sonnengase sehr stark ionisiert sind, und daß also die verbreiternden Teilchen jetzt freie Elektronen und positiv geladene Atome sind, die viel stärker

---

[1] Journ. de phys. Bd. 8, S. 113. 1927.
[2] Astrophys. Journ. Bd. 59, S. 197. 1924.
[3] Der innere Aufbau der Sterne, deutsche Ausgabe S. 442.
[4] Astrophys. Journ. Bd. 69, S. 173. 1929.
[5] Astrophys. Journ. Bd. 70, S. 54. 1929.
[6] ZS. f. Phys. Bd. 59, S. 353. 1930.

wirken als die elektrisch neutralen Atome und Moleküle, von denen
meistens bei den betreffenden terrestrischen Experimenten dieser
Art die Rede ist.

39. Häufigkeit und Ionisation von Kalzium in Sternatmosphären.

Die von Unsöld durchgeführte Analyse der Sonnenatmosphäre
ist von Payne und Hogg[1] für den Spezialfall des Kalziums auf
Sterne, die durch die ganze Spektralreihe verteilt sind, ausgedehnt
worden. Die Beobachtungsdaten sind in der nach der Originalarbeit reproduzierten Abb. 14 wiedergegeben.

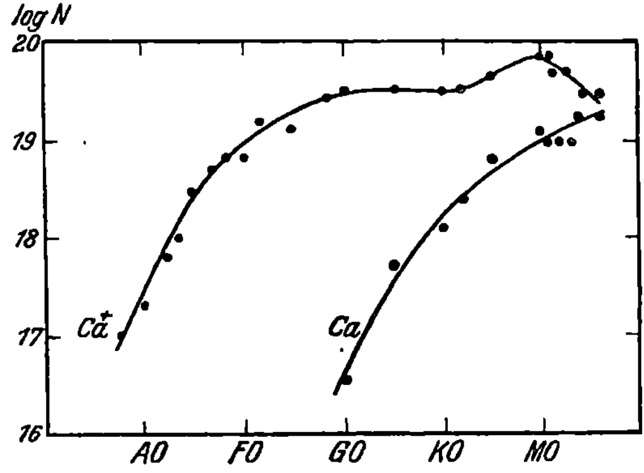

Abb. 14.　Häufigkeit und Anregung des Kalziums in
Sternatmosphären (nach Payne und Hogg).

Man sieht hier, wie die Zahl der neutralen Atome mit wachsender effektiver Temperatur ständig abnimmt, während die Zahl von ionisierten Atomen zu einem flachen Maximum aufsteigt, um zuletzt schroff abzufallen. Wenn
man aus diesen Daten die Gesamtzahl von neutralen und ioni-
sierten Atomen berechnet, findet man einen fast konstanten
Wert von rund 10^{20}. Die Werte zeigen jedoch einen kleinen
Gang mit der Spektralklasse. Ob dieser Gang eine wirkliche Än-
derung der Häufigkeit bedeutet, steht dahin. Das auffälligste
Ergebnis der Untersuchung dürfte jedenfalls die Konstanz der
Häufigkeit sein.

Diese Daten erlauben natürlich auch, den Gang der Elektronendichte in der umkehrenden Schicht durch die Spektralklassen zu
verfolgen. Man findet dann, daß die Elektronendichte sich fast
wie die Häufigkeit verhält, und der Absolutwert der Dichte
stimmt in der Größenordnung mit dem von Unsöld für die Sonnen-

---

[1] Harvard Circular 334. 1928. Siehe auch O. Struve und C. D. Higgs,
Astrophys. Journ. Bd. 70, S. 131. 1929.

atmosphäre abgeleiteten Wert überein, sofern man die Daten auf
ein homogenes System von Atmosphärentemperaturen bezieht.

Es liegt nun nahe anzunehmen, daß diese Konstanz der Häufigkeit und der Elektronendichte nicht auf Kalzium beschränkt ist,
sondern für alle Elemente Gültigkeit besitzt. Diese Vermutung
wird, wie. wir sehen werden, durch eine Durchmusterung der
Spektralklassen weitgehend bestätigt.

40. Die Deutung der Spektralklassen.

Die thermodynamische Theorie der Spektralklassen wurde
durch MEGH NAD SAHA[1] begründet als logische Folge seiner
Arbeiten über die Sonne, und von RUSSELL, FOWLER und MILNE
und einer ganzen Reihe von Forschern weiter entwickelt. Im folgenden werden wir die Theorie der Spektralklassen in direktem
Anschluß an die früher gegebene Theorie der Linienintensitäten
entwickeln.

Wenn wir die relative Intensität innerhalb einer Spektrallinie
in der einfachen Form

$$I = \lambda \tag{311}$$

schreiben, folgt für die Gesamtabsorption in der Linie [vgl. (293)
und (295)]

$$A = \int_0^\infty (1 - \lambda)\, d\nu = \pi \sqrt{\frac{\sigma_0 n_i}{(E+1)x_0}}\; ; \qquad \sigma_0 = \frac{2\pi}{3}\left(\frac{e^2}{\mu c^2}\right)^2 \nu_0^2 f \tag{312}$$

oder, wenn wir hier wie früher die Zahl N_i der absorbierenden
Atome pro cm² der Photosphäre, die optische Tiefe τ_0 der Photosphäre und die Restintensität r der Linie einführen:

$$A = \pi \sqrt{(1 - r)\, N_i \sigma_0 / \tau_0}\,. \tag{313}$$

Die Intensität ist somit einfach proportional der Quadratwurzel
aus der Häufigkeit der absorbierenden Atome. Um die Änderung
der Linienintensitäten durch die Spektralklassen verfolgen zu
können, genügt es somit, die Häufigkeit N_i als Funktion der
Temperatur und Dichte der Atmosphäre auszudrücken. Um dies
zu tun, bedürfen wir aber einiger Hilfshypothesen über den Gleich-

---

[1] Proc. Roy. Soc. London Bd. 99, S. 135. 1921.

gewichtszustand der Atmosphäre und über das Mischungsverhältnis der Elemente in verschiedenen Höhenniveaus.

Wir unterscheiden folgende Grenzfälle des Mischungsverhält-
nisses der Elemente: 1. Die Elemente sind vollständig vermischt,
das Mischungsverhältnis ist dasselbe in allen Höhenniveaus.
2. Jedes Element ist in der Atmosphäre unabhängig von den
übrigen Elementen verteilt, gemäß dem Gesetz von DALTON.
Im folgenden werden wir uns hauptsächlich mit dem ersten Fall
beschäftigen. Es ist aber wichtig, auch den zweiten Grenzfall im
Auge zu behalten, um die Reichweite der Resultate beurteilen zu
können. Betrachten wir den Fall, daß die Atome im Grundzustand
sind, so daß es in guter Näherung erlaubt ist, die relative Häufigkeit des fraglichen Atomzustandes gleich der Häufigkeit der Atome
zu setzen. Es seien p_i, m_i, N_i Partialdruck in der Photosphäre,
Atommasse und N-Wert der Atome i-ter Art. Wenn die Atome
unabhängig voneinander verteilt sind, gilt offenbar

$$p_i = N_i m_i g \quad \text{oder} \quad N_i = \frac{p_i}{m_i g} = \frac{r_i P}{m_i g}, \tag{314}$$

wo r_i die relative Häufigkeit des betreffenden Atoms und P den
Totaldruck (beide in der Photosphäre) bedeuten. Die obige Gleichung sagt einfach aus, daß dem Gewicht der Atmosphäre durch
den Gegendruck der Photosphäre das Gleichgewicht gehalten wird.
Wenn die Atome völlig vermischt sind, gilt diese Gleichgewichtsbedingung nicht mehr für jedes einzelne Element; aber für das
Gesamtgewicht der Atmosphäre muß sie natürlich gelten:

$$P = N m g, \quad \text{wo} \quad N = \sum_i N_i; \quad m = \sum_i r_i' m_i. \tag{315}$$

Die relative Häufigkeit r_i' ist jetzt durch die ganze Atmosphäre
konstant.

Es. folgt also

$$N_i = r_i' N = \frac{r_i' P}{m g}. \tag{316}$$

Die zwei Grenzfälle unterscheiden sich somit darin, daß bei
völliger Durchmischung das mittlere Atomgewicht m den Platz
des individuellen Atomgewichtes m_i einnimmt. In beiden Fällen
gibt natürlich das Verhältnis zweier N_i-Werte die mittlere relative
Häufigkeit der betreffenden Elemente in der Atmosphäre. Im ersten
Fall kann man außerdem die relative Häufigkeit jedes Elements

im Photosphärenniveau ableiten. Um an einer bestimmten Voraussetzung festzuhalten, wollen wir in den folgenden Betrachtungen völlige Durchmischung voraussetzen. Wieweit es möglich ist, aus den Beobachtungen auf Abweichungen von völliger Durchmischung zu schließen, wollen wir später diskutieren.

Wir wollen jetzt eine Reihe von Problemen behandeln, die uns einen Einblick in den Mechanismus der längs der Spektralreihe der Sterne sukzessiv veränderlichen Intensitäten der Spektrallinien eröffnen werden. Es ist notwendig, sich von Anfang an darüber klar zu sein, daß die Rechnungen nur als erste Näherungen zu betrachten sind, denn es ist unmöglich, die Forderung eines konstanten Verhältnisses zwischen dem selektiven und dem kontinuierlichen Absorptionskoeffizienten strenge zu erfüllen, besonders in einem Gemisch von verschiedenen Elementen oder bei gleichzeitiger Gegenwart verschiedener Ionisationsstufen desselben Elements. Diesen Mangel der Theorie werden wir später verbessern, soweit es möglich ist.

a) Intensitäten von Bogenlinien. Es genügt, in diesem Fall nur zwei Ionisationsstufen zu betrachten, das neutrale und das ionisierte Atom. Es seien n_0 und n_1 die Teilchendichten dieser Stufen. und $n = n_0 + n_1$ die Gesamtdichte der Atome. Die Bedingungsgleichung des Ionisationsgleichgewichts lautet in erster Näherung

$$\frac{n_1 n_e}{n_0} = \frac{f_e}{h^3}\, e^{-\chi_0/kT}, \qquad (317)$$

wo n_e und χ_0 wie gewöhnlich Elektronendichte und Ionisationsenergie bedeuten. Der Anfangszustand der fraglichen Absorptionslinie sei durch i gekennzeichnet. Die Zahl der neutralen Atome im i ten Zustand ist dann nach BOLTZMANNs Prinzip

$$n_0^i = n_0\, \sigma_i e^{\frac{\chi_i - \chi_0}{kT}}, \qquad (318)$$

oder, indem wir den Wert von n_0 durch n mittels der Gleichung (317) ausdrücken:

$$n_0^i = \frac{n\, \sigma_i e^{\frac{\chi_i - \chi_0}{kT}}}{1 + \dfrac{f_e\, e^{-\chi_0/kT}}{h^3 n_e}}. \qquad (319)$$

Also ist schließlich die Gesamtzahl der über einem Quadratzentimeter der Photosphäre liegenden Atome im $i$ten Zustand

$$N_i = \int\limits_0^{z_0} \frac{\sigma_1\, n\, e^{\frac{(\chi_i - \chi_0)}{kT}}}{1 + \frac{f_e}{h^3 n_e}\, e^{-\chi_0/kT}}\, dz; \qquad (320)$$

oder, wenn wir unter $\bar{n}_e$ einen gewissen Mittelwert der Elektronendichte verstehen und die hydrostatische Gleichgewichtsbedingung

$$dp = -mg\, \frac{n}{r}\, dz \qquad (321)$$

verwenden:

$$N_i = \frac{rP}{mg}\, \sigma_i\, e^{\frac{\chi_i - \chi_0}{kT}} \left\{ 1 + \frac{f_e}{h^3 \bar{n}_e}\, e^{-\chi_0/kT} \right\}^{-1}, \qquad (322)$$

wo P den Druck im Photosphärenniveau bezeichnet. Wir nehmen den kontinuierlichen Absorptionskoeffizienten proportional dem Gesamtdruck an, machen also den entsprechenden Massenabsorptionskoeffizienten konstant, indem wir schreiben

$$x_0 = \frac{x_0'\, P}{kT}\, . \qquad (323)$$

Hieraus folgt für die optische Tiefe der Photosphäre

$$\tau_0 = x_0' \int P\, dz = \frac{x_0'\, P}{mg}\, . \qquad (324)$$

Es ist also schließlich, indem wir P/mg aus (322) und (324) eliminieren,

$$N_i = \frac{r\tau_0}{x_0'}\, \sigma_i\, e^{\frac{(\chi_i - \chi_0)}{kT}} \cdot \left\{ 1 + \frac{f_e\, e^{-\chi_0/kT}}{h^3 \bar{n}_e} \right\}^{-1}\, . \qquad (325)$$

Die Häufigkeit der Atome im $i$ten Zustand ist also in dieser Näherung von der Schwerebeschleunigung und dem Druck der Photosphäre unabhängig, und dasselbe gilt dann auch für die Intensität der Linie, die der Quadratwurzel aus N_i proportional ist.

Betrachten wir jetzt den Intensitätsverlauf bei Änderungen der effektiven Temperatur. Aus dem Ausdruck (325) ersehen wir sogleich, daß, sofern die Anregungsenergie des Zustands von Null verschieden ist, die Intensität mit wachsender Temperatur zu einem Maximum aufsteigt, um für noch höhere Temperaturen wieder abzunehmen. Wie zuerst von Fowler und Milne[1] hervorgehoben wurde, ist es von großem Interesse, festzustellen, für welche Temperatur die Maximalintensität eintritt, einerseits, weil diese Temperatur ziemlich einwandfrei festgestellt werden kann, und andererseits, weil man wohl annehmen darf, daß die maximale Intensität einer Linie bei dem Maximum von N_i eintritt, selbst in Fällen, wo unsere einfache Theorie der Intensitäten hinfällig wird. Bei Änderung der effektiven Temperatur müssen wir natürlich auch der Änderung der mittleren Elektronendichte Rechnung tragen. Um dies zu tun, nehmen wir Proportionalität zwischen $\bar{n}_e$ und T^p an, wo p zunächst unbestimmt bleibt. Fowler und Milne haben von Anfang an $p = -1$ angenommen, so daß der Partialdruck der Elektronen der umkehrenden Schicht in allen Sternen derselbe bleibt. Man findet durch eine einfache Rechnung als Bedingung des Maximums von N_i

$$\bar{n}_e = \frac{\chi_i + (\tfrac{3}{2} - p)\,kT}{\chi_0 - \chi_i} \cdot \frac{(2\pi\mu kT)^{\frac{3}{2}}}{h^3} \cdot e^{-\frac{\chi_0}{kT}} . \tag{326}$$

Diese Gleichung stellt die Temperatur im Intensitätsmaximum als Funktion der Ionisierungsspannung des Elements und der Anregungsspannung der betreffenden Linie dar. Der Exponentialfaktor wird übrigens die Hauptrolle spielen und die Temperatur verschiebt sich deshalb etwa proportional der Ionisierungsenergie. Dies entspricht nun gerade den Hauptzügen der Korrelation zwischen der effektiven Temperatur und den Eigenschaften der Sternspektren. Bei einer Temperatur von 3—4000° sind die Ionisierungsspannungen der vorherrschenden Elemente rund 6 Volt, bei 9—10000° etwa 14 Volt (Wasserstoff) und bei 20000° etwa 25 Volt (Helium). Umgekehrt können wir schließen, daß die Temperatur offenbar der determinierende Faktor der Sternspektren ist, und daß Dichteänderungen von Stern zu Stern nur eine nebensächliche Rolle spielen.

Wenn die Anregungsenergie des Zustands gegen Null geht, verschiebt sich das Intensitätsmaximum gegen kleinere Temperaturen, und für Resonanzlinien (Anregungsenergie Null) gibt es kein Intensitätsmaximum im Endlichen. Die genaue Nachprüfung dieser Frage bildet einen einfachen Prüfstein der Theorie.

---

[1] Month. Not. Bd. 83, S. 403. 1923; Bd. 84, S. 499. 1924.

In der Tabelle 16 sind alle Resonanzlinien der Elemente zusammengestellt, soweit sie bekannt sind und im beobachtbaren Gebiet der Sternspektren liegen.

Von fast sämtlichen Linien gilt, daß sie der Erwartung gemäß eine monotone Intensitätsabnahme mit wachsender effektiver Temperatur erleiden. Die wenigen Ausnahmen, die sicher vorhanden sind (besonders Titan), erklären sich aus der Tatsache, daß die betreffenden Elemente molekulare Verbindungen bilden, wodurch die Zahl der absorbierenden Atome natürlich in entsprechendem Maße vermindert wird.

b) Intensität der Funkenlinien. Der Intensitätsverlauf der Funkenlinien ähnelt in großen Zügen demjenigen der Nebenserienlinien neutraler Atome, insofern beide für eine gewisse Temperatur eine Maximalintensität aufweisen müssen. Dies rührt einfach daher, daß die Atome, um Funkenlinien absorbieren zu können, zuerst durch Ionisation in den für die Absorption der Linie günstigen Zustand gebracht werden müssen, was durch erhöhte Temperatur bewerkstelligt wird. Wenn andererseits die Ionisation der nächsten Stufe in Wirksamkeit tritt, wird die Intensität schnell herabgedrückt.

Der auffallende Unterschied zwischen Haupt- und Nebenserienlinien, der bei den Bogenlinien auftritt, bleibt aber gewissermaßen auch im Funkenspektrum erhalten, indem die Linien, die dem Grundzustand des ionisierten Atoms entstammen, sehr flache Maxima aufweisen, während die Maxima der Nebenserienlinien im Funkenspektrum scharf ausgeprägt sind. Als Beispiel seien die Linien H und K des Kalziums erwähnt, die dem Grundzustand von Ca^+ entstammen. Die Intensitäten dieser Linien erreichen ein Maximum irgendwo in der Klasse K, aber die Lage des Maximums ist sehr schwierig

Tabelle 16. Resonanzlinien.

El.	λ(Å)	El.	λ(Å)	El.	λ(Å)
Li	6707		4333	Zr?	4496
Na	5896	Mn	4034		4392
	5890		4033	Mo	3903
Al	3962		4031		3864
	3944	Co	3454		3798
K	7699		3405	Ag	3383
	7665	Ni	3415		3281
Ca	4227	Cu	3274	In	4511
Sc	4247		4348		4102
	3652	Ga	4172	Sn	3262
Ti	5065		4035	Ba	5535
	5040	Rb	7948	La	3949
	5014		7800	Pb	5058
V	4331	Sr	4607		3684

zu fixieren, und die Angaben verschiedener Autoren gehen sehr weit auseinander.

Um die Verhältnisse quantitativ formulieren zu können, müssen wir wieder auf die Dissoziationsgleichungen zurückgreifen. Wir nehmen an, es handle sich um das erste Funkenspektrum und das Atom besitze nur zwei ablösbare Elektronen. Dann gelten folgende zwei Gleichungen:

$$\frac{n_1\,n_e}{n_0} = \frac{f_1 f_e}{f_0}\,; \qquad \frac{n_2\,n_e}{n_1} = \frac{f_2 f_e}{f_1}\,. \tag{327}$$

Durch Elimination von n_0 und n_2 finden wir

$$n_1 = n\left\{1 + n_e f_0 f_1^{-1} f_e^{-1} + n_e^{-1} f_1^{-1} f_2 f_e\right\}^{-1} \tag{328}$$

und hieraus wie früher

$$N_i = \frac{r\tau_0}{x_0'}\,\sigma_i\,\frac{e^{-\chi_i/kT}}{f_1}\left\{1 + \bar{n}_e f_0 f_1^{-1} f_e^{-1} + \bar{n}_e^{-1} f_1^{-1} f_2 f_e\right\}. \tag{329}$$

Die zwei in dieser Formel vorkommenden Mittelwerte der Elektronendichte sind natürlich streng genommen etwas voneinander verschieden, was aber in dieser nur mit Größenordnungen rechnenden Theorie übersehen werden darf. Wir wollen jetzt das Maximum dieses Ausdrucks für den Fall aufsuchen, daß die Linien dem Normalzustand des ionisierten Atoms entstammen. Von solchen sind in den Sternspektren nur die Linien Ca^+ 3934, 3968, Sr^+ 4216, 4078 und Ba^+ 4934, 5354 vorhanden. Es liegt hier offenbar der früher erwähnte Ausnahmefall vor, daß der tiefste angeregte Zustand sich energetisch nur wenig vom Grundzustand unterscheidet, denn sonst könnten die Grundlinien nicht in das der Sternspektroskopie zugängliche Spektralgebiet fallen. Dieser Umstand ist, wie zuerst von FOWLER[1] hervorgehoben wurde, von entscheidender Bedeutung für die theoretische Interpretation des Intensitätsverlaufs dieser Linien. In diesem Fall wird nämlich die Verminderung der Zahl von Atomen im Grundzustand nicht so sehr durch den Verlust des zweiten Elektrons als durch Überführung des Elektrons in den nächsten angeregten Zustand zustande kommen. Wenn dieser Effekt die Hauptrolle spielt, ist es zulässig, die Zahl der zweifach ionisierten Atome neben der Zahl einfach ionisierter Atome zu vernachlässigen, sofern es sich nur um die Berechnung des Maximums handelt, was der Unter-

---

[1] Month. Not. Bd. 85, S. 970. 1925.

drückung des letzten Gliedes im Nenner der Intensitätsformel (329) gleichkommt. Wir schreiben also jetzt für die Zustandssumme des einfach ionisierten Atoms

$$f_1 = \sigma_1 e^{-\chi_1/kT} + \sigma_1' e^{-\chi_1'/kT}, \qquad (330)$$

wo die sich auf den angeregten Zustand beziehenden Größen durch einen Strich gekennzeichnet sind. Für die Zustandsumme des neutralen Atoms verwenden wir aber den gewöhnlichen Ausdruck $h^3 e^{-\chi_0/kT}$. Ausführlich geschrieben ist also jetzt die Formel für die Häufigkeit N_i:

$$N_i = \frac{r\,\tau_0\,\sigma_i\,e^{-\chi_i/kT}}{x_0'(f_1 + \bar{n}_e f_0/f_e)}, \qquad (331)$$

während die entsprechende Maximumbedingung

$$\bar{n}_e = \frac{\sigma_1\chi_1 + \sigma_1'\chi_1' e^{\frac{\chi_1'-\chi_1}{kT}}}{\chi_1' - pkT - \chi_0}\;\frac{(2\pi\mu kT)^{\frac{3}{2}}}{h^3}\,e^{\frac{\chi_1-\chi_0}{kT}} \qquad (332)$$

wird, wo wir wie sonst vorausgesetzt haben, daß die Elektronendichte proportional der $p$ten Potenz der Temperatur verläuft. Für kleine Absolutwerte von p sagt diese Formel im wesentlichen nur aus, daß die Temperatur des Maximums linear mit $(\chi_1 - \chi_0)$ verlaufen soll, wie zu erwarten war. Die numerische Nachprüfung der Formel zeigt aber, daß die mit konstanter Elektronendichte aus den Funkenlinien errechneten effektiven Temperaturen kleiner ausfallen als die aus den Bogenlinien. Wie FOWLER[1] bemerkt hat, muß wohl diese Unstimmigkeit damit im Zusammenhang stehen, daß die betrachteten Funkenlinien in sehr hohen Schichten gebildet werden, wo sowohl die Elektronendichte wie auch die Temperatur merklich kleiner ist als in mittleren Höhen der umkehrenden Schicht. Dies ist ein spezieller Fall eines allgemeinen Phänomens, das bei näherer Analyse der Sternspektren klar zutage tritt und das Anhaltspunkte für eine Auswertung der Temperatur- und Dichteverteilung in den Sternatmosphären darbietet.

c) **Intensitätsabfall der Linien.** Bei der Berechnung der Temperatur des Intensitätsmaximums genügt es im allgemeinen, nur zwei oder drei Ionisationsstufen in Betracht zu ziehen. Der weitere Verlauf der Intensität, nachdem das Maximum passiert

---

[1] Month. Not. Bd. 85, S. 977. 1925.

ist, wird aber in empfindlicher Weise von der Zahl der noch ablösbaren Elektronen abhängen[1]. Wir wollen die Verhältnisse durch folgendes einfache Beispiel beleuchten. Das Atom habe q ablösbare Elektronen. Die Zahl der elektrisch neutralen Atome sei wie früher mit n_0 bezeichnet und die Zahl der q-fach ionisierten Atome mit n_q. Die Ionisationsgleichungen reduzieren sich dann für diesen Fall auf

$$n_0 = n_q \frac{f_0}{f_q} \left(\frac{n_e}{f_e}\right)^q. \tag{333}$$

Wenn die meisten Atome alle q Elektronen verloren haben, ist n_q näherungsweise proportional der Dichte ϱ oder dem Druck der Substanz. Ferner nehmen wir an

$$\frac{f_0}{f_q} = h^{3q} e^{+\chi/kT} \quad \text{und} \quad n_e = A \cdot T^p \cdot f_e, \tag{334}$$

wo jetzt χ die gesamte Ablösungsarbeit der Elektronen im Normalzustand des Atoms bedeutet und p und A Konstante sind. Also ist schließlich

$$n_0 \sim \varrho \, A^q \cdot T^{pq} \, e^{\chi/kT}. \tag{335}$$

Man sieht aus dieser Formel, daß die Ionisation um so schneller erfolgt, je größer die Zahl q der ablösbaren Elektronen ist.

41. Elektronendichte der umkehrenden Schicht.

In den bisherigen Untersuchungen ist von dem Absolutwert der mittleren Elektronendichte nicht die Rede gewesen. Es ist aber klar, daß die Bedingung des Intensitätsmaximums (326) eine direkte Berechnung der Elektronendichte ermöglicht. Die so erhaltenen Werte sind in der Tabelle 17 zusammengestellt.

Die in dieser Tabelle gegebenen Werte der Elektronendichte stimmen in der Größenordnung mit den von PAYNE und HOGG aus den Linienintensitäten der H- und K-Linien abgeleiteten Werten überein (vgl. § 39). Was uns an diesen Werten am meisten auffällt, ist wohl die Kleinheit der Elektronendichte. Zum Vergleich sei daran erinnert, daß die Zahl der Luftmoleküle pro Kubikzentimeter bei Normaldruck und -temperatur ($2,7 \cdot 10^{19}$) die Elektronendichte der umkehrenden Schicht mehr als millionenmal übersteigt. Es ist andererseits ziemlich sicher, daß die Klein-

---

[1] R. H. FOWLER, Month. Not. Bd. 85, S. 977. 1925.

Tabelle 17. Elektronendichte der umkehrenden Schicht.

El.	Sp.	T_e	χ_0	$\chi_0 - \chi_i$	$\log n_e$
Mg^+	A3	9000	14,97	8,84	12,90
Ca	Ma	3000	6,09	1,88	11,02
Ti	K2	3500	6,80	0,85	12,12
Cr	K5	3000	8,24	0,96	10,14
Mn	K0	3500	7,40	2,31	11,01
Zn	G0	5600	9,35	4,04	11,91
Ca^+	K0	4000	11,82	0,00	11,67
Sr^+	K2?	3500	10,89	0,00	10,62
Ba^+	M0?	3000	9,96	0,00	10,05
Mg	K0?	4000	7,61	2,69	11,51

heit der Elektronendichte nicht durch kleine Ionisation zustande
kommt, denn in den heißeren Sternen muß die große Mehrzahl
der atmosphärischen Atome ein oder zwei Elektronen verloren
haben, wodurch die Zahl der freien Elektronen die Zahl der vorhandenen Atomkerne übersteigen muß. Für die kälteren Sterne
ist es nicht ganz so, da die Atmosphären wohl zum überwiegenden
Teil aus Wasserstoff bestehen, der in Sternen des Sonnentypus
oder in noch kälteren Sternen sehr wenig ionisiert ist. Dennoch
sieht man aus den errechneten Werten der Elektronendichte ganz
klar, daß die Sternatmosphären sehr verdünnt sein müssen. Diese
Betrachtung kann in verschiedener Weise vertieft werden, aber
es ist befriedigend, sie so unzweideutig in den Hauptzügen der
Sternspektren begründet zu wissen.

Tabelle 18. Temperaturen aus den Intensitätsmaxima.

El.	χ_0	$\chi_0 - \chi_i$	Sp.	Temp.
He	24,48	20,88	B3	16000
C^+	24,28	18,0	B3	16000
He^+	54,2	48,2	O	35000
Si^{++}	31,7	4,8	B1—B2	18000
Si^{+++}	45,0	24,0	O	25000

Nachdem der Verlauf der Elektronendichte in der umkehrenden Schicht bekannt ist, kann das Verfahren auch umgekehrt
und zur Bestimmung der effektiven Temperaturen von Sternen
verwendet werden. Diese Methode ist von besonderem Interesse
bei den Sternen am Anfang der Spektralreihe, wo die üblichen
Methoden mehr oder weniger illusorisch werden. Obenstehende

Tabelle 18 gibt eine Reihe solcher „Ionisationstemperaturen" der O- und B-Sterne.

Einer derartigen Extrapolation dürfte an sich kaum viel Gewicht beizulegen sein. Sobald aber eine unabhängige Bestimmung der Dichte der umkehrenden Schicht dieser Sterne möglich ist, dürfte diese Methode der Temperaturbestimmung von wesentlicher Bedeutung für die Bestimmung der Temperaturen der heißeren Sterne werden.

42. Häufigkeit der Elemente in den Sternatmosphären.

Die Betrachtungen sind bisher von der relativen Häufigkeit der Elemente in den Sternatmosphären unabhängig gewesen, da die Intensitätsmaxima nicht von dieser Größe abhängen, sofern das Mischungsverhältnis für alle Sterne und in allen Höhenniveaus dasselbe ist. Dies war gerade der Grund, warum FOWLER und MILNE die Theorie der Spektralklassen auf die Berechnung der Intensitätsmaxima begründeten, statt wie SAHA auf die Berechnung des Auftauchens oder Verschwindens der Linien. Es ist nämlich ohne weiteres klar, daß in letzterem Fall neben zufälligen instrumentellen und atmosphärischen Verhältnissen auch die relative Häufigkeit der Elemente eine wichtige Rolle spielen muß. Dies ist für das Studium der Temperatur- und Dichteverhältnisse eine lästige Komplikation. Wenn aber der Anregungszustand der Sternatmosphären schon bekannt ist, gibt die Persistenz der Linien direkte Auskunft über das Mischungsverhältnis der Elemente. Dieser Gedanke, der zuerst von MILNE ausgesprochen

Tabelle 19. Relative Häufigkeit der Elemente in den Sternatmosphären und auf der Sonne.

El.	Sterne	Sonne	El.	Sterne	Sonne
H	12,9	11,5	Ca	6,7	6,7
He	10,2	...	Ti	6,0	5,2
Li	1,9	2,0	V	4,9	5,0
C	6,4	7,4	Cr	5,8	5,7
O	8,0	9,0	Mn	6,5	5,9
Na	7,1	7,2	Fe	6,7	7,2
Mg	7,5	7,8	Zn	6,1	4,9
Al	6,9	6,4	Sr	3,5	3,3
Si	7,5	7,3	Ba	3,0	3,3
K	5,3	6,8			

wurde, ist von Payne[1] einer näheren Prüfung unterworfen worden. Die dabei erhaltenen relativen Häufigkeiten der Elemente sind in der Tabelle 19 angegeben, neben den entsprechenden, von Russell abgeleiteten Häufigkeiten auf der Sonne. Die Zahlen von Payne stimmen mit den von Russell abgeleiteten Zahlen sehr gut überein, was besonders überraschend wirkt, wenn man bedenkt, daß sie nach ganz verschiedenen Methoden gewonnen sind und sich auf sehr verschiedene Himmelskörper beziehen. Das Mischungsverhältnis der Elemente ist offenbar von Stern zu Stern viel kleineren Änderungen unterworfen, als man von vornherein erwarten sollte.

43. Spektrale Unterschiede zwischen Riesen- und Zwergsternen.

In der obigen schematischen Durchmusterung der Spektralklassen wurde auf etwaige Unterschiede zwischen Sternen derselben Spektralklasse keine Rücksicht genommen. Das Hauptgewicht wurde auf die allen Sternen einer Spektralklasse gemeinsamen Züge gelegt. Nun ist aber nicht zu leugnen, daß zwischen Sternen derselben Spektralklasse erhebliche Unterschiede bestehen können, die, grob gesprochen, der zu Anfang behandelten Zweiteilung der Sterne in Riesen und Zwerge entsprechen. Die einfache Theorie paßt am besten auf die Sterne der Hauptserie, so daß eine verfeinerte Theorie sich hauptsächlich mit den Riesen zu beschäftigen hat.

Die besonderen Züge, die die Spektren der Riesensterne von den Spektren der Zwerge unterscheiden, können wie folgt kurz zusammengefaßt werden:

Tabelle 20.

Sp.	Riesen	Zwerge
G0	5500°	6000°
G5	4700	5600
K0	4100	5100
K5	3300	4400
M0	3050	3400

1. Effektive Temperatur. Für Sterne derselben Spektralklasse ist die effektive Temperatur um so kleiner, je stärker die Riesenmerkmale des Sterns entwickelt sind. Man vgl. die Tabelle 20.

2. Restintensität der Absorptionslinien. Die Absorptionslinien sind im allgemeinen tiefer und schärfer in den Spektren der Riesen als in denen der Zwerge.

---

[1] Harvard Obs. Monographs Bd. 1, S. 184. 1925.

Außerdem sind aber auch Unterschiede im Aussehen der Linien einzelner Elemente vorhanden:

3. Wasserstoff. Die Balmerlinien erscheinen sehr verstärkt in den Spektren der Riesen der späteren Spektralklassen (K—M). In den früheren Klassen (B und A) werden die Wasserstofflinien schärfer mit wachsender absoluter Helligkeit. Nach ANGER[1] scheint die totale Intensität der Linien in diesen Spektren mit der Linienbreite korreliert, so daß die Linienintensität mit wachsender Helligkeit auch merklich abnimmt.

4. Helium. Nach O. STRUVE[2] nimmt die Breite der Linien der diffusen Nebenserie von Helium mit wachsender Helligkeit merklich ab. In den Spektren der lichtschwachen B-Sterne tritt die verbotene Heliumlinie 4470 A auf.

5. Kalzium. Die Linien des neutralen Kalziumatoms werden stärker mit wachsender absoluter Helligkeit in den früheren K-Klassen. Die Linien des einfach ionisierten Kalziumatoms werden deutlich tiefer in ausgeprägten Riesenspektren, ohne wesentliche Änderung der Gesamtabsorption.

6. Strontium. Die Strontiumlinien sind sehr empfindlich für Änderungen der absoluten Helligkeit, darum werden sie auch zur empirischen Bestimmung der Leuchtkraft benutzt. Die Verstärkung der Linien scheint aber bei einer gewissen Helligkeit aufzuhören; für noch größere Helligkeiten nehmen die Linien an Intensität wieder ab.

7. Titan, Scandium, Eisen, Yttrium. Die Funkenlinien nehmen außerordentlich stark an Intensität zu, wenn man in der F-Klasse nach größeren absoluten Helligkeiten geht.

8. Kohlenwasserstoff. Das sog. G-Band, das von CH herrührt, ist kräftiger in den Spektren von Sternen mittlerer absoluter Helligkeit als in typischen Riesenspektren oder typischen Zwergspektren.

Man muß zugestehen, daß die theoretische Erklärung dieser Effekte der absoluten Helligkeit noch sehr lückenhaft ist. Einfach zu verstehen ist eigentlich nur der systematische Unterschied zwischen den effektiven Temperaturen der Riesen- und Zwergsterne. Dieser Unterschied folgt nämlich aus dem Unterschied der Dichten der fraglichen Sterne. Die Klasse eines Spektrums

---

[1] Harvard College Observatory Circular 1930, S. 352.
[2] Astrophys. Journ. Bd. 69, S. 173. 1929; Bd. 70, S. 85. 1929.

wird nämlich im wesentlichen durch den Ionisationszustand
der Sternatmosphäre bestimmt. Das Ionisationsgleichgewicht
ist durch effektive Temperatur und Dichte bestimmt. Bei Erniedrigung der Dichte muß die Temperatur auch erniedrigt werden,
wenn das Ionisationsgleichgewicht ungeändert bleiben soll. Der
Unterschied in der effektiven Temperatur zwischen Riesen und
Zwergen gibt. daher ein unmittelbares Maß für den Unterschied
der Atmosphärendichten der entsprechenden Sterne. Die theoretische Analyse der Sternatmosphären ist nun lange nicht genügend fortgeschritten, um hieraus die Dichteunterschiede genau
zu berechnen; aber die Anwendung der früheren einfachen Theorie
der Spektralklassen wird Fingerzeige für die weitere Entwicklung
geben. Betrachten wir die Relation zwischen der Elektronendichte und der effektiven Temperatur für die maximale Intensität
einer gewissen Absorptionslinie:

$$\bar{n}_e = \frac{\chi_i + (\frac{3}{2} - p)\,kT}{\chi_0 - \chi_i}\,\frac{f_e}{h^3}\,e^{-\chi_0/kT},$$

$\bar{n}_e'$, T' seien einander entsprechende Werte der Elektronendichte
und der effektiven Temperatur für einen Zwergstern, und $\bar{n}_e''$, T''
die analogen Größen für einen Riesenstern. Es folgt dann näherungsweise

$$\frac{\bar{n}_e'}{\bar{n}_e''} \sim e^{-\frac{\chi_0}{k}\left(\frac{1}{T'} - \frac{1}{T''}\right)}. \tag{336}$$

Ein gutes Beispiel bieten die Eisenlinien, die ihre Maximalintensität
etwa in der Klasse K 2 erreichen. Die effektiven Temperaturen T'
und T'' dürften in diesem Fall etwa zu $T' = 5000$ und $T'' = 4000$
anzusetzen sein. Da ferner die Ionisationsenergie des Eisens
$1,3 \cdot 10^{-12}$ Erg beträgt, folgt aus (336), daß die Dichte der Zwerg-
atmosphäre etwa tausendmal größer ist als die Dichte der Riesen-
atmosphäre, eine Folgerung, die größenordnungsgemäß mit dem
Verhältnis der auf andere Weise errechneten mittleren Dichten
dieser Sterne übereinstimmt.

Um die Änderungen der Tiefe und Schärfe der Linien theoretisch zu interpretieren, ist es wahrscheinlich notwendig, die
Theorie des Strahlungsgleichgewichts auf den Fall auszudehnen,
daß das Verhältnis des Streukoeffizienten zum Koeffizienten der
kontinuierlichen Absorption räumlich veränderlich ist. Möglicherweise spielen auch Abweichungen von einem Zustand lokalen

Wärmegleichgewichts eine Rolle für die Restintensitäten. Um den Grad der Abweichung vom Wärmegleichgewicht beurteilen zu können, muß man auf das vollständige Problem des Strahlungsgleichgewichts eingehen. Die Erledigung dieser Frage darf als die nächste wichtige Etappe in der Theorie der Sternspektren bezeichnet werden.

Das individuelle Verhalten der Linien verschiedener Elemente bietet ferner ein reiches Feld für theoretische Forschung, das noch nicht durchgearbeitet ist. Es dürfte sich jedoch in vielen Fällen auch hier um eine einfache Wirkung der Dichte auf den Ionisationszustand handeln, die durch die Verschiedenheit der Ionisationsenergien der Atome bedingt ist. Es ist nämlich nicht möglich, die Wirkung einer Verringerung der Dichte auf die Ionisation durch eine geeignet gewählte Verringerung der effektiven Temperatur genau rückgängig zu machen, nicht einmal in dem speziellen Fall, wenn die Atmosphäre aus einem einzigen Element besteht. Wie hierdurch selektive Effekte auftreten, werden wir aus folgender einfachen Betrachtung ersehen. Der wichtigste Punkt ist der, daß die Wirkung der Dichte auf die Ionisation sehr empfindlich von der Temperatur abhängt. Die Wirkung wächst mit wachsender Temperatur. Wenn die Ionisation klein ist, spielt die Dichte keine nennenswerte Rolle; aber in der Nähe des Intensitätsmaximums einer Linie oder gar jenseits wird die Sachlage anders. Die Gleichungen des Ionisationsgleichgewichts geben die einfache Regel, daß dort, wo der Ionisationszustand von der Temperatur stark beeinflußt wird, auch die Dichte an Bedeutung gewinnt, und umgekehrt. Für die Art der Einwirkung der Dichte läßt sich aber keine allgemeine Regel aufstellen, denn sie kann z. B. für Bogen- und Funkenlinien verschieden ausfallen.

a) **Verbreiterung der Linien durch Druck.** Es ist ferner zu erwarten, daß die Form der Spektrallinien in Sternspektren Spuren der aus irdischen Experimenten bekannten Druckverbreiterung zeigt. Da dieser Effekt im Sonnenspektrum in der Tat vorhanden zu sein scheint, wie schon früher bemerkt wurde, so dürfte er auch in den Sternspektren anzutreffen sein. Die Wasserstofflinien sind bekanntlich für irgendwelche äußere Störungen besonders empfindlich, und zwar wächst die Empfindlichkeit mit der Anregungsenergie des oberen Zustandes schnell an. Für andere Elemente ist der Effekt viel geringer, aber doch leicht nachzuweisen.

O. Struve[1] versuchte die Druckverbreiterung der stellaren Absorptionslinien von anderen Ursachen der Verbreiterung zu trennen, indem er eine Auswahl von Spektren betrachtete, bei welchen die Linien von C^+ und Si^{++} vollkommen scharf erschienen. Diese Linien sind bekanntlich ziemlich unempfindlich für Druckverbreiterung und Starkeffekt. Er fand dabei, daß in diesen Spektren die Linien der diffusen Nebenserie von Helium merklich breiter und diffuser erschienen als die übrigen Heliumlinien. Diese Verbreiterung ist von Stern zu Stern veränderlich und zeigt eine deutliche Korrelation mit der Intensität der verbotenen Heliumlinie 4470 und der Breite der Wasserstofflinien.

Im Fall der Sternatmosphären dürfte die Theorie der Druckverbreiterung besonders einfach sein, da die wirksamen Teilchen in überwiegendem Maße Ionen sind. Die Theorie von Holtsmark[2] sollte hinreichen. Die Halbwertsbreite der Linie ist gemäß dieser Theorie durch

$$\Delta \nu = 3{,}26 \cdot c \cdot e \cdot n^{\frac{2}{3}} \qquad (337)$$

gegeben, wo c die Halbwertsbreite der Linie im Starkeffekt bei Feldstärke Eins ist; e ist die Ladung eines verbreiternden Ions und n die Zahl solcher Ionen pro Kubikzentimeter. Es ist möglich, die Größe $\Delta \nu$ aus astrophysikalischen Daten zu bestimmen, was einer Bestimmung der Ionendichte der Atmosphäre äquivalent ist. Die Beobachtungen der Linienverbreiterung dürften jedoch noch nicht hinreichend genau sein, um zuverlässige Werte der Ionendichte zu ergeben. Deshalb hat Struve statt dessen die Dichte aus der kleinen Verschiebung der verbotenen Heliumlinie relativ zu der berechneten Wellenlänge berechnet. Er findet dabei die richtige Größenordnung für die Dichte, die aber mit großer Unsicherheit behaftet ist. Das Auftreten der verbotenen He-Linie ist natürlich auch als Folge der Ionenkräfte zu erklären. Daß gerade diese Linie auftritt, entspricht der Erwartung[3].

b) In einigen Fällen scheint es ziemlich sicher, daß die Effekte der absoluten Helligkeit weder durch Unterschiede der Ionisationsenergien, noch durch Druckeffekte zu erklären sind, sondern daß ganz andere Ursachen in Frage kommen. Dies gilt besonders für

<hr>

[1] Astrophys. Journ. Bd. 70, S. 85. 1929.
[2] Ann. d. Phys. Bd. 58, S. 577. 1919.
[3] Siehe J. S. Foster, Proc. Roy. Soc. London Bd. 114, S. 57. 1927.

die Linien von Wasserstoff, Kalzium und Strontium. Betrachten wir z. B. den Fall des Wasserstoffs in Spektren der späteren Klassen. Man muß hier die Frage der Verstärkung der Linien in Spektren der Riesensterne als nebensächlich betrachten neben der Hauptfrage: warum die Linien überhaupt sichtbar sind. Die Zahl der Wasserstoffatome, die sich im zweiten Quantenzustand befinden, ist dem BOLTZMANNschen Prinzip gemäß für solche Sterne so winzig klein, daß selbst für den Fall einer reinen Wasserstoffatmosphäre die Balmerlinien kaum sichtbar sein könnten. Die rein thermische Theorie der Anregungszustände in diesen Sternatmosphären ist also hinfällig, und es ist deshalb nicht zulässig, diese Theorie für die Erklärung der Änderung dieser Linien von Stern zu Stern zu verwenden. Das abnorme Verhalten der Wasserstofflinien ist vielleicht nur ein Spezialfall des von RUSSELL und ADAMS gefundenen allgemeinen Phänomens, daß die Anregungsverhältnisse in Sternen der späteren Spektralklassen nicht den einfachsten thermischen Gesetzen gehorchen.

Das abnorme Verhalten der Elemente Kalzium und Strontium ist wahrscheinlich wenigstens teilweise auf eine von den übrigen Elementen abweichende Verteilung in der Atmosphäre zurückzuführen. So wissen wir aus den spektroskopischen Aufnahmen des Sonnenrandes bei Finsternissen, daß Kalzium, Strontium, Titan und Magnesium viel größere Höhen in der Sonnenatmosphäre erreichen als die meisten übrigen Elemente[1]. Es lassen sich, wie wir später sehen werden, Gründe dafür anführen, daß diese abnorme Verteilung von der Schwerebeschleunigung an der Sternoberfläche abhängt. Dadurch ist eine Möglichkeit gegeben, das Verhalten der betreffenden Linien zu verstehen, worauf zuerst FOWLER[2] aufmerksam gemacht hat.

Obgleich die aus den rein thermischen Eigenschaften der Atmosphären zu erklärenden Effekte somit vielleicht klein sind, dürfte es doch von großem Interesse sein, die Folgerungen der thermischen Theorie in Einzelheiten zu entwickeln. Dies ist besonders von MILNE[3] versucht worden, und obgleich die MILNEsche Theorie kaum beanspruchen kann, eine endgültige Lösung darzustellen, gibt sie doch so interessante Fingerzeige für die formale

---

[1] Vgl. S. A. MITCHELL, Eclipses of the Sun, S. 247. New York 1924.
[2] Month. Not. Bd. 85, S. 977. 1925.
[3] Month. Not. Bd. 89, S. 17, 157. 1928.

Weiterentwicklung der Theorie der Spektralklassen, daß sie hier kurz besprochen werden soll.

Die weitere Entwicklung der Theorie erfordert offenbar die Behandlung des allgemeinen Falles, daß das Verhältnis des Streukoeffizienten zum Absorptionskoeffizienten räumlich veränderlich ist infolge der Änderung der Ionisation mit der Höhe und der Besonderheiten des kontinuierlichen Absorptionskoeffizienten. Streng genommen sollte jeder Ionisationsstufe eines Elements eine spezielle Lösung des Problems des Strahlungsgleichgewichts entsprechen, die durch den individuellen Verlauf des λ-Wertes gekennzeichnet ist. Die strenge Durchführung des Programms stößt aber auf lästige Schwierigkeiten mathematischer Art, denen MILNE aus dem Wege geht durch die Annahme, daß auch für räumlich veränderliches λ die Intensität der Linie durch eine Formel von derselben Gestalt wie für konstantes λ gegeben ist. Die eingehenden Koeffizienten werden durch eine gewisse Schicht linear gemittelt, was darauf hinausläuft, die Koeffizienten der Absorption und der Streuung durch die entsprechenden optischen Tiefen zu ersetzen. Diese Schicht kann nun nicht gut viel tiefer reichen als bis zur Photosphäre, könnte aber vielleicht höher liegen und brauchte wohl auch nicht für alle Sterne dieselbe zu sein. MILNE entscheidet aber für die Photosphäre.

Um die Wirkungsweise der Theorie zu beleuchten, wollen wir als einfaches Beispiel den Fall betrachten, daß der Ionisationsgrad des betrachteten Elements dem mittleren Ionisationsgrade der übrigen Elemente der Atmosphäre entspricht und daß es sich um Intensitäten der Bogenlinien handelt. Um die Rechnung zu vereinfachen, ist es bequem, statt der Elektronendichte n_e den Partialdruck der Elektronen $p_e = n_e k T$ einzuführen. Es sei ferner x der Ionisationsgrad des Elements. Die Gleichung des Ionisationsgleichgewichts schreibt sich dann in der Form

$$\frac{x}{1-x}\, p_e = K \quad \text{oder auch} \quad x = \frac{K}{K + p_e}, \qquad (338)$$

wo K eine bekannte Funktion der Temperatur allein ist. Wegen der Voraussetzung, daß der Ionisationsgrad im Mittel für alle Elemente derselbe ist, folgt, daß zwischen dem Gesamtdruck p und dem Partialdruck der Elektronen p_e die Relation

$$p_e = \frac{xp}{1+x} = \frac{Kp}{2K + p_e} \qquad (339)$$

besteht, oder differentiell geschrieben

$$dp = \frac{2}{K}(p_e + K)dp_e \, . \tag{340}$$

Man kann nun leicht die Ausdrücke für die Zahl neutraler und ionisierter Atome pro Flächeneinheit der Photosphäre hinschreiben. Es ist

$$N_0 = \int n_0 dz = \frac{1}{g}\int \frac{n/\varrho \cdot p_e \, dp}{K + p_e} = \frac{C_0}{g}P_e^2 \tag{341}$$

und

$$N_1 = \int n_1 dz = \frac{1}{g}\int \frac{n/\varrho \cdot K \, dp}{K + p_e} = \frac{C_1}{g}KP_e \, , \tag{342}$$

wo die Integrationen bei konstanter Temperatur vorgenommen sind und wo C_0 und C_1 gewisse Konstanten und P_e den Elektronendruck im Photosphärenniveau bedeuten. Die optischen Streutiefen folgen hieraus in schon bekannter Weise durch Hinzufügung der entsprechenden Boltzmannfaktoren und der atomaren Streukoeffizienten. Um die Zahlen N_0 und N_1 als Funktionen der Temperatur allein aufzufassen, müssen wir die optische Tiefe τ_0 als Funktion von P_e und T kennen, wodurch P_e eliminiert werden kann. Es sei z. B. der Massenabsorptionskoeffizient x_0/ϱ durch einen Ausdruck von der Form

$$\frac{x_0}{\varrho} = x_1 \, p_e^s T^{s'} \tag{343}$$

gegeben, wo x_1, s und s' gewisse Konstanten sind. Hieraus folgt, durch Berücksichtigung von (340) und (341),

$$\tau_0 = \frac{2 \, x_1 \, T^{s'}}{g}\left\{\frac{K P_e^{s+1}}{s+1} + \frac{P_e^{s+2}}{s+2}\right\} \, . \tag{344}$$

Somit ist das Problem formal gelöst und eine theoretische Diskussion der Spektralklassen auf einer weiteren Basis ermöglicht worden. Die neu hinzukommenden Züge sind einerseits die Berücksichtigung der Änderung der Ionisation mit der Höhe und andererseits die Abhängigkeit des kontinuierlichen Absorptionskoeffizienten von Druck und Temperatur.

Milne versucht nun auf Grund dieser erweiterten Theorie nicht nur die allgemeine Theorie der Spektralklassen und der Maxima der Intensitäten der Absorptionslinien zu verbessern, sondern auch alle Effekte der absoluten Helligkeiten zu erklären, indem er in geeigneter Weise über die eingehenden Größen verfügt.

44. Der kontinuierliche Absorptionskoeffizient.

Es scheint, daß in der MILNEschen Theorie die Änderung der Ionisation mit der Höhe unwesentlich ist, daß vielmehr das Hauptgewicht auf der Druckabhängigkeit des Massenabsorptionskoeffizienten x_0/ϱ liegt. MILNE benutzt für diesen Koeffizienten eine halb empirische Formel

$$\frac{x_0}{\varrho} = C \cdot P_e T^{-\frac{9}{2}}, \qquad C = \text{Konstante.} \tag{345}$$

Diese kann aber nur als Notbehelf gelten. Um sich eine genauere Vorstellung von der Reichweite der MILNEschen Theorie bilden zu können, bedarf man offenbar einer physikalischen Theorie der kontinuierlichen Absorption. Wir haben früher die Frage des Absorptionskoeffizienten im Sterninnern besprochen und gefunden, daß wahrscheinlich die an den Seriengrenzen einsetzende lichtelektrische Absorption die größte Rolle spielt. Für den Fall des Sterninneren handelt es sich um den integralen Strahlungsfluß in allen Wellenlängen. Das Studium der Sternatmosphäre erfordert aber eine genauere Kenntnis der Absorptionsvorgänge. So hängt die Änderung der Intensität einer gegebenen Absorptionslinie, wenn man von einem Stern zu einem anderen geht, gerade von dem Massenabsorptionskoeffizienten in dieser Wellenlänge ab. Der über das ganze Spektrum gemittelte Absorptionskoeffizient genügt dann den Anforderungen nicht mehr, und es ist unwahrscheinlich, daß der Koeffizient sich in seiner Abhängigkeit von Druck und Temperatur durch einfache Potenzen darstellen läßt. Für diese Abhängigkeit lassen sich ganz allgemeine Formeln aufstellen, die wir für den Spezialfall eines einzigen Elements schon früher angegeben haben, deren Inhalt wir aber hier wiederholen. Die kontinuierliche Absorption sei an ein einziges Element und eine spezielle Ionisationsstufe gebunden. Für den Fall, daß diese Stufe ihre maximale Häufigkeit erreicht hat, ist offenbar der Massenabsorptionskoeffizient von der Dichte unabhängig. Dies ist z. B. sicher der Fall für die ultraviolette Absorption gewöhnlicher Luft. Es kann aber auch der Fall eintreten, daß die für die Absorption maßgebende Ionisationsstufe nicht sehr häufig ist, und daß also die Dichteabhängigkeit des Massenabsorptionskoeffizienten eine andere wird. Nehmen wir z. B. an, daß der elektrisch neutrale Zustand am häufigsten ist, während das einfach ionisierte

Atom für die Absorption verantwortlich ist. In diesem Fall ist offenbar der Massenabsorptionskoeffizient proportional der Elektronendichte und wir haben genau den Fall vor uns, den MILNE allein berücksichtigt hat. Es ist andererseits auch denkbar, daß die Ionen am häufigsten vertreten sind, während die neutralen Atome für die Absorption verantwortlich sind. In diesem Fall wird der Absorptionskoeffizient der Elektronendichte umgekehrt proportional. Es ist offenbar nicht möglich, a priori ein Gesetz für die Dichteabhängigkeit des Absorptionskoeffizienten anzugeben, da so viel von den speziellen Umständen abhängen kann.

Man kann nun andererseits entgegnen, daß die kontinuierliche Absorption durch Superposition der Wirkungen einer sehr großen Zahl von verschiedenen Elementen und Ionisationsstufen zustande kommt, und daß durch Mittelwertbildung über alle Beiträge ein einfaches Gesetz herauskommen wird. Es ist aber unwahrscheinlich, daß ein solcher Mittelwert durch die ganze Spektralreihe verwendbar ist. Zwar kann man sich vielleicht denken, daß in Sternspektren mit so ungemein vielen Linien wie das Sonnenspektrum eine solche Unmenge von Absorptionskanten in Frage kommt, daß bei ihrer Superposition ein kontinuierlicher Frequenzverlauf des Absorptionskoeffizienten herauskommt. Daß dies von vornherein wahrscheinlich sei, darf man aber nicht behaupten angesichts der Tatsache, daß außer der Seriengrenze des Wasserstoffs in A- und B-Spektren keine einzige Absorptionskante in Sternspektren aufgedeckt worden ist. Da aber in den A- und B-Spektren die Wasserstofflinien in solchem Maße dominieren, darf man annehmen, daß Wasserstoff auch die kontinuierliche Absorption veranlaßt. Dies läßt sich nun theoretisch nachprüfen, da fast nur die Absorption jenseits der Seriengrenze der Paschenserie in Frage kommt. Höhere Seriengrenzen würden natürlich auch kleine Beiträge liefern, aber wegen der schnellen Abnahme der Absorptionsfähigkeit mit wachsender effektiver Hauptquantenzahl sind die höheren Quantenzustände in erster Näherung zu vernachlässigen. Für diesen Fall findet man sogleich, daß die Zahl N der absorbierenden Atome pro Flächeneinheit der Photosphäre proportional $e^{-\chi/kT}$ ist, wo χ die Energiedifferenz zwischen dem dritten und dem zweiten Quantenzustand des Wasserstoffs bedeutet. Setzt man die Temperatur der A-Sterne zu etwa $10\,000°\,K$, so folgt, daß N sich um etwa e^{-2} ändert, wenn die

Temperatur von 10000 bis Unendlich geht. Der Intensitätsabfall der Balmerlinien von A nach O ist aber viel größer, als man nach dieser Rechnung erwarten sollte, so daß vielleicht Wasserstoff mit der kontinuierlichen Absorption doch nichts zu tun hat. Da es außerdem schwer ist, andere Elemente anzugeben, deren Absorption stärker als die des Wasserstoffs sein kann, liegt die Vermutung nahe, daß die fragliche Absorption überhaupt nicht durch Atomsysteme zustande kommt, sondern durch freie Elektronen. In der Tat, wenn man das bis jetzt nur spärlich vorhandene Beobachtungsmaterial über Seriengrenzenabsorption überblickt, scheint es möglich, daß die Streuung der freien Elektronen numerisch größer sein kann als die Seriengrenzenabsorption des Wasserstoffs. Die Frage ist aber viel zu wenig untersucht worden, als daß man bestimmte Aussagen darüber machen könnte.

Milne hat darauf aufmerksam gemacht, daß es möglich ist, einen Mittelwert des Massenabsorptionskoeffizienten aus astrophysikalischen Daten zu berechnen. Diese Möglichkeit ist ohne weiteres klar. Wir wissen nämlich einerseits, daß die optische Tiefe der Sternatmosphäre, bis zur Photosphäre gemessen, von der Größenordnung Eins sein muß. Die Theorie der Linienformen ermöglicht andererseits die Berechnung der über einem Quadratzentimeter der Photosphäre gelegenen Masse. Der mittlere Massenabsorptionskoeffizient wird durch einfache Division der beiden Größen erhalten. Die von Milne berechneten Werte sind von der Größenordnung Eins. In dieser Rechnung ist aber die abnorme Häufigkeit des Wasserstoffs nicht berücksichtigt worden. Der richtige Wert dürfte kleiner sein. Prinzipiell betrachtet scheint es aber möglich, durch eine sinngemäße Analyse der·sternspektroskopischen Resultate viele Eigenschaften der kontinuierlichen Absorption in den Sternatmosphären kennenzulernen.

45. Molekulare Banden in Sternspektren.

Absorptionsspektra von Molekülen treten erst in den späteren Typen der Draperklassifikation auf, und zwar sind bisher nur folgende zweiatomige Moleküle nachgewiesen:

BO*	AlO	TiO*	ZrO	ScO
C_2	CH*	CN*		
H_2	NH	OH*	MgH	CaH

Die Wasserstoffverbindungen der letzten Reihe kommen nur im Spektrum der Sonne bzw. der Sonnenflecken vor. Die stellaren Banden der mit einem Stern versehenen Moleküle entstehen durch Absorption aus dem Grundzustand des Elektronentermsystems, d. h. es sind Resonanzbanden. Sieht man vom Viellinienspektrum des Wasserstoffs in den Sonnenflecken ab, so sind in den Sternen keine Absorptionsbanden bekannt, die von angeregten Zuständen eines Moleküls ausgingen. Die wenigen bekannten Molekülfunkenspektren (CO^+, N_2^+, O_2^+) können thermisch gar nicht angeregt werden und daher in Sternspektren nicht auftreten, weil die Ionisierungsenergien dieser Moleküle viel größer sind als ihre Dissoziationsenergien.

Das Dissoziationsgleichgewicht der Moleküle bietet ähnliche Probleme wie das Ionisationsgleichgewicht der Atome und hängt in ähnlicher Weise von den Partialdrucken der reagierenden Substanzen ab. Die Zustandssummen der Molekülbewegungen sind aber von den entsprechenden Summen der Elektronenbewegungen in einzelnen Atomen sehr verschieden[1]. Eine erste Anwendung der Dissoziationstheorie auf stellare Molekülverbindungen versuchte ATKINSON[2] für den Fall der Titanoxydbanden zu geben. Seine Resultate sind aber überholt, da sie auf der Annahme eines dreiatomigen Moleküls (TiO_2) basieren. CHRISTY[3] hat die Berechnung für das Molekül TiO wiederholt und findet für den Partialdruck des Sauerstoffs in den Sternen 10^{-6} Atmosphären. Durch Berücksichtigung der Anregung sowohl der Ti-Atome wie der TiO-Moleküle wird sich diese Zahl noch etwas erhöhen, sie paßt aber gut zu allem, was man sonst über die relative Häufigkeit der verschiedenen Elemente in den Sternatmosphären weiß. Das Molekül TiO besitzt zwei Systeme von Resonanzbanden im visuellen Spektralbereich. Die Intensität der Banden im Blau und Violett dient als wichtiges Kriterium zur dezimalen Unterteilung der Spektralklasse M. Einige neue, von JOY im Spektrum von o Ceti gefundene Emissionsbanden wurden von BAXANDALL[4] als dem Aluminiummonoxyd zugehörig erkannt.

---

[1] Siehe z. B. EHRENFEST u. TRKAL, Ann. d. Phys. Bd. 65, S. 608. 1921.
[2] R. D'E. ATKINSON, Month. Not. Bd. 82, S. 396. 1922.
[3] A. CHRISTY, Astrophys. Journ. Bd. 70, S. 1. 1929.
[4] Month. Not. Bd. 88, S. 679. 1928.

MERRILL[1] hat als erster aus der M-Klasse eine besondere Sterngruppe S ausgeschieden, deren Spektren nur schwache Titanbanden zeigen, daneben ein anderes Bandensystem unbekannter
Herkunft. Daß diese Banden von einer Zirkonoxydverbindung
herrühren, wurde zuerst von BAXANDALL vermutet und von
MERRILL[2] durch experimentelle Untersuchungen im Laboratorium
bestätigt. Nach Analogie der Titanoxydbanden ist wohl zu vermuten, daß ZrO der Träger dieser Banden ist. Obgleich fast
kein Fall vorliegt, wo die Titanbanden und die Zirkonbanden im
selben Spektrum in gleicher Intensität vorhanden sind, gibt es
doch genügend viele Übergangsstufen, die die Auffassung der
S-Sterne als Seitenzweig der M-Sterne rechtfertigen.

Die Spektren der R- und N-Sterne sind durch gewisse Banden
charakterisiert, die von Kohlenstoffverbindungen herrühren, wie
man früh erkannte. Im Laboratorium wurden diese Banden von
WOLLASTON entdeckt, sie werden aber allgemein als „Swanbanden‘‘
bezeichnet, nach ihrem ersten Bearbeiter. Der Träger dieser
Banden ist das Molekül C_2 (Dikarbon) und nicht etwa das Kohlen-
oxyd, wie es häufig in der neueren astronomischen Literatur heißt.
SANFORD[3] fand in den N-Sternen zwei schwächere Begleiter der
Swanbanden λ 4737,6, von denen KING und BIRGE die eine neuer-
dings im Laboratorium auffanden und dem Molekül $C^{12}-C^{13}$ zu-
schrieben (C^{12} ist das Symbol für Kohlenstoffatome der Masse 12
bezogen auf $O = 16$, entsprechend C^{13}). Die andere scheint nach
MENZEL[4] dem Molekül $C^{13}-C^{13}$ anzugehören. Nachdem die
Bandenspektroskopie bereits zur Erkenntnis der Isotopie des
irdischen Sauerstoffs geführt hat, braucht man dieser Deutung
stellarer Banden nicht mehr allzu skeptisch gegenüber zu stehen.

Im allgemeinen schließt sich das Erscheinen der TiO- und
C_2-Banden in Sternspektren wechselseitig aus. Doch hat STEBBINS[5]
im Spektrum von α Herculis (Mb) eine Absorptionsbande λ 4737,1
gemessen, die recht genau mit der (1—0)-Bande des Swan-
spektrums zusammenfällt. Auch die (0—0)-Bande ist angedeutet; es könnte sich aber infolge der geringen Dispersion um

---

[1] Astrophys. Journ. Bd. 56, S. 457. 1922.
[2] Publ. Astr. Soc. Pacific Bd. 35, S. 217. 1923.
[3] Publ. Astr. Soc. Pacific Bd. 41, S. 271. 1929.
[4] Publ. Astr. Soc. Pacific Bd. 42, S. 34. 1930.
[5] Lick Obs. Bull. Nr. 41. 1903.

ein „blend" mit der (0—0)-Bande des Titanoxyds handeln. Die Trennung zwischen den M- und N-Spektren ist wohl durch Betrachtungen über die Stabilität des Dissoziationsgleichgewichts zwischen C_2, TiO und CO zu verstehen. Zu der Annahme verschiedener Häufigkeit der Elemente C und Ti in einzelnen Sternen liegt kein Grund vor, zumal da das CN-Spektrum in beiden Zweigen der Harvardsequenz auftritt.

Das wohlbekannte G-Band des Sonnenspektrums (die Benennung rührt von FRAUNHOFER her) ist auch in den Sternspektren vorhanden. Sein Intensitätsmaximum liegt in den beiden Zweigen G—M und G—N bei K0 und R0 nach RUFUS, bzw. R3 nach SHANE; es läßt sich bis A0 verfolgen. Der Träger dieses Spektrums ist das Molekül CH. Da die Dissoziationsenergie von CH nur etwa 4 Volt beträgt, läßt die Persistenz des CH-Spektrums bis zu den hohen Temperaturen der A0-Sterne vermuten, daß in den Sternatmosphären Wasserstoff in enormem Überschuß über alle anderen Elemente vorhanden ist, und dadurch die Dissoziation der Hydride weitgehend zurückgedrängt wird[1]. ROSSELAND[2] hatte schon früher durch Betrachtung der elektrischen Raumladung im Sterninnern vermutet, daß der Wasserstoff gerade in den äußersten Schichten des Sternes durch Diffusion sich ansammeln müßte.

Wichtig sind noch die Banden des CN-Moleküls bei $\lambda\,3885$ und 4215. Sie lassen sich bis F8 verfolgen. In den K- und G-Spektren besteht eine enge Korrelation zwischen der Intensität der Zyanbanden und der absoluten Leuchtkraft der Sterne. Schließlich hat BIRGE[3] an den Zyanbanden des Sonnenspektrums eine neue Methode zur Ermittlung der Sonnentemperatur erprobt, indem er die Intensitätsverteilung innerhalb einer Teilbande (BOLTZMANN-Verteilung) untersuchte. Als Resultat erhielt er $T = 4000° \pm 500°$, was offenbar zu niedrig ist, aber doch die Möglichkeit anzeigt, solche Methoden astrophysikalisch zu verwerten.

46. Problem der Chromosphäre.

Bisher haben wir uns gewissermaßen nur mit den normalen Verhältnissen der Sternatmosphären beschäftigt, die durch hydro-

---

[1] Vgl. A. UNSÖLD, ZS. f. Phys. Bd. 59, S. 353. 1929.

[2] Month. Not. Bd. 85, S. 5541. 1925.

[3] Astrophys. Journ. Bd. 55, S. 273. 1922.

statisches Gleichgewicht unter der Wirkung von Schwere und Gasdruck charakterisiert sind. Weiter machten wir die vereinfachende Annahme völliger Durchmischung der Elemente in allen Höhenniveaus. Obgleich dies auf die Verhältnisse in den tieferen Schichten der Atmosphäre näherungsweise zutreffen dürfte, muß man in den oberen Schichten der Sternatmosphären, insbesondere also in der Chromosphäre und der Korona der Sonne, mit ganz anderen Kräften und Bewegungsverhältnissen rechnen.

a) **Das Flash-Spektrum.** Ein wesentliches Programm fast aller Sonnenfinsternisexpeditionen besteht in Aufnahmen des sog. „Flash"-Spektrums, das sichtbar wird, wenn der Sonnenrand gerade im Begriff ist, vom Monde völlig bedeckt zu werden oder aus dem Mondschatten herauszutauchen. Das Flash-Spektrum ist ein reines Emissionsspektrum. Die Zahl der bis jetzt sicher erkannten Linien des Flash-Spektrums beträgt etwa 3250[1], während die Zahl der dunklen Linien im gewöhnlichen Sonnenspektrum auf mehr als 10000 geschätzt ist. Dieser Unterschied dürfte zu erklären sein durch die Schwierigkeit, gute Aufnahmen des Flash-Spektrums zu erhalten.

Wenn man das Flash-Spektrum mit dem gewöhnlichen Sonnenspektrum vergleicht, so fällt auf, daß beim Übergang von der Photosphäre zur Chromosphäre die Funkenlinien relativ zu den Bogenlinien verstärkt erscheinen. Dieser Umstand wurde zuerst von SAHA[2] als Folge der durch kleinere Dichte hervorgerufenen Vergrößerung der Ionisation gedeutet.

Aus der Länge und Breite der Linien lassen sich Schlüsse auf die Häufigkeit der Elemente in den oberen Schichten der Sonnenatmosphäre ziehen. Es zeigt sich, daß die meisten Elemente nur bis zu einer Höhe von ein paar hundert Kilometern oberhalb der Photosphäre zu verfolgen sind. Damit ist also die eigentliche Höhe der Sonnenatmosphäre charakterisiert. Es gibt jedoch einige auffallende Ausnahmen von dieser Regel: sowohl die Balmerlinien des Wasserstoffs wie auch die Linien des einfach ionisierten Kalziums erreichen viel größere Höhen. Auf MITCHELLS Aufnahmen des Flash-Spektrums während der spanischen Sonnenfinsternis 1905 lassen sich die Linien H und K sogar bis zu Höhen von 14000 km verfolgen[3].

---

[1] Siehe A. MITCHELL, Astrophys. Journ. Bd. 71, S. 9. 1930.
[2] Phil. Mag. Bd. 40, S. 472. 1920.
[3] Astrophys. Journ. Bd. 38, S. 407. 1913.

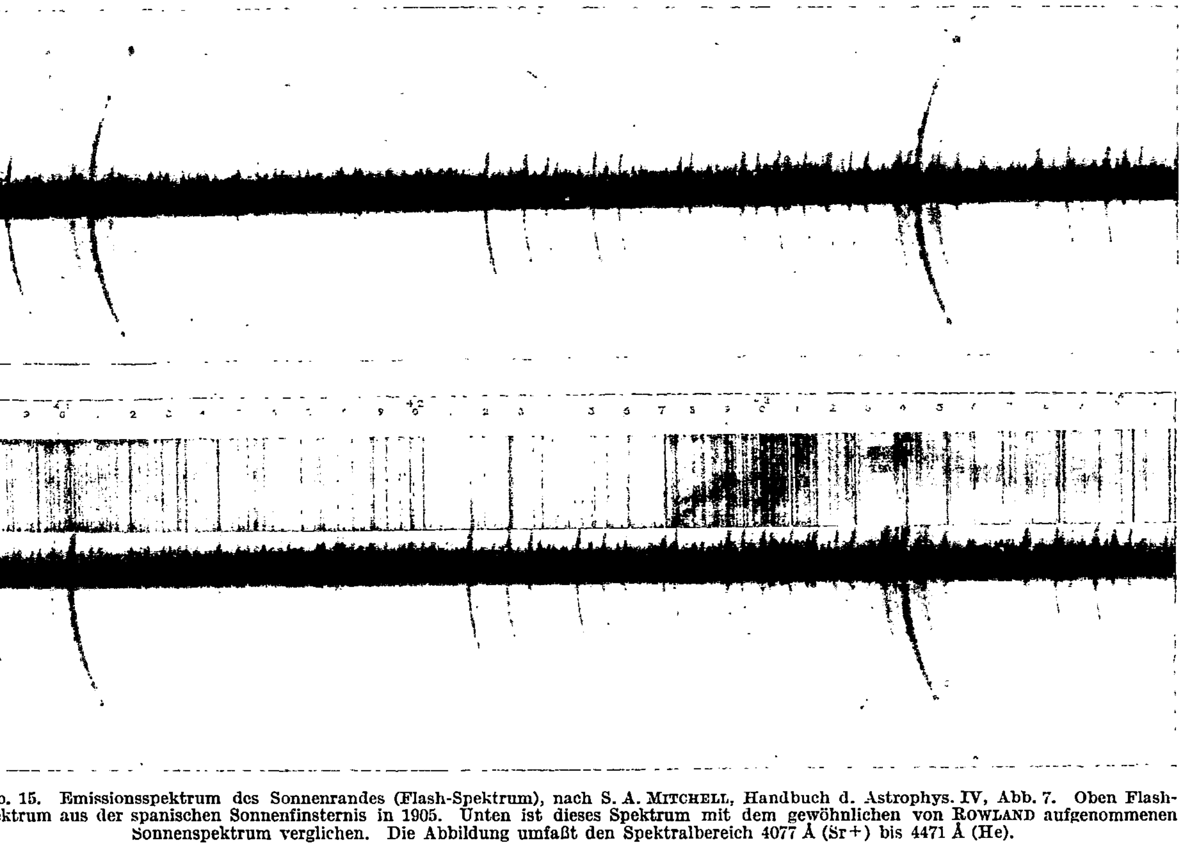

Abb. 15. Emissionsspektrum des Sonnenrandes (Flash-Spektrum), nach S. A. MITCHELL, Handbuch d. Astrophys. IV, Abb. 7. Oben Flash-Spektrum aus der spanischen Sonnenfinsternis in 1905. Unten ist dieses Spektrum mit dem gewöhnlichen von ROWLAND aufgenommenen Sonnenspektrum verglichen. Die Abbildung umfaßt den Spektralbereich 4077 Å (Sr+) bis 4471 Å (He).

Die ausgezeichnete Stellung der Linien H und K läßt sich teilweise auf den Umstand zurückführen, daß sie Resonanzlinien sind, während fast alle übrigen Linien des Sonnenspektrums Nebenserienlinien sind. Insbesondere haben die Balmerlinien des Wasserstoffs eine so hohe Anregungsenergie, daß Wasserstoff bei weitem das häufigste Element der Chromosphäre sein muß. Es ist aber klar, daß auch Kalzium irgendwie vor den übrigen Elementen ausgezeichnet ist, und eine der wichtigsten Aufgaben der Theorie der Chromosphäre besteht darin, die Ursache dieser Erscheinung aufzuspüren.

Wenn auch die meisten Aufnahmen des Flashspektrums ohne Spalt gemacht sind, so liegen doch einige Versuche mit Spaltspektrographen vor. Am glücklichsten waren dabei HALE und ADAMS[1], die mit Hilfe des großen Sonnenteleskops der Mount Wilson-Sternwarte die hellen Linien am Sonnenrand bei Tageslicht beobachten konnten. Ähnliche Versuche sind kürzlich von UNSÖLD[2] und DAVIDSON[3] gemacht worden, während KIENLE[4] versucht hat, Spaltaufnahmen während Sonnenfinsternissen zu erhalten.

Auf den Aufnahmen von HALE und ADAMS, aber auch auf Aufnahmen mit spaltlosem Spektrographen, zeigen die intensiven Linien weitgehend Selbstumkehr: jede helle Linie ist in 2 Komponenten aufgespalten. Bei schwächeren Linien ist diese Erscheinung vermutlich auf Grund experimenteller Schwierigkeiten nicht zu beobachten. Eine solche Aufspaltung der Linien ist nun gerade das, was man erwarten sollte, wenn die hellen Linien vorwiegend durch Streuung zustande kommen, wie zuerst von JULIUS[5] bemerkt wurde. Der Intensitätsabfall in der Linienmitte rührt direkt von der entsprechenden dunklen Linie in der einfallenden Strahlung her und deutet an, daß das einfallende Licht nicht vollständig absorbiert und reemittiert, sondern größtenteils nur gestreut ist. UNSÖLD[6] hat versucht, die Intensitätsverteilung der Linien quantitativ zu erklären. Hier stößt er auf die Schwierig-

---

[1] Astrophys. Journ. Bd. 30, S. 222. 1909, wo auch Literaturhinweise auf ältere Arbeiten gegeben sind.

[2] ZS. f. Phys. Bd. 46, S. 782. 1928; Astrophys. Journ. Bd. 69, S. 207. 1929.

[3] Month. Not. Bd. 88, S. 30. 1930.

[4] Veröffentl. d. Univ.-Sternwarte Göttingen Heft 4, S. 17. 1928.

[5] Siehe „Zonnephysica", S. 254.

[6] ZS. f. Phys. Bd. 46, S. 782. 1928; Astrophys. Journ. Bd. 69, S. 207. 1929.

keit, daß nach seiner Theorie die Restintensität in der Linienmitte auf Null herabsinken müßte, im Gegensatz zu den Beobachtungstatsachen. Um diese Unstimmigkeit zu beseitigen, hat UNSÖLD annehmen müssen, daß die Kalziumchromosphäre sich in gewaltiger turbulenter Bewegung befindet, mit einer mittleren ungeordneten Geschwindigkeit von 15 km pro Sekunde. Diese Geschwindigkeit ist etwa zehnmal größer als die thermische Geschwindigkeit der Kalziumatome. Die vermuteten Geschwindigkeitsschwankungen können daher nicht durch Turbulenz im gewöhnlichen Sinne zustande kommen; man wird daher gezwungen anzunehmen, daß die Schwankungen direkt durch äußere Kräfte hervorgerufen werden. Diese Möglichkeit läßt sich nicht ohne weiteres verneinen, weil die Kalziumchromosphäre, wie wir sehen werden, wahrscheinlich durch den Lichtdruck getragen wird. Schwankungen des Lichtdrucks können zustande kommen durch Schwankungen der Intensität der Strahlung, wie wir sie aus der Granulation der Sonnenoberfläche kennen[1]. Man muß andererseits bedenken, daß UNSÖLD auf der Grundlage der reinen Streutheorie arbeitet. Wenn die notwendig vorhandenen Fluoreszenzerscheinungen berücksichtigt werden, fällt die Theorie der Restintensität der Linienmitte anders aus, auch im Fall der Linien im Flash-Spektrum[2].

b) Dichteverteilung der Chromosphäre. Da Wasserstoff unzweifelhaft den Hauptbestandteil der Chromosphäre bildet, wenigstens wenn man die höchsten Schichten ausschließt, ist es angebracht, sich zuerst auf die Behandlung der Wasserstoffchromosphäre zu beschränken. Die neuesten Beobachtungen an Wasserstofflinien im Flash-Spektrum rühren von DAVIDSON und STRATTON[3], DAVIDSON, MINNAERT, ORNSTEIN und STRATTON[4], PANNEKOEK und MINNAERT[5] und MITCHELL[6] her.

---

[1] Vgl. S. R. PIKE, Month. Not. Bd. 88, S. 3. 1927.

[2] J. WOLTJER hat andererseits versucht, die Lichtverteilung in den hellen Kalziumlinien als Folge einer hypothetischen radialen Bewegung zu erklären. Siehe Bull. Astron. Inst. Netherlands Nr. 167, 180 u. 182. 1929. Radiale Strömungen in der Sonnenatmosphäre wurden auch von ST. JOHN angenommen, um die Aufspaltung der feinen zentralen Emissionslinien H_2 und K_2 zu erklären. Astrophys. Journ. Bd. 34, S. 140. 1911.

[3] Mem. Brit. Astron. Soc. Bd. 64, S. 105. 1927.

[4] Month. Not. Bd. 88, S. 536. 1928.

[5] Verhandl. kon. Akad. Amsterdam Bd. 13, Nr. 5. 1928.

[6] Astrophys. Journ. Bd. 11, S. 1. 1930.

Besonders wichtig sind in dieser Verbindung die Beobachtungen von PANNEKOEK und MINNAERT, die die Intensitätsverteilung in den Wasserstofflinien für verschiedene Höhenniveaus ausmaßen. Ihre Resultate sind in der Formel

$$I = I_0 e^{K(1-r/a)}, \qquad K = 1127, \qquad I_0 = 62 \cdot 10^4 \text{ Erg/cm}^2\text{sek} \qquad (346)$$

zusammengefaßt. Diese Formel gibt an, wieviel Energie im Lichte der H_γ-Linie pro Sekunde und pro Einheit des räumlichen Winkels von einem Quadratzentimeter der Chromosphäre im Höhenniveau r ausgestrahlt wird ($a =$ Radius der Sonne $= 695 \cdot 10^8$cm). Aus der obigen Formel kann man die Zahl der Wasserstoffatome in der Volumeinheit berechnen. Es sei $E(r)$ die im Lichte von H_γ pro Sekunde und Volumeneinheit emittierte Energie. Wenn wir annehmen, daß keine Reabsorption der Energie stattfindet, daß also die Intensität der Austrittstrahlung einfach die Gesamtemission längs der Sehlinie ist, gilt die folgende Relation zwischen I und E

$$I(r_0) = 2 \int\limits_{r_0}^{\infty} \frac{E(r)\,r\,dr}{\sqrt{r^2 - r_0^2}} \, , \qquad (347)$$

wo r_0 den Abstand des Sehstrahls vom Sonnenmittelpunkt bezeichnet. Dies ist eine Integralgleichung für E, die zuerst von ABEL gelöst wurde und die eine große Rolle in der Theorie der Sternhaufen gespielt hat. Die Lösung vollzieht sich am einfachsten, indem wir

$$r^2 = u \quad \text{und} \quad r_0^2 = v \qquad (348)$$

schreiben, die Gleichung mit $\dfrac{dv}{\sqrt{v-w}}$ multiplizieren (w eine Konstante) und von $v = w$ bis $v = \infty$ integrieren. Wir vertauschen ferner die Reihenfolge der Integration, schreiben also die Gleichung in der Form

$$\int\limits_{w}^{\infty} \frac{I(v)\,dv}{\sqrt{v-w}} = \int\limits_{w}^{\infty} E(u)\,du \int\limits_{w}^{u} \frac{dv}{\sqrt{(u-v)(v-w)}} \, . \qquad (349)$$

Man bemerke ferner, daß

$$\int\limits_{w}^{u} \frac{dv}{\sqrt{(u-v)(v-w)}} = \pi \qquad (350)$$

ist. Die gesuchte Lösung des Problems folgt also aus (349) einfach durch Ableitung

$$E(w) = -\frac{1}{\pi}\frac{d}{dw}\int_w^\infty \frac{I(v)\,dv}{\sqrt{v-w}}\,.\tag{351}$$

In unserem Fall läßt sich die Integration in genügender Näherung ausführen, indem wir

$$v - w = x^2\tag{352}$$

setzen und für $I(x)$ den Näherungsausdruck

$$\log I = \log I_0 + K\left\{1 - \frac{\sqrt{w}}{a} - \frac{x^2}{2a\sqrt{w}}\right\}\tag{353}$$

verwenden. Dies gibt in erster Näherung

$$E(r) = \sqrt{\frac{K}{2\pi a^2}}\,I_0\,e^{K\left(1-\frac{r}{a}\right)}\,.\tag{354}$$

Die Emission kommt teilweise durch Streuung und teilweise durch Fluoreszenz zustande. Nach den früheren Ausführungen ist zu erwarten, daß die Streuung die größte Rolle spielt. Wir setzen deshalb größenordnungsgemäß

$$E = n_2 \cdot I_p S/4\pi\,,\tag{355}$$

wo n_2 die Zahl der Wasserstoffatome im zweiten Quantenzustand ist; S ist die Gesamtstreuung in der Linie ($S = \int_0^\infty \sigma_\nu\,d\nu$), und I_p ist die Gesamtintensität der Photosphärenstrahlung, gemittelt über den Bereich der H_γ-Linie. Die räumliche Verteilung der Wasserstoffatome im zweiten Quantenzustand in der Chromosphäre ist also nach (354) und (355)

$$n_2 = \frac{1}{I_p S a}\sqrt{\frac{8\pi^3}{K}}\cdot e^{K\left(1-\frac{r}{a}\right)}\,.\tag{356}$$

Die numerische Auswertung des konstanten Faktors in dieser Gleichung ist von McCrea[1], aber von einem etwas verschiedenen Standpunkt aus, besprochen worden. McCrea betrachtet die spontane Emission der Atome im Ausgangszustand der H_γ-Linie. Indem er einen theoretischen Wert der Übergangswahrscheinlich-

---

[1] Month. Not. Bd. 89, S. 483. 1929.

keit A_{52} verwendet, findet er erstens die Zahl der Atome im fünften Zustand, und hieraus, mittels des BOLTZMANNschen Prinzips, die Zahl n_2 an der Basis der Chromosphäre; diese ist gleich 6200. Nach BOLTZMANNs Prinzip wird die entsprechende Zahl der Wasserstoffatome im Normalzustand etwa gleich 10^{12}, und das Gesetz der Dichteverteilung des Wasserstoffs in der Chromosphäre wird

$$\varrho = \varrho_0 e^{K\left(1 - \frac{r}{a}\right)}, \quad \varrho_0 = 16 \cdot 10^{-13}\,\mathrm{g/cm^3}. \tag{357}$$

Man bemerke die Übereinstimmung der Zahl der Wasserstoffatome an der Basis der Chromosphäre mit der Zahl der freien Elektronen in der umkehrenden Schicht, die wir aus den relativen Intensitäten der Bogen- und Funkenlinien von Kalzium und Strontium ableiteten (vgl. § 40). Dies deutet an, daß wir die Größenordnung richtig getroffen haben.

c) Dynamik der Wasserstoffchromosphäre. Die wichtigste Frage ist nun die, wie die gefundene Dichteverteilung zu erklären ist. Daß die Verteilung exponentiell verläuft, deutet darauf hin, daß die Wasserstoffchromosphäre einfach in hydrostatischem Gleichgewicht unter der Wirkung von Gasdruck und Schwere ist; aber wir werden bald sehen, daß dies nicht richtig sein kann. In diesem Fall muß nämlich die Konstante K durch den Ausdruck

$$K = a \cdot m_H g / kT \tag{358}$$

gegeben sein, wo g die Schwerebeschleunigung und T die Temperatur der Chromosphäre bedeuten.

Wenn wir hier die numerischen Werte $a = 695 \cdot 10^8, g = 27360$ und $T = 5000$ eintragen, finden wir

$$K = 4600, \tag{359}$$

also einen viermal zu großen Wert. Wenn der Wasserstoff ganz ionisiert wäre, ließe sich dieser Wert auf die Hälfte herabdrücken, da das mittlere Molekulargewicht dann auf die Hälfte zu reduzieren wäre. Aber es ist zweifelhaft, ob der Wasserstoff genügend ionisiert ist, um hierdurch das Molekulargewicht merklich zu beeinflussen. Durch eine direkte Anwendung der thermodynamischen Formeln des Dissoziationsgleichgewichts auf die Chromosphäre bekommt man das Resultat, daß die Ionisation an der unteren Basis der Chromosphäre höchstens 10% beträgt und wahrscheinlich viel kleiner ist. In größeren Höhen darf man zwar wegen der kleineren Dichte mit einer stärkeren Ionisation rechnen, aber es ist aussichtslos, hierdurch die Schwierigkeit ganz zu lösen, da wir wenigstens noch einen Faktor 2 aus der Formel (359) entfernen müssen.

Es scheint aussichtslos zu sein, die Dichteverteilung der Chromosphäre durch irgendwelche statischen Verhältnisse zu erklären, und es liegt nahe, anzunehmen, wie von McCrea[1] zuerst bemerkt wurde, daß die Ausbreitung der Chromosphäre einfach durch ihre inneren Bewegungen zustande kommt. In der Tat, für den mittleren Druck in einem Gas spielt die turbulente Geschwindigkeit ungeordneter Bewegungen genau dieselbe Rolle wie die Geschwindigkeit der ungeordneten Bewegungen der einzelnen freien Teilchen, die für den rein hydrostatischen Gasdruck maßgebend ist. Eine ungeordnete Geschwindigkeit, die zweimal größer ist als die thermische Geschwindigkeit der Atome, würde somit genügen, um den jetzigen Zustand der Chromosphäre aufrechtzuerhalten.

Allerdings hat Milne[2] darauf hingewiesen, daß man nur schwer verstehen kann, wie überhaupt eine turbulente Bewegung zustande kommen soll, bei der die ungeordnete Geschwindigkeit größer ist als die thermische Geschwindigkeit der beteiligten Atome. Wie diese Schwierigkeit zu beseitigen ist, ist nicht ganz klar. Möglicherweise kommt die ungeordnete Bewegung der Chromosphäre ausschließlich durch die Protuberanzenaktivität der Sonne zustande. Da die Geschwindigkeit der größeren Protuberanzen die thermische Geschwindigkeit der Atome um Größenordnungen übersteigt, würde eine ungeordnete Geschwindigkeit von der verlangten Größenordnung keine Schwierigkeiten darbieten[3].

47. Die Kalziumchromosphäre.

Während die Ausdehnung der Wasserstoffchromosphäre sich vielleicht durch ungeordnete Bewegungen erklären läßt, trifft dies kaum zu für den Fall der Kalziumchromosphäre. Die Frage ist nämlich, warum gerade Kalzium bevorzugt ist, und warum nicht andere Elemente durch die ungeordnete Bewegung in die

---

[1] Month. Not. Bd. 89, S. 718. 1929.
[2] Observatory Bd. 52, S. 358, 1929.
[3] Vgl. W. H. McCrea, Observatory Bd. 53, S. 48. 1930.

Höhe getrieben werden. Wasserstoff bietet hier keine Schwierigkeit, da er wegen des kleinen Atomgewichts gerade am höchsten steigen sollte; aber Kalzium ist eine unerwartete Ausnahme.

Es liegt nahe, mit MILNE[1] anzunehmen, daß die selektive Bevorzugung von Kalzium eine Wirkung des Lichtdrucks ist. Die Möglichkeit einer solchen selektiven Wirkung des Lichtdrucks ist am größten an der Oberfläche des Sterns, wo die kleine Dichte eine selektive Auswahl der für Lichtdruck besonders empfindlichen Atome erleichtert. Die maximale Masse einer vom Lichtdruck getragenen Chromosphäre ist sehr klein und läßt sich wie folgt abschätzen. Es sei L die Helligkeit des Sterns, in Erg pro Sekunde ausgedrückt. Der von dieser Strahlung getragene Impuls ist L/c. Es sei ferner m die Masse einer irgendwo außerhalb des Sterns gelegenen Chromosphäre, die einen mittleren Abstand R vom Mittelpunkt des Sterns haben möge. Das Gewicht der Chromosphäre ist dann $G m m_0 R^{-2}$, wo m_0 die Sternmasse bedeutet. Wenn die Chromosphäre einen Bruchteil β des Sternlichts absorbiert, erfährt sie den Lichtdruck $\beta L/c$, und bei Gleichgewicht wird

$$\frac{\beta L}{c} = G m m_0 R^{-2} \quad \text{oder} \quad m = \frac{\beta L R^2}{m_0 G c}. \tag{360}$$

Man bemerkt sogleich, daß bei konstant gehaltenem β die vom Lichtdruck getragene Masse proportional R^2 wächst. Selbst wenn die Masse einer direkt auf der Photosphäre lagernden Chromosphäre winzig klein ist, kann sie für genügend große Abstände beträchtliche Werte annehmen. Dieser Punkt dürfte für die Theorie der planetarischen Nebel von Interesse sein. An der Oberfläche der Sonne ist der Maximalwert von m gleich $5 \cdot 10^{18}$ g oder zehnmillionenmal kleiner als die Masse des Mondes. Von dieser Masse fällt auf jeden Quadratzentimeter der Oberfläche nur 0,1 Milligramm. Zum Vergleich sei bemerkt, daß die Luftmasse pro Quadratzentimeter an der Erdoberfläche 10^7mal größer ist. Die vom Lichtdruck wirklich getragene Masse der Kalziumchromosphäre der Sonne dürfte aber mehrere tausendmal kleiner sein als nach der obigen Schätzung, da die aus dem Gebiet der Linien H und K entnommene Strahlungsenergie weniger als ein Tausendteil der gesamten Sonnenstrahlung ausmacht.

---

[1] Month. Not. Bd. 84, S. 354. 1924; Bd. 85, S. 111. 1924; Bd. 86, S. 8. 1925.

Daß die Masse einer vom Lichtdruck getragenen Chromosphäre
so klein ist, braucht uns nicht viel zu kümmern, denn wir wissen
ja, daß der Absorptionskoeffizient innerhalb einer Linie sehr groß
ist, so daß eine sehr kleine Zahl von Atomen genügt, um einen
merklichen Absorptionseffekt hervorzurufen. Für Ca^+ und
ähnlich gebaute Atome liegen die Verhältnisse besonders günstig,
da die Resonanzlinien nicht weit von dem Maximum der Energiekurve der Sonnenstrahlung liegen, wodurch praktisch alle im
richtigen Ionisationszustand befindlichen Atome wirksam sind.

Damit in dieser Weise eine genügend langsame Abnahme der
Dichte mit der Höhe zustande kommen kann, ist es offenbar notwendig, daß der Lichtdruck innerhalb der ganzen sichtbaren
Chromosphäre die Schwere ziemlich genau aufhebt. Eine solche
Kompensation der wirkenden Kräfte kann tatsächlich erreicht
werden, wie die folgenden, von MILNE herrührenden Überlegungen
wahrscheinlich machen. Zwar enthalten die MILNEschen Rechnungen verschiedene Härten, welche die Resultate unsicher
machen, werden aber den Hauptzügen des Problems vermutlich
doch gerecht.

Der Lichtdruck pro Atom ist allgemein durch

$$f = \int_0^\infty (x_\nu + \sigma_\nu) F_\nu \, d\nu \qquad (361)$$

gegeben, wo der Extinktionskoeffizient sich auf ein einzelnes Atom
bezieht und F_ν wie gewöhnlich den monochromatischen Strahlungsfluß bezeichnet. Der Strahlungsfluß wird natürlich im allgemeinen räumlich veränderlich sein, und zwar wird er nach innen
anwachsen. Diese Veränderlichkeit wird aber von MILNE vernachlässigt, wodurch das Problem des Strahlungsgleichgewichts
sich formal auf den Fall kohärenter Streuung reduziert. Hierdurch
wird die Wirkung des Lichtdrucks verringert, so daß die resultierende theoretische Ausbreitung der Chromosphäre wenigstens
nicht durch rechnerische Vernachlässigungen vorgetäuscht wird.

Da die Schwerebeschleunigung in genügender Näherung auch
als räumlich konstant angenommen werden kann, folgt, daß das
Verhältnis des Lichtdrucks zur Schwere dem Extinktionskoeffi-
zienten pro Masseneinheit proportional ist. An der oberen Grenze
der Chromosphäre kann dieses Verhältnis höchstens gleich Eins

sein, da sonst die Atome weiter nach außen fliegen würden. Dies stellt also den günstigsten Fall dar, und es fragt sich nur, wie das Verhältnis in der Chromosphäre selbst verläuft, wenn es oben gleich Eins ist. Hierzu bedarf man einiger Rechnungen, die jedoch ziemlich einfacher Art sind, und die zeigen, daß die Wirkung des Lichtdrucks kleiner wird, wenn man nach unten geht, was ja auch notwendig ist, um einen vernünftigen Anschluß an die Theorie des Sterninnern zu erreichen. Daher spielt auch der Gasdruck eine wichtige Rolle im Aufbau der Chromosphäre, und der Dichteverlauf kommt proportional $(z + z_0)^{-2}$ heraus, wo z_0 die homogene Höhe der Chromosphäre bedeutet.

Um die zugrunde gelegten Voraussetzungen klar herauszustellen, müssen wir die betreffenden Rechnungen reproduzieren. Zuerst fragt es sich, wie die Atome über die verschiedenen Quantenzustände verteilt sind und wie hoch die Ionisation ist. MILNE macht hier die vereinfachende Annahme, daß die ganze Chromosphäre nur aus Ca^+-Atomen besteht, eine Annahme, die allerdings physikalisch kaum zu rechtfertigen ist. Ferner kann man, ohne Wesentliches zu opfern, die Linien H und K als eine einzige verschmolzene Linie betrachten.

Es seien n_1 und n_2 die Zahlen der Atome in der Volumeneinheit, die sich im ersten bzw. zweiten Quantenzustand befinden, und p sei die mittlere Strahlungsdichte im Gebiete der (verschmolzenen) Linien H und K. Die Mittelwertbildung möge so vorgenommen sein, daß $B_{12}\varrho_{\nu_{12}}$ die Wahrscheinlichkeit dafür ist, daß ein Atom im unteren Zustand in der Zeiteinheit nach dem angeregten Zustand überführt wird. B_{12} ist der EINSTEINsche Absorptionskoeffizient. Die Bedingung des Strahlungsgleichgewichts lautet dann, wenn B_{21} und A_{21} die EINSTEINschen Koeffizienten der Emissionsübergänge sind:

$$n_1 B_{12}\,\varrho_{\nu_{12}} = n_2(A_{21} + B_{21}\varrho_{\nu_{12}})\,. \tag{362}$$

Man hat dann die bekannten Relationen

$$\sigma_1 B_{12} = \sigma_2 B_{21} \quad \text{und} \quad A_{21} = B_{21}\,8\pi h\nu^3/c^3\,, \tag{363}$$

also

$$\frac{n_1}{n_2} = \frac{\sigma\,\bar{\varrho}_{\nu_{12}}}{1 + \bar{\varrho}_{\nu_{12}}}\,, \quad \text{wo} \quad \bar{\varrho}_\nu = \frac{c^3}{8\pi h\nu^3}\,\varrho_\nu \quad \text{und} \quad \sigma = \frac{\sigma_2}{\sigma_1}\,. \tag{364}$$

Für die Änderung der Strahlungsdichte mit der Höhe steht die früher entwickelte Theorie des Strahlungsgleichgewichts zur Verfügung:

$$\varrho_\nu = \frac{1}{c} F_\nu (2 + 3 \cdot \tau) \tag{365}$$

oder, wenn ein Strich wieder Division durch $8\pi h\nu^3/c^3$ bezeichnet,

$$\bar{\varrho}_\nu = \frac{1}{c} \bar{F}_\nu (2 + 3 \cdot \tau) . \tag{366}$$

Hier ist τ die optische Dicke des über der betrachteten Stelle lagernden Teils der Chromosphäre.

Der Lichtdruck. Der durch spontane Ausstrahlung auf die Atome übertragene Impuls verschwindet im Mittel wegen der Gleichwertigkeit aller Emissionsrichtungen und übrig bleiben nur die erzwungenen Übergänge, die einen Lichtdruck

$$n_1 \frac{h\nu}{c^2} B_{12} F_\nu - n_2 \frac{h\nu}{c^2} B_{21} F_\nu = \frac{h\nu}{c^2} B_{12} F_\nu \left(n_1 - \frac{1}{\sigma} n_2 \right) \tag{367}$$

ausüben. Die Schwerkraft pro Volumeneinheit ist andererseits

$$M (n_1 + n_2) g \tag{368}$$

und das Verhältnis des Lichtdrucks zur Schwere wird

$$\eta = \frac{h\nu F_\nu B_{12}}{M c^2 g} \frac{n_1 - n_2/\sigma}{n_1 + n_2} . \tag{369}$$

Gesucht ist die Lösung des entsprechenden hydrostatischen Problems, in der η mit unbegrenzt wachsender Erhebung über die Sonnenoberfläche gegen Eins konvergiert.

Um diese Lösung zu finden, betrachten wir die Gleichung des hydrostatischen Gleichgewichts

$$\frac{\partial p}{\partial z} = - M (n_1 + n_2) g + \frac{h\nu}{c^2} F_\nu B_{12} \left(n_1 - \frac{1}{\sigma} n_2 \right) \tag{370}$$

und entwickeln die rechte Seite für den Fall, daß n_2 klein ist neben n_1, was für die Sonne in hoher Näherung zutreffen dürfte. Wir finden dann

$$\frac{\partial p}{\partial z} = - \varrho g \left\{ 1 - \frac{h\nu F_\nu B_{12}}{c^2 M g} \left(1 - \frac{\sigma + 1}{\sigma} \cdot \frac{n_2}{n_1} \right) + \cdots \right\}, \tag{371}$$

wo ϱ die Dichte ist. Nach (364) und (366) ist ferner, wenn das Quadrat und höhere Potenzen von $\bar{\varrho}_\nu$ vernachlässigt werden,

$$\frac{n_2}{n_1} = \frac{\sigma \bar{\varrho}_\nu}{1 + \bar{\varrho}_\nu} = \frac{\sigma \bar{F}_\nu}{c} (2 + 3\tau) + \cdots \tag{372}$$

und weiter

$$\frac{\partial p}{\partial z} = -\varrho g \left\{ 1 - \frac{h\nu F_\nu B_{12}}{c^2 M g} + \tau \cdot \frac{h\nu F_\nu \overline{F_\nu}\, 3(1+\sigma) B_{12}}{c^3 M g} + \cdots \right\}. \tag{373}$$

Damit die Grenzbedingung $\partial p/\partial z = 0$ für $\tau = 0$ befriedigt wird, muß

$$1 = \frac{h\nu B_{12}}{c^2 M g}\, F_\nu \tag{374}$$

sein, wodurch die Größe des Nettostroms der Strahlung als Funktion der Schwerebeschleunigung bestimmt wird. Man bemerke ferner, daß der mittlere Absorptionskoeffizient innerhalb der Linie

$$\varkappa = \varrho\, \frac{h\nu B_{12}}{c M \Delta\nu} \tag{375}$$

ist, wenn man hier die Korrektion für nicht verschwindendes n_2 vernachlässigt und die mittlere Breite der Linie durch $\Delta\nu$ bezeichnet. Die hydrostatische Gleichgewichtsbedingung reduziert sich also zuletzt auf

$$\frac{1}{\tau}\frac{\partial p}{\partial \tau} = 3(1+\sigma) F_\nu \overline{F_\nu} \Delta\nu/c^2; \tag{376}$$

oder integriert

$$p = \tfrac{3}{2}(1+\sigma) c^{-2} F_\nu \overline{F_\nu} \Delta\nu \cdot \tau^2. \tag{377}$$

Betrachtet man die Temperatur als konstant, so folgt ferner

$$d\tau = -\frac{3}{2}\frac{h\nu B_{12}}{c^3 kT}(1+\sigma) F_\nu \overline{F_\nu} \cdot \tau^2 dz, \tag{378}$$

oder integriert

$$\tau = 2c^3 kT/3h\nu B_{12}(1+\sigma) F_\nu \overline{F_\nu}(z + z_0), \tag{379}$$

wo z_0 eine Integrationskonstante bedeutet. Es folgt also aus (377) und (379) schließlich das folgende Gesetz der Druckverteilung

$$p = \frac{2}{3}\frac{\Delta\nu}{(1+\sigma) F_\nu \overline{F_\nu}}\left(\frac{kTc^2}{h\nu B_{12}(z + z_0)}\right)^2; \tag{380}$$

oder, wenn wir F_ν und B_{12} durch die Grenzbedingung (374) eliminieren:

$$p = \frac{16}{3}\frac{\pi h\nu^3 \Delta\nu}{(1+\sigma) c^3}\left(\frac{kT}{Mg(z + z_0)}\right)^2. \tag{381}$$

Die Konstante z_0 hat die aus der Theorie der Erdatmosphäre geläufige Bedeutung der Höhe des über dem Niveau $z = 0$ gelegenen Teils der Chromosphäre, wenn sie auf die $z = 0$ entsprechende Dichte reduziert wird. Es ist nämlich nach (381) identisch

$$z_0 p_{z=0} = \int_0^\infty p \, dz \, . \tag{382}$$

Der numerische Wert der Konstanten z_0 gibt also einen unmittelbaren Ausdruck für die mittlere Höhe der Chromosphäre. Eine genaue Bestimmung dieser Konstanten ist aber augenblicklich nicht möglich. MILNE findet für z_0 den Wert 3660 km unter der Annahme, daß $z = 0$ diejenige Stelle markiert, wo die spezifische Intensität der Strahlung in den vereinigten Linien H und K der photosphärischen Temperatur entspricht. EDDINGTON[1] berechnet andererseits z_0 aus der optischen Dicke der Chromosphäre und findet einen zweimal kleineren Wert. Der richtige Wert dürfte somit im Intervall 2000—4000 km liegen. Angesichts des durch (381) verlangten langsamen Dichteabfalls nach oben scheint diese Theorie mit dem MITCHELLschen Resultat verträglich zu sein.

MILNE hat übrigens die Theorie innerhalb des gesteckten Rahmens weiter ausgebaut, indem er einerseits die Multiplizität der Linien H und K und das Vorhandensein des infraroten Tripletts $1D-1P$ berücksichtigt und andererseits die durch die Streuprozesse hervorgerufene Geschwindigkeitsverteilung der Atome berechnet. Es kommt heraus, daß die Restintensitäten der Komponenten des Dubletts sich wie die entsprechenden statistischen Gewichte der Anfangszustände der Linien verhalten sollten. Diese Forderung ist zwar nicht mit den Beobachtungen im Einklang; aber angesichts der Schwierigkeit, die mit der Messung von Restintensitäten verbunden ist, dürfte diese Unstimmigkeit nicht schwerwiegend sein.

a) **Bemerkungen zu dieser Theorie.** Wir haben früher gesehen, daß der Intensitätsverlauf der Ca^+-Linien sich nicht wesentlich von den übrigen Linien des Sonnenspektrums unterscheidet. Vom Standpunkt der MILNEschen Theorie, nach der das Zustandekommen der Ca^+-Linien von den übrigen Linien radikal verschieden sein sollte, muß dies als sehr merkwürdig bezeichnet werden. Die Restintensität ist ja gemäß (374) durch

$$F_\nu = \frac{g \cdot c^2 M}{h\nu B_{12}} \tag{383}$$

____

[1] Der innere Aufbau der Sterne, deutsche Ausgabe, S. 457 f.

13*

gegeben und ist also durch den Einsteinkoeffizienten und die Schwerebeschleunigung völlig bestimmt. Nach Rechnungen von ZWAAN[1] ist nun diese Relation größenordnungsgemäß befriedigt. Es dürfte aber schwer sein, zuzugeben, daß diese Größen für die Sonne ganz zufälligerweise so abgestimmt sein sollten, daß die Ca^+-Linien sich durch nichts unter den anderen Linien auszeichnen. Diese Härte der Theorie läßt sich wohl beseitigen, ohne die zugrunde gelegte Idee einer vom Lichtdruck getragenen Chromosphäre zu verlassen. Man muß einerseits bedenken, daß wir die ganze Chromosphäre aus Ca^+-Ionen allein aufgebaut haben. Dies ist sicher unrichtig. Deshalb stellt die Atommasse M in (383) in Wirklichkeit einen Mittelwert dar, der von dem Ionisationsgrad abhängig ist. Wahrscheinlich ist die Relation (383) so zu interpretieren, daß bei gegebener Schwerebeschleunigung das Verhältnis M/B_{12} sich so anpaßt, daß F_ν den für gewöhnliche Absorptionslinien zu erwartenden Normalwert annimmt.

Es ist andererseits die Stabilität der Chromosphäre zu berücksichtigen. Die obigen Rechnungen beziehen sich ja auf einen ganz bestimmten Zustand, bei dem die Dichteverteilung in sehr empfindlicher Weise von dem Strahlungsfluß abhängt. In der Tat, wenn der Strahlungsfluß den durch (383) vorgeschriebenen Wert selbst um winzig kleine Größen unterschreiten sollte (während M/B_{12} unverändert bleibt), würde die Chromosphäre schnell auf die Photosphäre herabsinken. Selbst wenn man die Möglichkeit eines speziellen Gleichgewichtszustands im Sinne der MILNEschen Theorie zugibt, wäre ein Zweifel an der Wahrscheinlichkeit, daß ein solcher Zustand sich von selbst einstellt und bestehen bleibt, berechtigt.

Dieses Bedenken dürfte aber durch Berücksichtigung der Anregungsprozesse beseitigt werden, ohne den Boden der MILNEschen Theorie zu verlassen. Wenn überschüssige Atome der Chromosphäre in die Photosphäre herunterfallen, werden sie nämlich durch die höhere Temperatur teilweise in den oberen Zustand versetzt, wodurch die gesamte optische Tiefe der Ca^+-Schicht verringert, der Strahlungsdruck also vergrößert wird. Wenn die optische Tiefe der Schicht anfänglich zu klein ist, geht es umgekehrt, so daß in allen Fällen der von uns oben behandelte Grenzfall als natürlicher Gleichgewichtszustand erscheint. Für

---

[1] Dissert. Utrecht 1929.

größere Störungen des Gleichgewichts dürften andererseits die Ionisationsprozesse von ausschlaggebender Bedeutung werden. Diese wirken im selben Sinne wie die Anregungsprozesse. Das Auseinanderstieben einer allzu leichten Chromosphäre wird durch Bildung von Ca^{++}-Ionen, auf die fast kein Lichtdruck wirkt, verhindert; das Herabsinken einer zu schweren Chromosphäre wird durch Ausscheidung von neutralen Kalziumatomen gehemmt.

Die Zahl der Ca^{+}-Atome in der Volumeneinheit an der unteren Grenze der Chromosphäre berechnet MILNE zu etwa 10^6. Angesichts dieser kleinen Dichte ist es sehr merkwürdig, daß überhaupt Ca^{+}-Ionen vorkommen können, da man eine sehr starke Anreicherung von zweimal ionisierten Atomen erwarten sollte. Sofern wir überhaupt an dem Grundgedanken der MILNEschen Theorie festhalten, müssen wir annehmen, daß die Zahl der freien Elektronen an der Basis der Kalziumchromosphäre viel größer als 10^6 pro Volumeneinheit ist. Es scheint natürlich, mit McCREA[1] anzunehmen, daß diese Elektronen durch Ionisierung des Wasserstoffs geliefert werden; McCREA konnte zeigen, daß hierdurch eine genügende Zahl von freien Elektronen zur Verfügung steht. Übrigens hat es nicht an Vorschlägen gefehlt, der Schwierigkeit in anderer Weise zu entgehen[2].

Obgleich also der Kalziumchromosphäre als Ganzem eine gewisse Stabilität innewohnt, ist klar, daß der betrachtete Gleichgewichtszustand nicht ohne Massenverlust nach außen bestehen kann. Die Atome können freilich an der oberen Begrenzung der Chromosphäre im Gleichgewicht bleiben, soweit sie sich hinter den Absorptionslinien vor der ungestörten Strahlung der Photosphäre verbergen können. Wenn sie aber aus irgendeinem Grunde in so große Bewegung geraten, daß sie außerhalb der Ca^{+}-Linien absorbieren, so ist das Gleichgewicht offenbar aufgehoben und die Atome werden nach außen beschleunigt, bis sie durch Ionisation dem Einfluß des Strahlungsdrucks entzogen werden. Im glücklichsten Fall können die Kalziumatome in dieser Weise von der Sonne weggeschleudert werden mit einer Geschwindigkeit von Tausenden von Kilometern pro Sekunde[3].

---

[1] Month. Not. Bd. 89, S. 483. 1929.
[2] Vgl. E. A. MILNE, Month. Not. Bd. 88, S. 188. 1928.
[3] E. A. MILNE, Month. Not. Bd. 84, S. 35. 1924.

Es ist wohl selbstverständlich, daß auch andere Sterne Chromosphären besitzen müssen, die unter Umständen von sehr großer Ausdehnung sein können. Man kann annehmen, daß die Kalziumchromosphäre auf Riesensternen im allgemeinen sehr groß ist, denn die Wirkung der absoluten Sterngröße auf die Linien H und K ist beträchtlich. Dieser Umstand dürfte für die weitere Entwicklung der Theorie der Kalziumchromosphäre von Wichtigkeit sein, weil hierdurch die Abhängigkeit des Gleichgewichts von der Schwerebeschleunigung geprüft werden kann. So wissen wir, daß innerhalb einer gegebenen Spektralklasse die Linien H und K und die entsprechenden Linien von Sr^+ und Ba^+ sich vertiefen, wenn die anderen Riesenmerkmale der Spektren sich verstärken, und zwar qualitativ so, als ob das Verhältnis M/B_{12} konstant bliebe und F_ν proportional der Schwerebeschleunigung verliefe [vgl. (383)]. Auf diesen Parallelismus zwischen dem Verhalten der Linien H und K in Sternspektren mit der MILNEschen Chromosphärentheorie wurde zuerst von FOWLER[1] aufmerksam gemacht. Die genauere Interpretation dieses Umstandes dürfte jedoch einer künftigen Weiterentwicklung der Theorie vorbehalten bleiben.

48. Problem der hellen Linien in Sternspektren.

Für die weitere Analyse der Sternchromosphären dürfte das Phänomen der Emissionslinien von wesentlicher Bedeutung sein. Diese Erscheinung ist offenbar an ganz spezielle physikalische Verhältnisse in den äußersten Teilen der Sternatmosphären geknüpft. Die Himmelskörper, deren Spektren helle Linien enthalten, zerfallen in zwei ganz verschiedene Klassen. Zu der ersten Klasse gehören die Wolf-Rayet-Sterne, ein Teil der O-Sterne und etwa 5% der B-Sterne. Weiter können wohl hierzu auch die Novae und diejenigen galaktischen Nebel gerechnet werden, die mit Sternen der Spektralklassen früher als B1 in physischer Wechselwirkung stehen. Zu der zweiten Klasse gehören die langperiodisch veränderlichen M-, N- und S-Sterne, deren Spektren ausnahmslos helle Linien aufweisen.

a) Die Spektren der Wolf-Rayet-Sterne sind durch breite, helle Banden auf schwach kontinuierlichem Untergrund gekennzeichnet. Die Breite dieser Banden ist sehr groß und kann in einigen Fällen mehr als 100 A betragen. Es scheint jedoch außer

---

[1] Month. Not. Bd. 85, S. 970. 1925.

Zweifel gestellt, daß diese Banden nur verbreiterte Spektrallinien sind, und zwar Wasserstofflinien, Bogen- und Funkenlinien von Helium und Kohlenstoff, Funkenlinien von Stickstoff und Linien der höheren Anregungsstufen von Sauerstoff und Silizium[1].

Die Farbe der Wolf-Rayet-Sterne ist so stark von den hellen Banden beeinflußt, daß sie keine sicheren Schlüsse auf die effektive Temperatur erlaubt. In einigen der Fälle, in welchen die effektiven Temperaturen direkt aus dem kontinuierlichen Spektrum ermittelt worden sind, scheinen sie nicht wesentlich höher als für A- und B-Sterne zu sein. Trotzdem darf man die Wolf-Rayet-Sterne im Farben-Helligkeitsdiagramm an die Spitze der O-Sterne stellen. Man schließt dies aus Übergangsfällen, die neben den Wolf-Rayet-Banden auch die charakteristischen Absorptionen des O-Typus zeigen. Das Vorhandensein von hoch angeregten Funkenlinien in den Wolf-Rayet-Spektren deutet auch darauf hin, daß die Anregungsbedingungen hohen Temperaturen entsprechen; für die Wolf-Rayet-Sterne in planetarischen Nebeln haben WRIGHT[2] und ZANSTRA[3] viel höhere effektive Temperaturen abgeleitet als für irgendeine andere Sternklasse.

Die große Breite der Emissionsbanden läßt sich am einfachsten durch Dopplereffekt erklären. Die Intensitätsverteilung innerhalb einer Bande scheint ziemlich konstant zu sein, mit einem scharfen Abfall an beiden Seiten, gerade so wie in den Spektren der Novae. Dies entspricht einer konstanten radialen Expansion der strahlenden Sternatmosphäre, wie von BEALS[4] hervorgehoben wurde. Es sei ν_0 die Eigenfrequenz einer gegebenen Spektrallinie und V die radiale Geschwindigkeit der Gasmasse. Die Atmosphäre sei fast durchsichtig, wodurch die Reabsorption zu vernachlässigen ist. Der Radiusvektor von einem kleinen Volumenelement dv der Atmosphäre nach dem Sternmittelpunkt bilde den Winkel Θ mit der Sehlinie. Eine von dv nach dem Beobachter emittierte Strahlung der Ruhfrequenz ν_0 hat die scheinbare Frequenz

$$\nu = \nu_0\left(1 + \frac{V}{c}\cos\Theta\right). \tag{384}$$

---

[1] Vgl. J. S. PLASKETT, Publ. Domin. Astrophys. Obs. Victoria Bd. 2, Nr. 16. 1924.

[2] Lick Obs. Publ. Bd. 13, S. 251. 1918.

[3] Nature Bd. 121, S. 790. 1928.

[4] Month. Not. Bd. 99, S. 202. 1929.

Also entspricht dem Elementarwinkel $d\Theta$ das Frequenzintervall

$$dv = \frac{v_0 V}{c} \sin \Theta \cdot d\Theta . \tag{385}$$

Wenn ϱ die Dichte und r den Radiusvektor bezeichnet, ist

$$dv = 2\pi r^2 dr \cdot \sin \Theta \, d\Theta = \frac{2\pi c}{V v_0} dv \, r^2 dr \tag{386}$$

und die Gesamtintensität im Frequenzbereich dv

$$I_v dv = dv \cdot \frac{K 2\pi c}{v_0 V} \int \varrho \, r^2 dr = \frac{K' M}{v_0 V} dv , \tag{387}$$

wo K und K' Konstante sind und M die Masse der Atmosphäre bezeichnet. Somit sollte die Intensität I_v im Frequenzbereich $v_0(1 \pm V/c)$ konstant sein und außerhalb dieses Bereichs abrupt auf Null herabsinken. Die häufig beobachtete Abrundung der Linienformen wäre also auf Reabsorption oder räumlich veränderliche Radialgeschwindigkeit zurückzuführen[1]. Die Breite der Linien einer gegebenen Serie, in relativen Frequenzeinheiten gemessen, scheint konstant zu sein, wie es das DOPPLERsche Prinzip verlangt. Verschiedene Elemente zeigen aber sehr verschiedene Geschwindigkeiten. Dies wäre gerade dann zu erwarten, wenn die Atome durch den Lichtdruck vom Stern weggetrieben werden in der von MILNE beschriebenen Weise; im übrigen aber muß man zugestehen, daß die Natur des Wolf-Rayet-Phänomens uns noch sehr dunkel ist. Die Wolf-Rayet-Sterne sind sehr seltene Gebilde: im ganzen sind höchstens ein paar hundert bekannt, von denen etwa die Hälfte die Kerne der planetarischen Nebel bildet.

b) O- und B-Sterne mit hellen Linien. Die frühesten Unterklassen von O zeigen Balmerlinien und Funkenlinien des Heliums in reiner Emission. Diese Balmerlinien entstammen teils gewöhnlichem Wasserstoff, aber wie von H. H. PLASKETT[2] gezeigt wurde, teils auch ionisiertem Helium. Es sei besonders daran erinnert, daß die Linien des ionisierten Heliums zum ersten Male in einem O-Spektrum gefunden wurden (ζ Puppis, 1896, von E. PICKERING).

In den B-Spektren sind die hellen Heliumlinien verschwunden, und die Wasserstofflinien fast die einzigen, die bisweilen hell er-

---

[1] Eine eingehende Untersuchung der Absorptionslinien in den Spektren expandierender Sterne wurde von J. A. CARROLL, Month. Not. Bd. 88, S. 548. 1928 gegeben.

[2] Publ. Domin. Astrophys. Obs. Victoria Bd. 1, S. 325. 1922.

scheinen. Sie bevorzugen sehr deutlich die früheren Unterklassen von B. Nach dem Henry Draper-Katalog ist die Häufigkeit der Be-Sterne heller als 8,25 Sterngrößen in willkürlicher Einheit $B0-B8 = 1$; $B8 = {}^1/_5$; $B9 = {}^1/_{40}$ und $A0 = {}^1/_{200}$. Die Verteilung der Be-Sterne am Himmel ist fast dieselbe wie die der gewöhnlichen B-Sterne. Es ist bemerkenswert, daß Be-Sterne auch in einigen Sternhaufen vorkommen. So fallen in den Pleiaden vier Be-Sterne auf, die in denselben Nebel eingebettet sind und sich mit derselben Geschwindigkeit bewegen. Die Verteilung der Be-Sterne am Himmel ist übrigens sehr ähnlich der Verteilung der Wolf-Rayet-Sterne; aber der tiefere Grund dafür ist gänzlich unbekannt.

Die Form der hellen Linien in Be-Spektren unterscheidet sich wesentlich von der Form der Wolf-Rayet-Banden. Es handelt sich in fast allen Fällen um sehr breite Absorptionslinien, welchen eine oder zwei schmalere Emissionslinien überlagert sind. Einige typische Beispiele sind in der Abb. 16 schematisch angegeben[1].

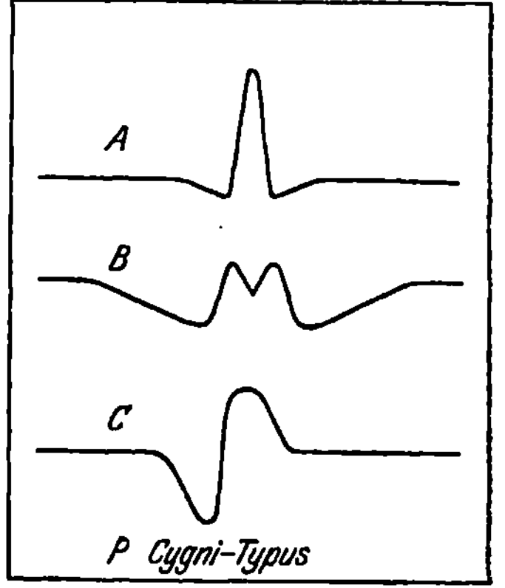

Abb. 16. Typische Formen der hellen Linien in Be-Spektren (nach MERRILL, HUMASON und BURWELL).

Der P Cygni-Typus der hellen Linien, bei dem jede Emissionslinie an der violetten Seite von einer Absorptionslinie begleitet wird, bildet einen Übergang zu den Wolf-Rayet-Sternen einerseits und den Novae andererseits, die ähnliche Linienformen aufweisen. Die Intensitäten der zentralen Emissionslinien nehmen innerhalb der Balmerserie mit wachsender Frequenz der Linien schnell ab, und in der Regel werden höchstens die drei oder vier ersten Linien in Emission beobachtet, während die höheren Serienglieder nur in Absorption vorkommen.

In einigen Fällen treten sehr komplizierte Aufspaltungsbilder auf. In γ Cassiopeiae, β Lyrae und v Sagittarii sind die Flügel der breiten Absorptionslinien in Komponenten aufgespaltet, die

---

[1] Nach P. MERRILL, M. L. HUMASON u. CORA BURWELL, Astrophys. Journ. Bd. 61, S. 389. 1925.

um eine zentrale Frequenz äquidistant angeordnet sind[1]. Die Skala
der Aufspaltung ist für alle Wasserstofflinien und in allen drei Sternen dieselbe, wenn man jede Komponente des Aufspaltungsbildes
durch eine, zugeordnete Dopplergeschwindigkeit kennzeichnet[2].

Die hellen Linien sind oft veränderlich, bisweilen kurzperiodisch, aber meistens aperiodisch, indem sie entweder langsam verschwinden oder erscheinen. Ein besonders interessanter Fall von
kurzperiodischer Veränderlichkeit wurde von MERRILL[3] auf-
gefunden. Die Emissionslinien waren in diesem Fall doppelt und
die violette Komponente von H_β zeigte periodisch veränderliche
Intensität, während die rote Komponente unverändert blieb
(andere Linien wurden nicht untersucht). Auf säkuläre Änderungen ist man meistens dadurch aufmerksam geworden, daß die
Intensität der Linien abnahm. So sind die hellen Wasserstofflinien in Pleione vor einigen Jahren verschwunden, und gleicher-
weise in μ Centauri und f[1] Cygni. Im letzteren Stern waren die
Linien hell im Jahre 1895, verschwunden 1912 und 1918, kaum
sichtbar 1920 und deutlich sichtbar 1927[4].

Der Ursprung der Emissionslinien in O- und B-Spektren liegt
noch völlig im Dunkeln. Die Tatsache, daß die höheren Glieder
der Balmerserie dunkel erscheinen, während H_α und H_β hell sind,
deutet darauf hin, daß die Emission durch Fluoreszenz zustande
kommt. Man muß sich dann vorstellen, daß der Stern von einer
sehr ausgedehnten und dünnen Wasserstoffhülle umgeben ist, in
der Fluoreszenzerscheinungen sich abspielen, etwa indem der
Wasserstoff vorzugsweise ultraviolette Strahlung absorbiert und
als sichtbares Licht reemittiert. Möglicherweise sind aber die
hellen Linien mit der Fleckenaktivität verbunden, wie die feinen
zentralen Emissionslinien H_2 und K_2 des Kalziums im Sonnenspektrum. Eine befriedigende Theorie des Phänomens ist bisher
nicht gegeben worden.

Im Hinblick auf die Sterne des P Cygni-Typus hat FRANCK[5]
die folgende Bemerkung gemacht: Wenn die Emissionslinien in

---

[1] Siehe J. S. PLASKETT, Month. Not. Bd. 87, S. 31. 1926; Publ. Domin.
Astrophys. Obs. Victoria Bd. 4, Nr. 4. 1927.
[2] R. H. CURTISS, Month. Not. Bd. 88, S. 203. 1928.
[3] Phys. Rev. Bd. 25, S. 717. 1925.
[4] R. H. CURTISS, Month. Not. Bd. 88, S. 205. 1928.
[5] Naturwissensch. Bd. 15, S. 236. 1927.

sehr ausgedehnten Chromosphären entstehen, wo die kontinuierliche Absorption zu vernachlässigen ist, wird vielleicht ein individuelles Quant in der gegebenen Linie so viele Streuprozesse erleben, daß die durch Comptoneffekt hervorgerufene Änderung seiner Wellenlänge von Bedeutung wird. Hierdurch entsteht eine Rotverschiebung der Emissionslinie, wie sie bei den P Cygni-Sternen gefunden wurde. Nach Rechnungen von ORTHMANN und PRINGSHEIM[1], ORTHMANN[2] und McCREA[3] scheint es aber unmöglich zu sein, hierdurch die Besonderheiten der P Cygni-Spektren zu erklären.

c) **Die Novae.** Genaue Beschreibungen der verwickelten spektralen Änderungen der neuen Sterne sind an mehreren Stellen gegeben[4]. Hier sei nur auf die Entwicklung von hellen Linien in den Nova-Spektren hingewiesen. Helle Wasserstofflinien treten gleichzeitig mit dem Lichtausbruch auf, während die übrigen Linien nur relativ kleinen Veränderungen unterworfen sind und meistens als Absorptionslinien verbleiben. Die Breite der Wasserstofflinien nimmt allmählich zu, und Breiten von 50—100 A sind nicht selten. Die Breiten verschiedener Linien sind der Wellenlänge proportional, was auf Dopplereffekt hindeutet. Die Intensitätsverteilung innerhalb einer Linie ist, abgesehen von kleineren Abweichungen, ziemlich konstant, mit einem schnellen Intensitätsabfall an beiden Enden, ähnlich den Wolf-Rayet-Banden. Die Bewegung der strahlenden Substanz ist also radial vom Stern weg gerichtet. Dies wird übrigens durch den Umstand bekräftigt, daß die hellen Linien an der violetten Seite von Absorptionslinien begleitet sind; also nähert sich uns die genau zwischen uns und dem Stern befindliche Substanz am schnellsten, so wie bei radialer Expansion.

Nach einiger Zeit tauchen neue Emissionsbanden auf, und zwar an den Stellen der sog. Nebellinien, die in den Spektren der planetarischen Nebel vorherrschen (siehe Abb. 19).

Die Novae zeigen also Verwandtschaft mit den Wolf-Rayet-Sternen (Breite und Intensitätsverteilung der Banden), mit den

---

[1] ZS. f. Phys. Bd. 53, S. 367. 1929.
[2] ZS. f. Phys. Bd. 54, S. 767. 1929.
[3] ZS. f. Phys. Bd. 57, S. 367. 1929.
[4] Siehe besonders STRATTONS Beitrag zum Handbuch der Astrophysik Bd. 6.

Be-Sternen (P Cygni-Typus, scharfe Absorptionslinien an der violetten Seite der Emissionsbanden) und mit den planetarischen Nebeln (Auftreten der Nebellinien). Somit wird man auch erwarten müssen, daß die genauere Aufklärung der Ursache des Nova-Phänomens zur Lösung der Rätsel der Wolf-Rayet-Sterne und der planetarischen Nebel beitragen wird.

d) Helle Linien in Spektren der späteren Spektralklassen. Man findet sehr selten helle Linien in den mittleren Spektralklassen A, F und G; aber in den späteren Klassen kommen sie häufig vor, und zwar, wie schon bemerkt, in den Spektren der langperiodisch veränderlichen Sterne. Das Verhalten der hellen Linien ist in fast allen Sternen dieser Gruppe das gleiche und läßt sich durch das Verhalten des Prototyps dieser Sterne, Mira (o Ceti), beschreiben[1].

Mira ist ein veränderlicher Stern von der mittleren Periode 330^d, der mittleren Größe $3^m,5$ im Maximum und $9^m,3$ im Minimum. Bei maximaler Helligkeit ist die Spektralklasse M5—M6; im Minimum etwa M9. Die effektive Temperatur dürfte entsprechend etwa zwischen 2300° und 1800° variieren. Mira ist, wie alle langperiodisch veränderlichen Sterne, ein ausgesprochener Riesenstern. Die absolute Helligkeit im Maximum ist etwa —0,3, also 5 Größenklassen heller als die Sonne ($+4^m,83$), was einer hundertmal größeren Helligkeit entspricht. Der interferometrisch gemessene Winkeldurchmesser des Sterns ist 0,056″, was einem linearen Durchmesser von $490 \cdot 10^6$ km entspricht. Wenn die Sonne ebenso groß wäre wie Mira, würde die Marsbahn gerade in der Nähe der Sonnenoberfläche laufen. Das Spektrum von Mira unterscheidet sich in den Absorptionskriterien nicht irgendwie auffällig von den anderen Spektren der entsprechenden M-Klassen. Genaue Untersuchungen haben jedoch gezeigt, daß die Absorptionslinien und Banden eine veränderliche Radialgeschwindigkeit besitzen, die mit der Änderung der Helligkeit synchron verläuft. Die größte Radialgeschwindigkeit tritt gleichzeitig mit der größten Helligkeit, die kleinste Geschwindigkeit mit dem Minimum der Helligkeit auf. Wenn es sich um eine radiale Schwingung des Sterns handelt, trifft also die Phase der größten Kompressionsgeschwindigkeit mit größter Helligkeit zu-

---

[1] Vgl. A. H. Joy, Astrophys. Journ. Bd. 63, S. 281. 1926.

sammen, während die Cepheiden sich bei größter Helligkeit am schnellsten ausdehnen.

Die Emissionslinien im Spektrum von Mira wurden von PICKERING (1896) entdeckt. Die auffallendsten hellen Linien gehören dem Wasserstoff an. Bei kleinster Helligkeit sind, soviel wir wissen, keine hellen Linien vorhanden; aber wenn der Stern etwa die 7. Größe erreicht, treten die Wasserstofflinien ziemlich plötzlich auf, zuerst H_δ und kurz nachher H_γ. Nach einigen Wochen haben diese Linien sehr an Intensität zugenommen; jedoch bleibt H_δ die stärkste Linie. Die größte Intensität erreichen die Linien rund einen Monat nach dem Lichtmaximum. Dann wird zuerst H_δ schwächer, so daß H_γ einige Zeit intensiver ist, und beide verschwinden, wenn die Größe auf $8^m,0$ gesunken ist. H_α und H_β sind auch als helle Linien vorhanden, aber merkwürdigerweise sind sie viel schwächer als H_γ und H_δ, und zwar in einem solchen Maße, daß dies wirklich ein charakteristisches Merkmal der Me-Sterne sein muß, das nicht durch instrumentelle Fehler vorgetäuscht wird. Im allgemeinen kann man sagen, daß die Intensität der Balmerserie am größten bei H_δ ist und nach beiden Seiten von H_δ abnimmt.

Die Wasserstofflinien sind ziemlich scharf, aber nach CAMPBELL und JOY ist eine eigentümliche Feinstruktur der Linien vorhanden, die sich wahrscheinlich mit der Zeit ändert. CAMPBELL fand 1898, daß H_γ aus drei Komponenten bestand, einer kräftigen zentralen, die von zwei schwächeren begleitet wurde, einer stärkeren auf der violetten, einer schwächeren auf der roten Seite der Hauptlinie. In H_δ schienen die beiden Satelliten von gleicher Intensität zu sein. Nach JOY ist die Trennung der beiden äußeren Komponenten etwa 0,75 Å. Seit CAMPBELLS Beobachtungen von 1898 muß die Struktur der Linien sich verändert haben, denn die von JOY und MERRILL (1925) gefundene Intensitätsverteilung unterscheidet sich von der CAMPBELLs.

Neben den Wasserstofflinien erscheint noch eine Reihe anderer Linien hell im Spektrum von Mira. Im ganzen sind rund 50 helle Linien beobachtet; nach JOY gehören sie den folgenden Elementen an: H, Mg, Si, Fe, Fe$^+$ und In(?).

Das Verhalten der verschiedenen hellen Linien ist für jedes Element anders; aber zwei Klassen lassen sich doch unterscheiden. In der einen Klasse verhalten sich die Linien qualitativ wie die

Wasserstofflinien, indem die größte Intensität mit größter Helligkeit des Sterns zusammenfällt (Fe^+-Linien). In der anderen Klasse hat die Intensität ein Maximum in der Nähe des Helligkeitsminimums (Fe, Mg, In).

Alle hellen Linien zeigen eine veränderliche Dopplerverschiebung, die mit den Helligkeitsänderungen ziemlich parallel verläuft, aber in anderer Weise als die Dopplerverschiebung der Absorptionslinien. So scheint hier die größte Radialgeschwindigkeit mit der kleinsten Helligkeit zusammenzufallen, und es gibt ein sekundäres Maximum kurz vor dem Helligkeitsmaximum. Zur Zeit des Minimums ergeben Absorptions- und Emissionslinien die gleiche Geschwindigkeit. Zu anderen Zeiten treten jedoch erhebliche Unterschiede auf, die zur Zeit des Helligkeitsmaximums 20 km/sek betragen.

Bisher liegen für keinen anderen langperiodisch veränderlichen Stern so genaue spektrographische Untersuchungen vor wie für Mira, aber die anderen Sterne dieser Art scheinen sich im großen ganzen ähnlich zu verhalten. Nach LUDENDORFF[1] und MERRILL[2] gibt es eine ziemlich wohldefinierte Korrelation zwischen der Periode und dem Unterschied der Radialgeschwindigkeit von Absorptions- und Emissionslinien zur Zeit des Helligkeitsmaximums: der Unterschied nimmt mit wachsender Periode zu. Diese Korrelation dürfte für die Aufklärung des Problems der langperiodisch Veränderlichen von Wichtigkeit sein. MERRILL[3] fand außerdem, daß die abnorme Intensitätsverteilung in der Wasserstoffserie der S-Spektren um so ausgeprägter ist, je später die Spektralklasse ist. In einigen wenigen Fällen kommen helle Linien in M-Spektren vor, ohne daß die Helligkeit des Sterns veränderlich ist. Es handelt sich dann aber um Zwergsterne, während die langperiodisch Veränderlichen typische Riesensterne sind.

Die wenigen Fälle, wo helle Linien in Spektren der mittleren Spektralklassen F, G und R auftreten, gehören meistens der Klasse der regellos veränderlichen Sterne an. So zeigt der Prototyp dieser Sterne, R Coronae Borealis, zur Zeit des Helligkeitsminimums ein G-Spektrum mit hellen *H*- und *K*-Linien und Funkenlinien des Titans. Bemerkenswerterweise zeigen die Emis-

---

[1] Astron. Nachr. Bd. 212, S. 483. 1921.
[2] Astrophys. Journ. Bd. 58, S. 215. 1923.
[3] Astrophys. Journ. Bd. 65, S. 23. 1927.

sionslinien eine kleinere Radialgeschwindigkeit als die Absorptionslinien, gerade so wie bei den Mira-Sternen. Ein anderer Stern dieser Gruppe, R Coronae Australis, weist keine hellen Kalziumlinien auf, sondern helle Funkenlinien des Eisens und helle Wasserstofflinien. Der U Geminorum-Stern SS Cygni, dessen Lichtkurve an die der neuen Sterne erinnert, zeigt im Helligkeitsminimum breite helle Wasserstoff- und Heliumlinien. Die Linien sind etwa 20 Å breit, erinnern also an die hellen Linien im Novaspektrum. Auch in den Spektren einiger Cepheiden hat man helle Linien gefunden (W Virginis).

Der Ursprung der hellen Linien in Spektren der mittleren und späten Spektralklassen liegt noch ganz und gar im Dunkel. Wenn wir alle Sterne mit hellen Linien im Spektrum von einem einheitlichen Standpunkt aus betrachten, so treten aber doch gewisse gemeinsame Züge hervor, die vielleicht eine Andeutung zur Lösung des Problems geben können. So handelt es sich praktisch genommen in allen Fällen um ausgesprochene Riesensterne, also um deutlich neblige Gebilde, bei welchen möglicherweise die Chromosphäre eine viel größere Rolle spielt als bei den kleinen und kompakten Sternen, wie die Sonne. In speziellen Fällen sind die betreffenden Sterne auch mit wirklichen Nebeln physisch verbunden. Dies ist sicher der Fall bei dem langperiodisch veränderlichen Stern R Aquarii, denn der Stern und der Nebel zeigen Helligkeitsänderungen derselben Periode. Wahrscheinlich gilt Ähnliches auch bei η Carinae und mehreren Sternen der Gruppe der irregulär Veränderlichen. Es ist deshalb möglich, daß die hellen Linien in Sternspektren in ähnlicher Weise entstehen wie die hellen Linien in den Spektren galaktischer Nebel, deren Theorie im nächsten Kapitel behandelt wird.

Man bemerkt aber auch, daß die hellen Linien in Sternspektren fast immer mit ganz abnormen Verhältnissen in den Sternatmosphären verbunden sein müssen. Bei den Sternen der späteren Spektralklassen ist dies wegen der Veränderlichkeit des Spektrums und der Helligkeit ohne weiteres klar. Die Tendenz der Veränderlichkeit der hellen Linien selbst zeigt dasselbe für die Be- und die O-Sterne. In den Wolf-Rayet-Sternen und den Novae entstehen die hellen Linien offenbar in einer explosiv nach außen geworfenen Chromosphäre. Die genauere Deutung dieser Erscheinungen steht aber noch aus.

VI. Das Problem der Gasnebel.

49. Die allgemeinen Eigenschaften der Nebel.

Wie wir gesehen haben, unterscheidet sich die Chromosphäre
von der umkehrenden Schicht durch viel kleinere Dichte einerseits und durch größere Abweichungen von dem idealen Zustand
des lokalen Wärmegleichgewichts andererseits. Hierdurch wird
wohl die Ausbildung von hellen Linien in den betreffenden Spektren erleichtert. Alle diese chromosphärischen Merkmale treten in
den galaktischen Nebeln in höchster Reinheit auf. So ist in einigen
Fällen fast jede Spur eines kontinuierlichen Spektrums verschwunden; die Dichte ist so klein, daß die mittlere freie Weglänge eines
Atoms Tausende von Kilometern beträgt; die Abweichungen von
dem idealen Wärmegleichgewicht sind dann so groß, daß der Tempe-
raturbegriff jede eindeutige thermodynamische Bedeutung verliert.

a) Die galaktischen Nebel. Wir beschäftigen uns hier nur mit
solchen Nebeln, die unserem Milchstraßensystem angehören, den
sog. galaktischen Nebeln. Rein äußerlich betrachtet, zerfallen
die galaktischen Nebel in zwei verschiedene Untergruppen: die
strukturlosen diffusen Nebel und die formvollendeten planetarischen Nebel, die ihren Namen dem Umstand verdanken, daß
sie im Fernrohr scheibenförmig erscheinen, wie Planeten. Als
charakteristisches Beispiel eines diffusen Nebels ist vor allem der
Nebel im Orion zu nennen. Weitere bekannte Beispiele sind die
Pleiadennebel und die ausgedehnten Nebelmassen bei σ Scorpii
und ϱ Ophiuchi und der Amerikanebel bei α Cygni. Im ganzen
dürften bis jetzt ungefähr 150 solcher Gebilde bekannt sein.

Etwa die Hälfte dieser Nebel, die wir einfach Emissionsnebel
nennen wollen, zeigt Emissionslinien auf schwach kontinuierlichem
Untergrund, während die andere Hälfte kontinuierliche Spektra mit
dunklen Linien zeigt. Die Nebel der zweiten Gruppe nennen wir Reflexionsnebel, da sie nur reflektiertes Sternlicht aussenden. Die
Emissionsnebel schließen sich eng an die Milchstraße an, während
die Reflexionsnebel in sechs Gruppen zerfallen, die etwa längs eines
gegen die Milchstraße um 20° geneigten Kreises liegen. Mit den hellen
diffusen Nebeln engverwandt sind die dunklen Nebel, die fast überall in der Milchstraße vorkommen und die in vielen Fällen in der
unmittelbaren Nachbarschaft der hellen Nebel erscheinen, besonders auffallend im Bereich des Orionnebels (Pferdekopfnebel).

Abb. 17. Der Amerikanebel im Schwan, nach Aufnahme von BARNARD (A photogr. Atlas of selected regions of the Milky Way, Maßstab: 1 cm = 11′,4). Das Bild zeigt deutlich die sternarmen Felder, die den Nebel fast ununterbrochen umschließen.

b) Die planetarischen Nebel sind runde, scheibenförmige oder ringförmige Gebilde, die oft eine sehr verwickelte Feinstruktur offenbaren. Ihre scheinbaren Durchmesser variieren von fast 15' für die größten Gebilde (N. G. C. 7293) bis herab zu winzig kleinen, von gewöhnlichen Sternen kaum zu unterscheidenden Scheibchen von einigen Sekunden Durchmesser. Im ganzen sind bis jetzt

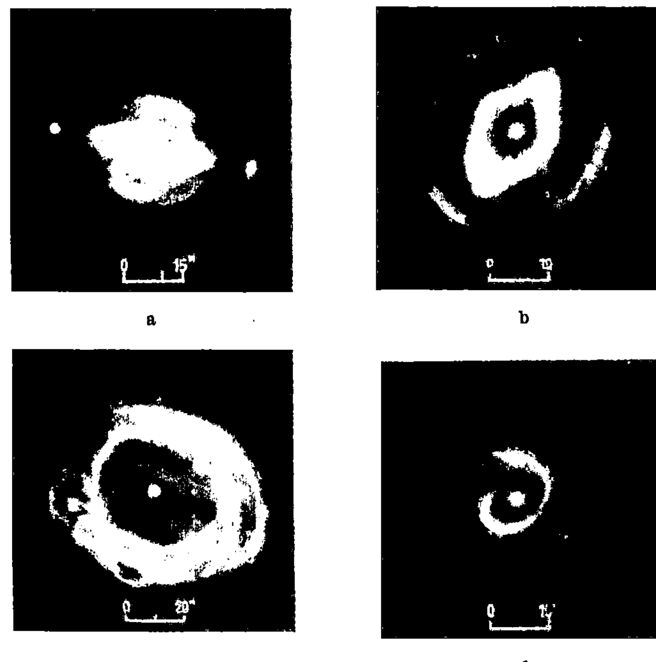

Abb. 18. Beispiele von planetarischen Nebeln. a) N.G.C. 7009; b) N.G.C. 3242; c) N.G.C. 6720 (Ringnebel in der Leier); d) N.G.C. 6543. (Nach H. D. Curtius, Lick Publ. Bd. 13, 1918. Zeichnungen auf Grund photographischer Aufnahmen mit verschiedenen Belichtungszeiten).

kaum mehr als 125 solcher Nebel bekannt; diese sind die Ausbeute unter den 220000 Sternen des Henry Draper-Katalogs. Also müssen die planetarischen Nebel ein außerordentlich seltenes Stadium in der Sternentwicklung sein.

Die planetarischen Nebel bevorzugen die Milchstraßenebene um so stärker, je kleiner sie erscheinen. Dies deutet darauf hin, daß sie linear gemessen nahezu gleich groß sind und sich eng der Milchstraßenebene anschließen. Die scheinbar scheibenförmige oder ringförmige Struktur dieser Nebel kommt durch Projektion räumlicher Figuren zustande, die oft einfach als ellipsoidische Schalen zu bezeichnen sind. Das charakteristischste Merkmal der planetarischen Nebel ist jedoch die Tatsache, daß fast alle einen Stern im Symmetriemittelpunkt besitzen. Diejenigen Objekte, bei denen ein Zentralstern nicht gefunden wurde, sind im allgemeinen zu klein, um feinere Einzelheiten erkennen zu lassen; der Stern verschwindet vielleicht auch in der Nebelmasse.

van MAANEN[1] hat die Parallaxen von mehreren Zentralsternen heller Nebel trigonometrisch gemessen und kommt zu dem Schluß, daß die betreffenden Nebel sich in Entfernungen von der Größenordnung einiger hundert Lichtjahre befinden. Die entsprechenden linearen Dimensionen müssen dann 10—20 tausendmal größer sein als der Erdbahnhalbmesser, und die absolute Helligkeit der Zentralsterne bis hundertmal kleiner als die absolute Helligkeit der Sonne. Die sehr kleinen Eigenbewegungen der Zentralsterne sind aber schwerlich mit van MAANENS Parallaxen zu versöhnen, da wir aus den Radialgeschwindigkeiten wissen, daß die Sterne sich sehr schnell im Raume bewegen. Nach WIRTZ[2] wären die Parallaxen von van MAANEN etwa durch 10 zu dividieren.

Die Spektra der planetarischen Nebel bestehen aus Emissionslinien, die, soweit sie mit Linien in irdischen Lichtquellen identifiziert werden konnten, Wasserstoff und Helium angehören. Sehr charakteristisch ist das kontinuierliche Wasserstoffspektrum, das an der Grenze der Balmerserie einsetzt und sich nach kürzeren Wellenlängen hin erstreckt. Sonst ist dieses Spektrum in Absorption ein bekanntes Charakteristikum der A-Sterne. Schon hierdurch erhält man den Eindruck, daß die Nebelsubstanz kräftig angeregt sein muß, da die Emission dieses Spektrums wohl großenteils durch Rekombination von freien Elektronen mit freien H-Kernen zustande kommt. Dieser Eindruck wird durch das Vorhandensein von Funkenlinien des Heliums noch weiter verstärkt. Der Anschluß der Emissionsspektren der Nebel an die O- und B-Spektren zu Anfang der Spektralreihe ist also ganz natürlich.

Obwohl die Linien von Wasserstoff und Helium in den meisten planetarischen Nebeln gut entwickelt sind, werden sie doch an

---

[1] Wash. Acad. Proceed. Bd. 4, S. 394. 1918.
[2] Astron. Nachr. Bd. 219, S. 165. 1923.

Intensität und Beständigkeit von den sog. Hauptnebellinien
N_1 (5006) und N_2 (4959) weit übertroffen. Diese Linien, sowie ein

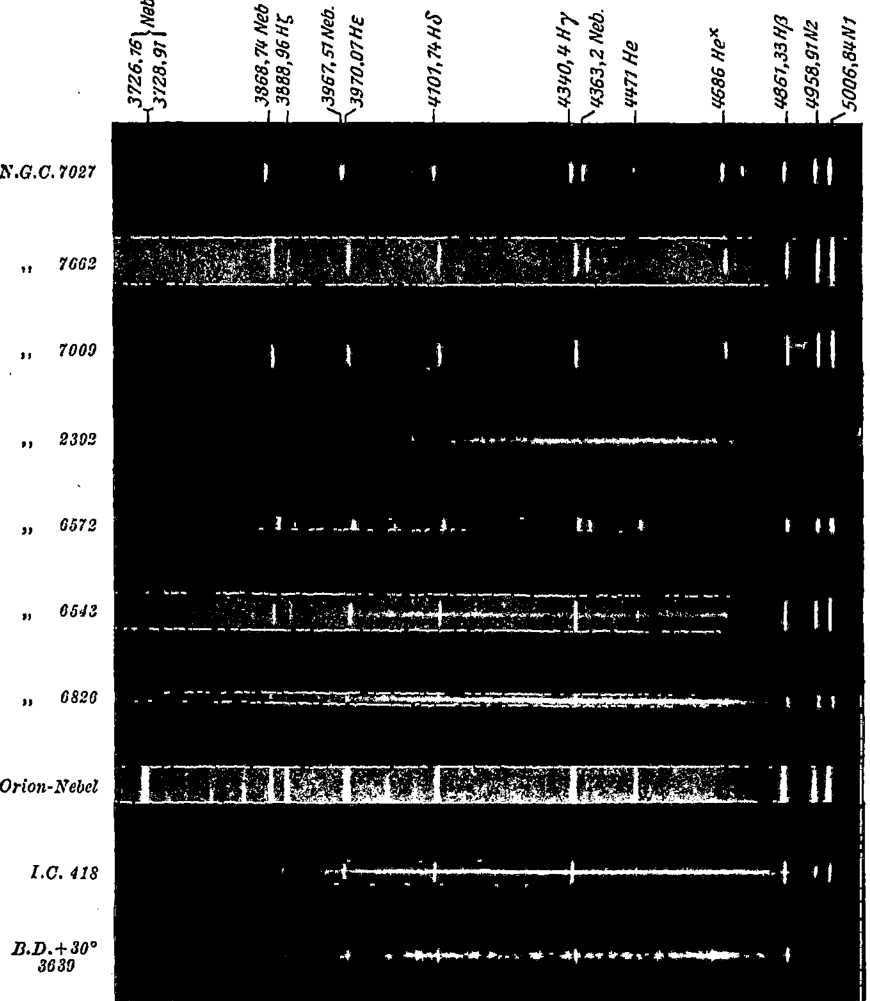

Abb. 19. Die Spektren einiger galaktischer Nebel.
(Nach W. H. WRIGHT, Lick Publ. Bd. 13. 1918).

anderes Paar im Ultraviolett (3726—29), kommen in fast allen
planetarischen Nebeln vor und sind als das sicherste Anzeichen

eines solchen Gebildes zu betrachten. Diese Linien und die übrigen in den Nebelspektren vorkommenden Emissionslinien, die in terrestrischen Experimenten nicht reproduziert werden konnten, werden entweder Nebellinien oder Nebuliumlinien genannt, da sie lange einem hypothetischen Element Nebulium zugeschrieben wurden.

Die Linien der Nebelspektren sind scharf und wohl definiert. Bei größerer Dispersion kommt bisweilen eine eigentümliche Struktur der Linien zum Vorschein, die von CAMPBELL und MOORE[1] näher untersucht wurde. Die Hauptnebellinien zeigen eine eigenartige Form von Selbstumkehr, deren Ursprung noch unklar ist, und die bei den anderen Linien meistens nicht gefunden wurde. In einem Fall (N.G.C. 7662) wies aber die Funkenlinie 4686 des Heliums eine entsprechende Struktur auf, die aber merkwürdigerweise der Struktur der Hauptnebellinien spiegelbildlich entspricht[2].

c) **Das Nebuliumproblem.** Die heute als richtig anerkannte Erklärung der Nebuliumlinien wurde erst kürzlich von BOWEN[3] gegeben, der auf Grund eigener und anderer Messungen die meisten Nebellinien den einfach und zweifach ionisierten Stickstoff- und Sauerstoffatomen zuordnen konnte. Es handelt sich jedoch wohlbemerkt nicht um eine wirkliche Erzeugung der Linien im Laboratorium, sondern nur um eine indirekte Schlußweise, weil den Nebellinien gewisse „verbotene Übergänge" zugeordnet werden. Ein Blick auf die Termschemata der betreffenden Atome, wie sie in den Abb. 20, 21 u. 22 dargestellt sind, macht die Sachlage klar. Man sieht, daß mehrere der tiefsten Terme metastabil sind in dem Sinne, daß spontane Übergänge aus diesen Zuständen nur unter Durchbrechung der bekannten Auswahlprinzipien erfolgen können. Deswegen sind die entsprechenden Linien in terrestrischen Lichtquellen nicht beobachtet worden. Solange man nichts Näheres über die Anregungsverhältnisse in den Gasnebeln weiß, steht die Möglichkeit offen, daß dort solche Übergänge die Hauptrolle spielen. Dies scheint nun in der Tat der Fall zu sein. Den Nebellinien entsprechen nämlich gerade Übergänge zwischen den

---

[1] Lick Obs. Publ. Bd. 13, S. 77. 1918.

[2] W. H. WRIGHT u. J. H. MOORE, Publ. Astr. Soc. Pacific Bd. 41, S. 307. 1929.

[3] Publ. Astr. Soc. Pacific Bd. 39, S. 295. 1927; Astrophys. Journ. Bd. 67, S. 1. 1928.

tiefsten metastabilen Zuständen der Atome, und zwar innerhalb der Genauigkeit, mit der die Wellenlängen der Linien überhaupt bekannt sind. Die Hauptnebellinien werden vom zweifach ionisierten Sauerstoffatom, und das ultraviolette Dublett bei 3726 und 3729 Å vom einfach ionisierten Sauerstoffatom emittiert. Die von BOWEN vorgeschlagene Zuordnung der Nebellinien ist in den Abbildungen durch gestrichelte Pfeile angedeutet. Daß man hierdurch praktisch die volle Aufklärung der Nebellinien erzielt hat, sieht man am besten aus der Tabelle 21, die die Wellenlängen aller mit Sicherheit gemessenen Nebellinien sowie deren vermutlichen chemischen Ursprung angibt.

Tabelle 21. Wellenlängen der Spektrallinien der Emissionsnebel.

λ	Ursprung	λ	Ursprung	λ	Ursprung	λ	Ursprung
3313	OIII	3889,06 {HeI		4353	?	5006,8 (N_1) OIII	
3342	OIII	3889,06 {Hζ		4363,2	OIII	5017	HeI
3346	OIV?	3935	CaII?	4388,0	HeI	5411,3	HeII
3426,2	NIV?	3964,8	HeI	4416 {OII		5655	?
3445	OIII	3967,5	?	4416 {OII		5737	?
3704 {Hξ		3970,1	Hε	4471,5	HeI	5754,8	NII?
3704 {HeI		4009	HeI	4541,4	HeII	5875,7	HeI
3712	Hν	4026,2	HeI	4571,5	?	6302	?
3722	Hμ	4064	?	4634,1	NIII	6313	?
3726	OII	4068,6	?	4640,9	NIII	6364	?
3729	OII	4076,2	OII?	4649,2	OII	6548,1	NII
3734	Hλ	4097,3	NIII	4658,2	?	6562,8	Hα
3750	H$\varkappa$	4101,7 {Hδ		4685,8	HeII	6583,6	NII
3759	OIII	4101,7 {NIII		4711,4	?	6677	HeI
3771	Hι	4120,6	HeI	4712,6	HeI	6730	?
3798	Hϑ	4144,0	HeI	4725,5	?	7009	?
3820	HeI	4200	HeII	4740,2	?	7065	HeI
3835	Hη	4267,1	CII	4861,3	Hβ	7138	?
3840	?	4340,5 {HeII		4922,2	HeI	7325	OII
3868,7	?	4340,5 {Hγ		4958,9 (N_2) OIII			

Um die Zuordnung noch klarer zu machen, sind in den Abbildungen 20, 21, 22 die tiefsten Terme der OII-, OIII- und NII-Spektren angegeben[1]. Leider sind die numerischen Werte der tiefsten Termen im allgemeinen nur mit geringer Genauigkeit be-

---

[1] Nach F. BECKER u. W. GROTRIAN, Ergebn. d. exakt. Naturwissenschaften Bd. 7, umgezeichnet, wo eine ausführliche Diskussion dieser Spektren gegeben ist.

kannt, so daß eine scharfe Prüfung der Bowenschen Hypothese nur in Spezialfällen möglich ist. Glücklicherweise bietet sich ein solcher Fall gerade in den Hauptnebellinien N_1 und N_2 dar. Denn der Energieunterschied der entsprechenden Niveaus der extrem ultravioletten Liniengruppen bei 395,52 und 328,34 Å des O III-Spektrums ist sehr genau bekannt. Die Tatsache, daß die

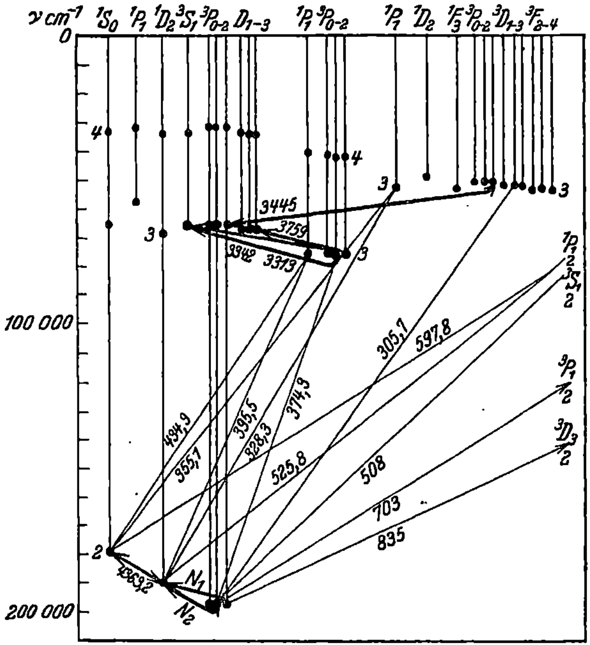

Abb. 20. Ursprung der N_1- und N_2-Linien. Die tiefsten Therme des O III-Spektrums.

Übereinstimmung zwischen Hypothese und Experiment hier nach Bowen vollkommen ist, bildet einen zuverlässigen Anhaltspunkt für die weitere Deutung der Nebellinien.

Über die Häufigkeit der spontanen Übergänge aus metastabilen Zuständen ist wenig bekannt. Deshalb lassen sich keine zuverlässigen Aussagen über die Intensitäten der entsprechenden Linien eines individuellen Spektrums machen, wenigstens so lange nicht, als man nichts über den Charakter des Emissionsprozesses der Linien weiß. Wenn es sich um reine Emissionsvorgänge handelte, so müßte man erwarten, daß Linien, die demselben

Anfangszustand entsprechen, in verschiedenen Nebeln dasselbe relative Intensitätsverhältnis besitzen. Wenn reine Resonanzstrahlung in Frage käme, würde dasselbe für alle Linien mit gemeinsamem **unteren** Quantenzustand gelten.

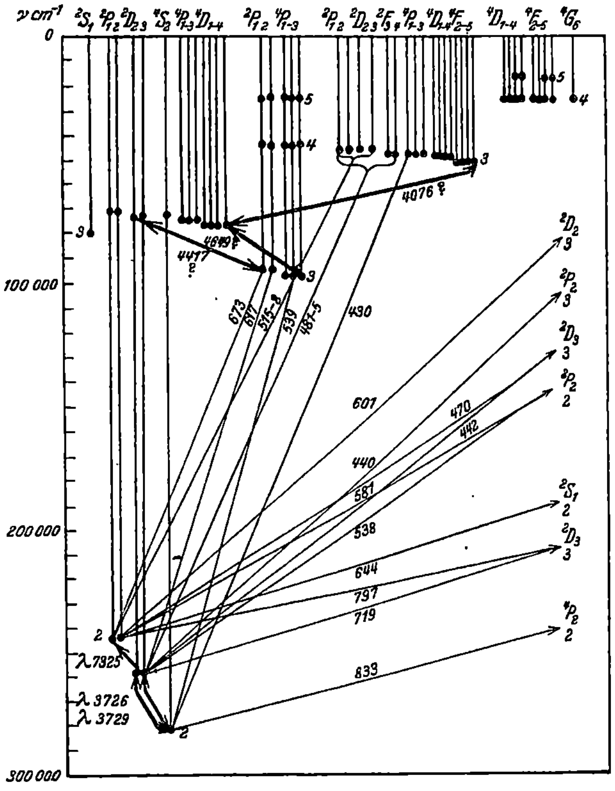

Abb. 21. Ursprung des ultravioletten Dubletts 3726—29.
Die tiefsten Terme des O II-Spektrums.

Für die Hauptnebellinien N_1 und N_2 und für das ultraviolette Dublett 3726—29 ist diese Unterscheidung insofern belanglos, als die Aufspaltung der Dubletts so klein ist, daß der Energieunterschied der unteren Niveaus von N_1, N_2 und der oberen Niveaus 3726—29 unwesentlich wird. Wir sollten daher erwarten, daß das Intensitätsverhältnis der Komponenten der genannten Dubletts in allen Nebeln dasselbe ist. Diese Forderung scheint nach den

Untersuchungen WRIGHTS[1] tatsächlich erfüllt zu sein, selbst dann, wenn das Intensitätsverhältnis der beiden Dubletts zueinander großen Schwankungen unterworfen ist. Ähnliches läßt sich von den Intensitätsverhältnissen der übrigen Nebellinien aussagen.

Es ist ferner klar, daß man, sobald ein von der obigen Zuordnung unabhängiges Kriterium der Anregung bekannt ist, bestimmte Aussagen über den Wechsel der Linienintensitäten von Nebel zu Nebel machen kann. Wenn wir zunächst die Sauerstofflinien betrachten, so ist klar, daß bei wachsender Anregung die Intensität von N_1 und N_2 auf Kosten des ultravioletten Dubletts wachsen muß. Als solches unabhängiges Anregungskriterium können offenbar die Linien von He I und II dienen, da ihre Anregungsenergien wohl bekannt sind. Hier ist zuerst die von MAX WOLF[2] gemachte und von WRIGHT[3] bestätigte Entdeckung der sog. geschichteten Emission der Nebel zu erwähnen. Die Form der Nebel erscheint nämlich in verschiedenen Wellenlängen verschieden. Die Emission der Funkenlinien des Heliums z. B. ist viel stärker

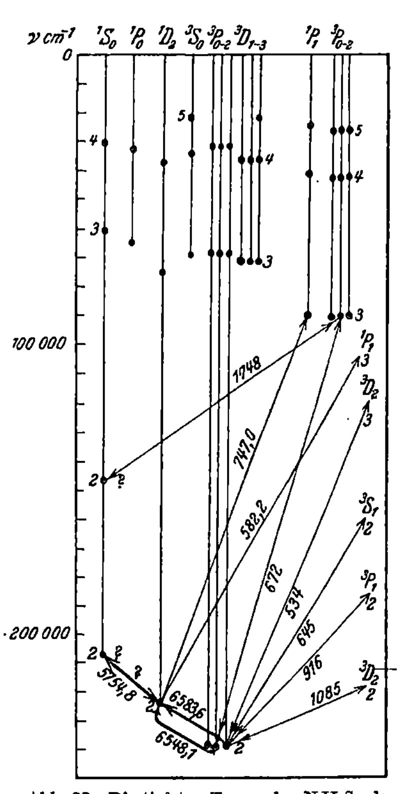

Abb. 22. Die tiefsten Terme des N II-Spektrums und der Ursprung einiger Nebellinien.

gegen die zentralen Teile der planetarischen Nebel konzentriert als die der Bogenlinien. Da es sich ja um dasselbe Element handelt, kann man sich hier nicht auf eine verschiedene räumliche Konzentration der Emissionsträger berufen. Die einzige

---

[1] Lick Obs. Publ. Bd. 13, S. 242. 1918.
[2] Sitzungsber. Heidelberg. Akad. Nr. 27. 1911.
[3] Lick Obs. Publ. Bd. 13, S. 255. 1918.

zulässige Deutung der Erscheinung ist, daß die Anregung nach innen wächst. Diese Deutung wird durch den Umstand gestützt, daß die Wasserstofflinien noch weiter nach außen reichen als die Heliumlinien, entsprechend den kleineren Anregungsenergien der ersteren Linien. Es ist daher eine notwendige Forderung der Bowenschen Zuordnung der Nebellinien, daß die Linien, die dem O II-Atom entspringen, weiter nach außen reichen müssen als die O III-Linien, was tatsächlich der Fall ist. Auch müssen wir erwarten, daß die Intensität der O III-Linien relativ zu der Intensität der O II-Linien sich von Nebel zu Nebel in demselben Sinne ändert, wie dies für die He II- und He I-Linien der Fall ist, was auch von der Erfahrung bestätigt wird.

Übrigens wird man auch die Vollständigkeit der Bowenschen Zuordnung der Nebellinien als eine Stütze für deren Richtigkeit empfinden.

d) Über den physikalischen Zustand der galaktischen Nebel. Nun erheben sich zwei Fragen: erstens, wie kommen verbotene Übergänge überhaupt zustande; zweitens, was für besondere Verhältnisse muß man in den Nebeln postulieren, damit die verbotenen Übergänge die erlaubten Übergänge in den betreffenden Spektren überwiegen? Die erste, atomphysikalische Frage ist prinzipiell einfach zu beantworten, weil den gewöhnlichen Auswahlprinzipien keine absolute Gültigkeit zukommt. Erfahrungsgemäß stößt man hier und da auf Fälle, wo verbotene Linien doch mit merklicher Intensität auftreten. Dabei genügt oft die Wirkung elektrischer oder magnetischer Felder, um das Verbot aufzuheben. Ja, R. W. Wood[1] hat sogar einen Fall nachgewiesen, wo das Auswahlprinzip der inneren Quantenzahl (Übergang $j = 0 \rightarrow j = 0$ verboten) im feldfreien Raum durchbrochen ist: die Linie wird durch Fluoreszenz angeregt. Man hat auch in mehreren Fällen die Lebensdauer der metastabilen Zustände direkt zu messen versucht und ist dabei auf Verweilzeiten gekommen, die fast millionenmal größer sind als die Verweilzeiten gewöhnlicher Atomzustände, die zu rund 10^{-8} Sekunden geschätzt werden. Ob man dabei die Verweilzeiten der ungestörten Atome gemessen hat, oder nur die Zeitdauer zwischen effektiven Zusammenstößen der Atome unter sich oder mit den Gefäßwänden,

---

[1] Phil. Mag. Bd. 4, S. 466. 1927. Siehe auch Lord Rayleigh, Nature Bd. 120, S. 295. 1927.

ist vielleicht nicht ganz sichergestellt. Jedenfalls hat man nachgewiesen, daß die Lebensdauer der metastabilen Zustände von
höherer Größenordnung ist als die der benachbarten gewöhnlichen
Zustände. Bei dieser Sachlage muß man die Entdeckung der
verbotenen Linien der Nebelspektren als eine wertvolle Ergänzung
der terrestrischen Experimentalphysik begrüßen und die Erforschung des physikalischen Zustands der Nebel als eine Auf-
gabe betrachten, die auch für die reine Physik von Wichtigkeit ist.

Theoretisch liegt die Sache so, daß die Auswahlprinzipien
nur ersten Näherungen entsprechen, insofern den Atomen einerseits ideale Symmetrieeigenschaften zugeschrieben werden, und
andererseits nur die Dipolstrahlung berücksichtigt wird. Sobald
man höhere Näherungen berücksichtigt, besonders die Multipolstrahlung, tritt eine Durchbrechung der Auswahlprinzipien ein.
Diese Frage ist von A. Rubinowicz[1] und J. H. Bartlett jr.[2]
untersucht worden. Nach Rubinowicz kommt bei Multipolstrahlung eine Durchbrechung des Auswahlprinzips der Impulsquanten-
zahl l zustande. Nach Bartlett werden die gewöhnlichen Auswahlprinzipien der inneren Quantenzahl j durchbrochen, wenn
Multipolstrahlung berücksichtigt wird, außer dem Verbot $j = 0 \rightarrow$
$j = 0$. Bartlett hat auch die Wahrscheinlichkeit der verbotenen
Übergänge der Nebellinien berechnet. Die Berechnung der relativen Intensitäten der Interkombinationslinien, zu denen die
Hauptnebellinien gehören (N_1, $N_2 : {}^1D_2 \rightarrow {}^3P_{12}$), gibt das er-
wünschte Resultat, daß N_1 die stärkere Linie ist. Er findet
ferner für die relativen Intensitäten der verbotenen ${}^2P \rightarrow {}^2D$-
Linien

$$\tfrac{3}{2} \rightarrow \tfrac{5}{2} : \tfrac{1}{2} \rightarrow \tfrac{3}{2} : \tfrac{3}{2} \rightarrow \tfrac{3}{2} : \tfrac{1}{2} \rightarrow \tfrac{5}{2} = 10 : 5 : 2 : 1 .$$

Im allgemeinen ist die Übereinstimmung zwischen Theorie und
Beobachtung weniger befriedigend, da mehrere Linien, die nach
der Theorie endliche Intensität haben sollten, nicht beobachtet
wurden.

Zu der zweiten Frage äußerte Bowen zunächst die Vermutung, daß die Bevorzugung der verbotenen Übergänge in den
Nebelspektren eine Folge der bei der geringen Dichte der Nebel-

---

[1] Sommerfeld-Festschrift S. 123; Phys. ZS. Bd. 29, S. 817. 1928; ZS. f.
Phys. Bd. 53, S. 267. 1929.

[2] Phys. Rev. Bd. 34, S. 1247. 1929.

substanz langen Zeitdauer sei, in der die Atome die mittlere freie Weglänge durchlaufen. Dieser Gedanke scheint nur teilweise den eigentlichen Sachverhalt zu enthüllen. Stellen wir uns einstweilen vor, daß die Linien durch spontane Quantenübergänge aus den oberen Niveaus entstehen, was der Wahrheit sehr nahekommen dürfte. Damit die verbotenen Linien über gewöhnliche Linien dominieren, müssen zwei, übrigens miteinander eng verkettete Bedingungen erfüllt sein. Erstens muß eine große Konzentration von Atomen in den betreffenden Quantenzuständen vorhanden sein, und zweitens muß die Gesamtwahrscheinlichkeit der erzwungenen Übergänge nach anderen Zuständen klein sein, verglichen mit der Wahrscheinlichkeit des betreffenden verbotenen spontanen Übergangs. Geringe Dichte der Nebelsubstanz ist somit eine notwendige, aber nicht hinreichende Bedingung für das Zustandekommen von verbotenen Linien. Denn selbst ein mäßiges Strahlungsfeld in einem passenden Wellenlängenbereich würde genügen, um die Atome nach höheren Niveaus zu treiben, sobald sie in die metastabilen Zustände gelangt sind. Daher darf auch kein starkes Strahlungsfeld vorhanden sein, und der Zustand muß sich, wie zuerst von EDDINGTON[1] ausgesprochen wurde, durch eine fast vollkommene Abwesenheit äußerer Störungen aller Art auszeichnen. Natürlich, ein gewisses Minimum der Störung muß vorhanden sein, nämlich so viel, wie zur Aufrechterhaltung des Ionisationszustands nötig ist. Hier spielt die Dichte der Nebelsubstanz eine große Rolle, da die äußere Störung durch Verkleinerung der Dichte, und somit auch der Häufigkeit der Rekombinationsprozesse, beliebig klein gemacht werden kann.

Diese Forderungen sind in der Tat erfüllt, wenn wir annehmen, daß die Anregung der Nebelsubstanz, sowohl bei planetarischen wie bei diffusen galaktischen Nebeln, allein durch die in den Nebeln liegenden heißen Sterne erfolgt. Dieser Gedanke wird durch die ausgezeichnete Stellung der Zentralsterne der planetarischen Nebel nahegelegt. Die diffusen Nebel besitzen zwar keine eigentlichen Zentralsterne wie die planetarischen Nebel; aber in fast allen Fällen lassen sich absolut helle Sterne in der unmittelbaren Nachbarschaft der Nebel nachweisen, die für das Leuchten der Nebel verantwortlich gemacht werden können. Dieser Nachweis ist im Fall der Reflexionsnebel besonders leicht,

---

[1] Month. Not. Bd. 88, S. 134. 1927.

da das Spektrum eines solchen Nebels mit dem Spektrum des benachbarten Sterns übereinstimmt. Aber auch für die Emissionsnebel ist die Zuordnung des verantwortlichen Sternes nicht schwierig, da der Charakter des Sternspektrums auch hier den Charakter des Nebelspektrums bestimmt. Die in diffuse Emissionsnebel eingebetteten Sterne gehören nach HUBBLES Untersuchungen mit sehr wenigen Ausnahmen den Spektraltypen Oe5 bis B0 an. Die Sterne der Reflexionsnebel haben sämtlich Spektra später als B0 bis A2, während die Zentralsterne der planetarischen Nebel nach WRIGHT entweder reine Wolf-Rayet-Sterne sind oder Übergangsformen vom Wolf-Rayet-Typ nach Oe5 darstellen. Also kann man für die Wechselwirkung der Sterne und der Nebel folgende Reihe aufstellen:

Planetarische Nebel angeregt durch Sterne früher als Oe5.
Emissionsnebel   „   „   „   von Oe5 bis B0.
Diffuse Reflexionsnebel „   „   „   „ B1 und später.

Die Natur dieser Wechselwirkung wurde zuerst von HERTZSPRUNG[1] einer quantitativen Prüfung unterzogen, indem er den Helligkeitsabfall der die Pleiadensterne umgebenden Nebel maß. Das Spektrum der Pleiadennebel stimmt mit dem Spektrum der nächsten Sterne überein. Es handelt sich hier also nur um eine reine Reflexionswirkung. HERTZSPRUNG fand, daß die Lichtintensität proportional dem Quadrat des Abstands von den Sternen abnahm, wie es bei vollständiger Reflexion des einfallenden Lichtes zu erwarten ist. Die Frage ist später von HUBBLE[2] in anderer Richtung weiter verfolgt worden, indem er sowohl Emissions- als auch Reflexionsnebel untersuchte. Wenn das Leuchten der Nebel durch die eingebetteten Sterne angeregt wird, so muß man erwarten, daß absolut helle Nebel auch mit absolut hellen Sternen in Wechselwirkung stehen. Diese Forderung führt auf eine Relation zwischen der scheinbaren Helligkeit des Sternes und der scheinbaren Flächenhelligkeit des Nebels. Diese wurde von HUBBLE unter Hinzuziehung gewisser vereinfachender Annahmen in der Form gegeben, daß bei gleicher Belichtungsdauer das Quadrat des scheinbaren Durchmessers α des Nebels der scheinbaren Helligkeit des erregenden Sternes proportional sein soll, oder, in

---

[1] Astron. Nachr. Bd. 195, S. 449. 1913.
[2] Astrophys. Journ. Bd. 56, S. 400. 1922.

logarithmischer Schreibweise, wenn m die scheinbare Größe des Sternes ist:

$$m + 5 \log \alpha = 11\,09\,, \tag{388}$$

wo α in Bogensekunden ausgedrückt ist und die Konstante rechts durch unabhängige Messungen ermittelt wurde[1]. Die Abb. 23 gibt die Beobachtungen HUBBLES wieder. Man sieht, daß die erwartete

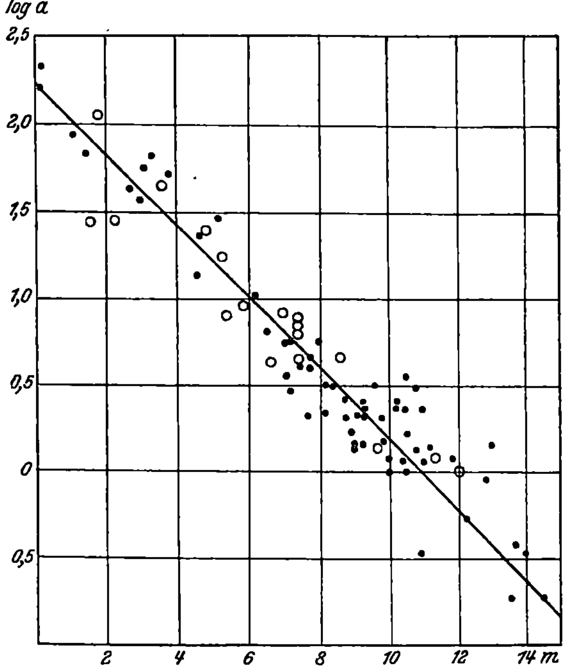

Abb. 23. Korrelation zwischen der Helligkeit des eingebetteten Sterns und der Ausdehnung des umgebenden Nebels. Die voll ausgezogene Linie gibt die theoretische Korrelation nach (388).

lineare Beziehung zwischen m und $\log \alpha$ tatsächlich erfüllt ist, einschließlich der numerischen Werte der Konstanten. Für die planetarischen Nebel gilt die Relation (388) nicht, vielmehr ist bei ihnen die Nebelhülle durchwegs 7—8 Größenklassen heller als der Zentralstern. Daß die Neigung der Linie richtig heraus-

---

[1] Ein kleiner Fehler in der Berechnung dieser Konstante wurde von ZANSTRA korrigiert. Astrophys. Journ. Bd. 68, S. 50. 1927.

kommt, beweist die Gültigkeit des Gesetzes der inversen Quadrate.
Daß die Höhenlage der empirischen Kurve mit der theoretischen
Höhe nahe übereinstimmt, zeigt einerseits, daß das zu uns gelangende Sternlicht von den Nebelmassen nicht wesentlich geschwächt wird, und andererseits, daß die Reflexionswirkung praktisch vollständig ist. Die Übereinstimmung ist besser als man
erwarten sollte und verbirgt daher in sich ein besonderes Problem.
Es sei ferner auch auf die früher erwähnte Erscheinung hingewiesen, daß die Emission der Funkenlinien des Heliums in den
planetarischen Nebeln in größerer Nähe des Zentralsterns erfolgt
als die Emission der Heliumbogenlinien, sowie auf das ähnliche
Verhalten von N_1, N_2 einerseits und 3726—3729 andererseits.
Alle diese Erscheinungen zeigen unzweideutig, daß die eingebetteten Sterne die Urheber der Nebelstrahlung sind.

Wenn somit die primäre Ursache des Leuchtens in den Sternen
lokalisiert ist, erhebt sich die Frage, ob das gewöhnliche Sternlicht allein als Anregungsursache hinreicht, oder ob vielleicht auch
weitere Ursachen vorhanden sind, wie wir sie in der das terres-
trische Nordlicht hervorrufenden Korpuskularstrahlung der
Sonne beobachten. Die Möglichkeit ist in der Literatur er-
örtert worden; doch scheint kein hinreichender Grund vorzu-
liegen, die Hinlänglichkeit der Lichtstrahlung als Anregungs-
quelle zu bezweifeln.

Für die planetarischen Nebel muß man freilich, um die überwiegende Helligkeit der Nebelhülle zu erklären, besondere Zusatz-
hypothesen zu Hilfe nehmen. Daß der Helligkeitsunterschied
zwischen Hülle und Kern auch durch die Beobachtungsbedingungen übertrieben wird, ist sicher. WRIGHT[1] hat nämlich gezeigt,
daß die Strahlung der Zentralsterne zum größten Teil in so kurzen
Wellenlängen erfolgt (kürzer als etwa 3300), daß sie von der Erdatmosphäre absorbiert wird. Um die Diskrepanz in dieser Weise
voll zu erklären, muß man den Zentralsternen effektive Temperaturen bis zu 100000° K oder mehr zuschreiben, was sich andererseits mit dem O-Charakter der Spektren mehrerer Zentralsterne
nur schlecht verträgt. Man muß andererseits bedenken, daß die
Strahlung der Zentralsterne, um zu uns zu gelangen, die Nebelhülle passieren muß, was wohl zu einer merklichen Schwächung
durch Absorption oder Streuung Anlaß geben könnte. Es sei hier

---

[1] Siehe Lick Obs. Publ. Bd. 13, S. 251. 1918.

besonders auf die Wirkung der von PANNEKOEK[1] und FABRY[2]
entdeckten, für die Bedeckung der Sterne durch Planeten wichtigen Erscheinung der inhomogenen Brechung hingewiesen, die
wegen der enormen Abstände der Nebel große Schwächungen des
direkten Sternlichts veranlassen kann, selbst wenn keine eigentliche Absorption in Betracht kommt. Die Frage ist aber noch
nicht als geklärt zu betrachten.

50. Strahlungsgleichgewicht der Nebelsubstanz.

Um eine nähere Vorstellung von dem physikalischen Zustand
der Nebelsubstanz zu erhalten, betrachten wir das Gleichgewichtsproblem einer sehr verdünnten Gasmasse, die von der Strahlung
eines entfernten Sterns beleuchtet wird. Während wir im Fall
der Sternatmosphären mit Zuständen zu tun hatten, die nur unwesentlich von dem Zustand idealen Wärmegleichgewichts abwichen, ist die Nebelsubstanz weit von diesem Zustand entfernt,
weil sie ständig der nicht schwarzen Strahlung der Sterne ausgesetzt ist. Auch ist die Dichte so klein, daß von einer effektiven
Selbstanpassung an die Forderungen des idealen Wärmegleichgewichts nicht die Rede sein kann, wie bei unserer, der Sonnenstrahlung ausgesetzten Atmosphäre. Daß hierdurch viele ungewöhnliche Fälle eintreten können, wurde zuerst von FABRY[3]
klargelegt. Stellen wir uns vor, daß ein kleiner schwarzer Körper,
etwa eine berußte Thermometerkugel, der Strahlung eines Sternes
ausgesetzt wird. Wenn die Kugel ursprünglich die Temperatur
Null besaß, wird sie zuerst ganz wenig erwärmt, bis die Ausstrahlung nach dem STEFAN-BOLTZMANNschen Gesetz der Einstrahlung gleichkommt, was schon bei einer Temperatur von
$2-3°$ K eintreten wird. Diese Temperatur kann man in gewissem
Sinne die Temperatur des Weltraumes nennen. Für eine verdünnte Gasmenge werden sich aber im allgemeinen ganz andere
Resultate ergeben; sie kann bis auf eine Temperatur erwärmt
werden, die mit der effektiven Temperatur des Sterns vergleichbar
ist. Praktisch wird jedoch die ausgestrahlte Energie auf beträchtlich kleinere Frequenzen verteilt sein als die absorbierte Strahlung.

---

[1] A. PANNEKOEK, Astron. Nachr. Bd. 164, Nr. 3913. 1903.

[2] CH. FABRY, L'Astronomie 1929, S. 57. Siehe auch C. R. S. 187, 627,
693, 741. 1928.

[3] Astrophys. Journ. Bd. 45, S. 269. 1917.

Es tritt eine Art Fluoreszenz ein, die dem STOKESschen Gesetze gehorcht, indem die Ionisationsprozesse vorwiegend in einem Sprunge, die Rekombinationsprozesse aber stufenweise erfolgen. Dieses Prinzip der zyklischen Ketten ist wahrscheinlich von grundlegender Bedeutung für das Verständnis der Emissionslinien nicht nur in den Nebelspektren, sondern vor allem in den Sternspektren. Insbesondere kann man versuchen, hierdurch die abnorme Anreicherung von visuellem Licht in den planetarischen Nebeln zu erklären.

Um den statistischen Zustand einer Nebelmasse im interstellaren Raum theoretisch zu beherrschen, kann man sich nicht mehr auf die thermodynamischen Gleichgewichtsformeln berufen. Wir müssen vielmehr die Verteilung der Atome über die verschiedenen Quantenzustände in jedem einzelnen Fall ermitteln, um die Ergiebigkeit der Gasmasse berechnen zu können[1].

Wir betrachten im folgenden den einfachen Idealfall des reinen Strahlungsgleichgewichts, bei dem Stöße zwischen den Atomen unter sich vernachlässigt werden. Den rekombinierenden Stößen zwischen Ionen und Elektronen müssen wir jedoch Rechnung tragen, da sie das Ionisationsgleichgewicht bestimmen. Es sei a_{ki} die Wahrscheinlichkeit, daß ein Atom im Zustand k in der Zeiteinheit in den Zustand i übergehen soll. Es geht also aus k eine Anzahl $x_k a_{ki}$ nach i, und der gesamte Zuwachs von x_i in der Zeiteinheit durch solche Sprünge ist $\sum\limits_k a_{ki} x_k$, wo die Summe sich über alle Quantenzustände, i ausgenommen, erstreckt. Der zeitliche Verlust des Zustands i an Atomen ist andererseits $\sum\limits_k a_{ik} x_i$, so daß der Nettozuwachs

$$\frac{dx_i}{dt} = \sum\limits_k{}' (a_{ki} x_k - a_{ik} x_i), \qquad i = 1, 2, 3 \ldots \tag{389}$$

ist. In der Summation kommt der Zustand i nicht vor. Deshalb kann man den Gleichungen größere Symmetrie verleihen, indem man die Bezeichnung

$$a_{ii} = - \sum\limits_k a_{ik} \tag{390}$$

einführt, wodurch (389) die Form

$$\frac{dx_i}{dt} = \sum\limits_k{}' a_{ki} x_k; \qquad i = 1, 2, 3 \ldots \tag{391}$$

____

[1] Vgl. für die folgenden Ausführungen S. ROSSELAND, Astrophys. Journ. Bd. 63, S. 218. 1926.

erhält, in der jetzt der Index i in der Summe vorkommt. Wenn Gleichgewicht vorhanden ist $(dx_i/dt = 0)$, erhalten wir also das einfache System linearer Gleichungen

$$\sum_k a_{ki} x_k = 0; \quad i = 1, 2, 3 \ldots \tag{392}$$

Deren Lösung ist nach elementaren Regeln der Algebra

$$x_k = \lambda_m a^{km}; \quad k = 1, 2, 3 \ldots, \tag{393}$$

wo a^{km} die Unterdeterminante von a_{km} ist; λ_m ist eine durch die Gesamtzahl der Atome bestimmte Konstante und m ein willkürlicher Index. Damit diese Lösung zulässig sei, muß die Determinante aller Größen a_{ik}, die wir durch $a = |a_{ik}|$ bezeichnen, Null sein. Wegen der Definitionsgleichung (390) von a_{ii} verschwindet die Determinante in der Tat.

Somit können wir die Verteilung der Atome berechnen, sobald die Übergangswahrscheinlichkeiten a_{ik} bekannt sind. Jedes a_{ik} wird nun nach EINSTEIN die Form

$$a_{ik} = \alpha_{ik}(1 + \bar{\varrho}(\nu_{ik})) \tag{394}$$

für Emissionsprozesse, und für Absorptionsprozesse die Form

$$a_{ki} = \alpha_{ik}\bar{\varrho}(\nu_{ik})\frac{\omega_i}{\omega_k} \tag{395}$$

haben, wo α_{ik} die spontane Übergangswahrscheinlichkeit ist, während $\bar{\varrho}(\nu_{ik})$ die dem Sprunge $i \to k$ zugeordnete, durch $8\pi h\nu^3/c^3$ dividierte Energiedichte der Strahlung und ω_i, ω_k die Gewichte der Zustände i und k sind. Die Ergiebigkeit der Substanz an Strahlung ist eine lineare Funktion der Zahlen x_i. Die Ergiebigkeit in der Frequenz ν in der Nähe der Eigenfrequenz ν_{ik} einer Spektrallinie können wir in der folgenden Form schreiben

$$E_\nu = x_i a_{ik} h\nu f_{ik}^{(\nu)}. \tag{396}$$

Die aus der Dispersionstheorie zu berechnende Größe $f_{ik}^{(\nu)}$ ist durch die Forderung eingeschränkt, daß die Gesamtergiebigkeit in der Linie gleich $x_i a_{ik} h\nu_{ik}$ sein soll, also

$$\frac{1}{\nu_{ik}}\int_0^\infty f_{ik}^{(\nu)}\nu\,d\nu = 1. \tag{397}$$

Für Rekombinationsprozesse, oder für kohärente Streuprozesse, die besonders für den Fall freier Elektronen von Bedeutung sind,

ist der Ausdruck der Ergiebigkeit natürlich entsprechend abzuändern.

Da die Zahlen x_i ja in verwickelter Weise von der Strahlungsintensität selbst abhängen, versteht man, daß der exakte Ausdruck der Ergiebigkeit eine außerordentlich komplizierte Funktion des Strahlungsfeldes ist.

Obige allgemein gehaltene Theorie wollen wir nun im folgenden
auf zwei wichtige Spezialprobleme anwenden.

a) Die Bevorzugung verbotener Übergänge. Diese Frage läßt
sich am einfachsten für den Fall übersehen, wenn nur drei Quantenzustände in Frage kommen, die wir in der Reihenfolge wachsender
Energie mit 1, 2 und 3 bezeichnen. Der Zustand 2 soll vollkommen metastabil sein, d. h. die Übergangswahrscheinlichkeiten
a_{21} und a_{12} sind beide Null. Als Unterdeterminanten der Lösung
können wir

$$\left.\begin{array}{l} a^{11} = a_{21}(a_{31} + a_{32}) + a_{23}\,a_{31}\,, \\[4pt] a^{21} = a_{12}(a_{31} + a_{32}) + a_{13}\,a_{32}\,, \\[4pt] a^{31} = a_{13}(a_{21} + a_{23}) + a_{12}\,a_{23} \end{array}\right\} \qquad (398)$$

annehmen, die sich mit $a_{21} = a_{12} = 0$ auf

$$a^{11} = a_{23}\,a_{31}; \qquad a^{21} = a_{13}\,a_{32}; \qquad a^{31} = a_{13}\,a_{23} \qquad (399)$$

reduzieren. Also ist die Zahl der Atome im metastabilen Zustand
relativ zu der Zahl der Atome im Normalzustand

$$\frac{x_2}{x_1} = \frac{a^{21}}{a^{11}} = \frac{a_{13}}{a_{31}} \cdot \frac{a_{32}}{a_{23}}\,. \qquad (400)$$

Dies ist einfach so zu interpretieren, daß x_2 sich zu x_1 verhält
wie die Wahrscheinlichkeit $a_{13}\,a_{32}$ des Übergangs $1 \to 2$ über
den dritten Zustand zu der Wahrscheinlichkeit $a_{23}\,a_{31}$ des
inversen Übergangs. Zwischen den Koeffizienten a_{13} usw. exi-
stieren noch folgende EINSTEINsche Relationen

$$\frac{a_{23}}{a_{32}} = \frac{\omega_3\,\bar{\varrho}\,(\nu_{23})}{\omega_2(1 + \bar{\varrho}\,(\nu_{23}))}; \qquad \frac{a_{13}}{a_{31}} = \frac{\omega_3\,\bar{\varrho}\,(\nu_{13})}{\omega_1(1 + \bar{\varrho}\,(\nu_{13}))}\,. \qquad (401)$$

Also ist

$$\frac{x_2}{x_1} = \frac{\omega_2}{\omega_1} \frac{\bar{\varrho}\,(\nu_{13})}{\bar{\varrho}\,(\nu_{23})} \frac{1 + \bar{\varrho}\,(\nu_{23})}{1 + \bar{\varrho}\,(\nu_{13})}\,. \qquad (402)$$

Wenn der Stern wie ein schwarzer Körper der Temperatur T
strahlt, was näherungsweise zutreffen dürfte, wird die Energie-

dichte der Strahlung der Frequenz ν im Abstand r vom Stern-mittelpunkt durch

$$\varrho(\nu) = W \cdot \frac{8\pi h\nu^3}{c^3}\left(e^{\frac{h\nu}{kT}} - 1\right)^{-1}, \qquad W = \frac{R^2}{4r^2}. \qquad (403)$$

gegeben sein, wo W die Verdünnungskonstante genannt wird und R den Sternradius bedeutet. Also ist auch

$$1 + \bar{\varrho}(\nu) = \frac{1 - (1-W)\,e^{-\frac{h\nu}{kT}}}{1 - e^{-\frac{h\nu}{kT}}} \qquad (404)$$

und schließlich

$$\frac{x_2}{x_1} = \frac{\omega_2}{\omega_1}\,e^{-\frac{h\nu_{21}}{kT}}\,\frac{1 - (1-W)\,e^{-\frac{h\nu_{23}}{kT}}}{1 - (1-W)\,e^{-\frac{h\nu_{13}}{kT}}}. \qquad (405)$$

Man sieht nun aus dieser Relation, daß, sofern die dritte Energie-stufe genügend hoch über der ersten und der zweiten Stufe gelegen ist die Zahl der Atome im zweiten Zustand der BOLTZMANNschen Verteilung bei der Temperatur T entspricht. Wenn andererseits die Metastabilität des zweiten Zustands irgendwie aufgehoben wird, findet man das Verhältnis x_2/x_1 proportional zu W. Die Verdünnungskonstante ist gleich dem körperlichen Winkel, unter dem der Stern vom Beobachtungsorte erscheint, durch 4π divi-diert, um die Konstante gleich Eins zu machen, wenn der ganze Himmel mit Sternen der gegebenen Temperatur bedeckt ist. Für den Fall der Nebel muß W außerordentlich klein sein, etwa von der Ordnung 10^{-14}. Man versteht also, wie enorm die Meta-stabilität die Atomverteilung beeinflussen kann im Sinne einer Anreicherung von Atomen in metastabilen Zuständen.

b) Verbotene Linien in Sternspektren. Es dürfte von Interesse sein, an dieser Stelle daran zu erinnern, daß verbotene Linien auch in Sternspektren gefunden wurden. Das Spektrum des früher erwähnten langperiodisch veränderlichen Sterns R Aquarii enthält nach MERRILL[1] neben den gewöhnlichen Me-Banden und hellen Wasserstofflinien auch eine Reihe der charakteristischen Linien der Nebelspektren. Diese Linien sind in der Tabelle 22 angegeben. Neben den Hauptnebellinien N_1 und N_2 und der Heliumlinie 4471 kommen vier weitere Nebellinien vor, deren Ursprung noch un-

---

[1] Astrophys. Journ. Bd. 53, S. 375. 1921.

bekannt ist. Der Stern ist in einen Nebel eingebettet. Das Vorkommen der Nebellinien im Spektrum des Sterns dürfte also nicht so merkwürdig erscheinen. Doch ist dies der einzige Fall, wo ein leuchtender Nebel mit einem Stern der späteren Spektralklassen physisch verbunden ist. In den Jahren 1921—1927 hat der Stern ein Spektrum des P Cygni-Typus entwickelt[1]. Nach MERRILL[2] ist die Nebellinie 4658 auch im Spektrum von RY Scuti vorhanden.

Tabelle 22. Helle Nebellinien im Spektrum von R Aquarii.

λ	Ursprung	λ	Ursprung
3869		4471,5	He
3967		4658,2	
4068		4958,9	O III
4363,2	O III	5006,8	O III

Der Stern η Carinae (oder η Argus) erscheint auch in einer Gegend, die reich an Nebeln ist; wahrscheinlich ist auch dieser Stern in Nebel eingebettet. Die Helligkeit des Sterns ist früher großen Schwankungen unterworfen gewesen. Um 1843 war er einer der hellsten Sterne des südlichen Himmels[3]. Das Spektrum ist veränderlich und ganz eigenartig. Nach Platten, die an der Harvard-Sternwarte in Arequipa 1892/93 aufgenommen und kürzlich von BOK[4] ausgemessen wurden, war das Spektrum damals c F 5 mit überlagerten Emissionslinien von Wasserstoff (sehr hell) und ionisiertem Eisen (sehr schwach). Auf den Platten aus dem Jahre 1895 ist das kontinuierliche Spektrum sehr schwach, während die Zahl und die Intensität der hellen Linien zugenommen hat. Viele der neuen Linien entsprechen nach MERRILL[5] verbotenen Übergängen des ionisierten Eisenatoms. MERRILL hat im ganzen etwa 20 solcher Linien identifiziert.

Die meisten dieser Linien sind nach MERRILL[5] auch im Spektrum des Be-Sterns H.D. 45677 vorhanden.

Schließlich sei daran erinnert, daß die Nebellinien auch in den Nova-Spektren gut entwickelt sind.

Die erwähnten Sterne bilden anscheinend Übergangsfälle zwischen den Gasnebeln einerseits und den Sternen andererseits. Sie dürften für die weitere Aufklärung des Problems der hellen Linien von großer Bedeutung sein. Denn offenbar handelt es sich

---

[1] P. MERRILL, Publ. Astr. Soc. Pacific Bd. 39, S. 48. 1927.
[2] Astrophys. Journ. Bd. 67, S. 349. 1928.
[3] R. T. A. INNES, Ann. Cape Obs. Bd. 9, S. 78 B. 1903.
[4] Popular Astronomy 1930.   [5] Astrophys. Journ. Bd. 67, S. 391. 1928.

sowohl bei den obigen Sternen wie bei den Nebeln um Durchbrechung der Auswahlprinzipien unter Abwesenheit von äußeren Störungen, etwa durch Stöße oder Absorption von Licht. Die verbotenen Linien entstehen somit in sehr verdünnten „Chromosphären", die relativ weit von der anregenden Lichtquelle entfernt sind. Die von O. STRUVE diskutierte verbotene Heliumlinie 4470, die in gewöhnlichen B-Spektren gefunden wurde, ist ganz anders zu deuten: bei ihr kommt die Durchbrechung des Auswahlprinzips durch die Felder der benachbarten Ionen und Elektronen zustande.

c) Das Ionisationsgleichgewicht. Wir vernachlässigen bei der Behandlung des Ionisationsgleichgewichts alle Atome in höheren Quantenzuständen, berücksichtigen also nur die Ionisationsprozesse aus dem Grundzustand, den wir mit dem Index 0 charakterisieren. Das ionisierte Atom sei durch den Index 1 bezeichnet. Es bleibt also von dem System (392) nur eine Gleichung übrig:

$$\frac{x_1}{x_0} = \frac{a_{01}}{a_{10}} \, .$$

Um die Koeffizienten a_{01} und a_{10} zu berechnen, brauchen wir erstens die Kenntnis des absorbierenden Querschnitts des Atoms im kontinuierlichen Absorptionsgebiet σ_ν, der die Häufigkeit der Ionisationsprozesse regelt, und zweitens die Kenntnis des emittierenden Querschnittes $\beta_\nu(1 + \varrho_\nu)$, der für die Häufigkeit der Rekombinationsprozesse maßgebend ist. Wir haben hier die stimulierende Wirkung des Strahlungsfeldes durch den Faktor $1 + \bar\varrho_\nu$ direkt zum Ausdruck gebracht. Die Größe β_ν läßt sich durch σ_ν ausdrücken, indem man einen Fall thermischen Gleichgewichts betrachtet, wo statistischer Ausgleich für jedes unendlich kleine Spektralgebiet herrscht.

Es entspricht dann der Zahl der im Frequenzintervall $d\nu$ absorbierten Energiequanten $x_0 \dfrac{\sigma_\nu\, c\, \varrho_\nu}{h\nu}\, d\nu$ die Zahl der in demselben Intervall gebundenen freien Elektronen $x_1 \beta_\nu(1 + \bar\varrho_\nu)\, v\, dn_e$, wo dn_e die Zahl der freien Elektronen ist, deren Geschwindigkeit v einen Spielraum dv hat, der dem Frequenzintervall $d\nu$ gemäß der Frequenzbedingung

$$h\nu = \tfrac{1}{2}\mu v^2 - E_0 \tag{406}$$

entspricht, d. h.

$$d\nu = \frac{\mu v}{h}\, dv \, . \tag{407}$$

Es gelten ferner folgende thermodynamische Relationen:

$$dn_e = \frac{n_e\,4\pi\,\mu^3}{f_e}\cdot e^{-\frac{\mu v^2}{2kT}}v^2\,dv\,; \qquad \frac{x_1 n_e}{x_0} = \frac{f_e}{\omega_e}\,e^{\frac{E_0}{kT}}\,; \qquad \varrho_\nu = \frac{8\pi h\nu^3/c^3}{\left(e^{\frac{h\nu}{kT}}-1\right)}\,. \tag{408}$$

Die Gleichgewichtsbedingung

$$x_0\,\sigma_\nu\,c\,\varrho(\nu)\,\frac{d\nu}{h\nu} = x_1\,\beta_\nu\,(1 + \bar\varrho_\nu)\,v\,dn_e \tag{409}$$

erhält dann die Form

$$\beta_\nu = \frac{\sigma_\nu\,2\,\omega_0\,\nu^2}{h\,\mu^2 c^2 v^2}\,. \tag{410}$$

Dies ist gerade die gesuchte Relation zwischen β_ν und σ_ν. Wenn kein thermisches Gleichgewicht vorhanden ist, gilt Gleichung (409) erst, wenn sie über alle Frequenzen integriert wird:

$$x_0\,c\int_0^\infty \sigma_\nu\,\varrho(\nu)\,\frac{d\nu}{h\nu} = x_1\int_0^\infty \beta_\nu\,(1 + \bar\varrho(\nu))\,v\,dn_e\,. \tag{411}$$

Also sind die Übergangswahrscheinlichkeiten a_{01} und a_{10} durch die Ausdrücke

$$a_{01} = c\int_0^\infty \sigma_\nu\,\varrho(\nu)\,\frac{d\nu}{h\nu}\,, \qquad a_{10} = \frac{2\,\omega_0}{h\,\mu^2 c^2}\,x_1\int_0^\infty \sigma_\nu\,\nu^2\,(1 + \bar\varrho(\nu))\,v^{-1}\,dn_e \tag{412}$$

gegeben. Wir wollen diese Integrale für den folgenden Fall auswerten: Das Strahlungsfeld besteht aus „verdünnter" Wärmestrahlung [vgl. (403)]; die Geschwindigkeiten der Elektronen sind gemäß dem Maxwellschen Gesetz für die Temperatur T_0 verteilt; der absorbierende Querschnitt eines Atoms ist Null für $\nu \gtrless \nu_m$ und im übrigen ν^{-2} proportional, was dem experimentellen Befund $\sigma_\nu \sim \nu^{-3}$ gegenüber zu rechnerischen Vorteilen führt und kaum merkbare Fehler veranlassen kann. Es folgt zuerst einfach für a_{01}

$$a_{01} = W\,\frac{8\pi\sigma_0}{hc^2}\,kT\,\log\left(1 - e^{-\frac{h\nu_m}{kT}}\right), \qquad \sigma_\nu = \sigma_0\,\nu^{-2}, \qquad \nu > \nu_m\,. \tag{413}$$

Bei der Berechnung von a_{10} ist $\varrho(\nu)$ neben Eins offenbar zu vernachlässigen wegen der Kleinheit der Verdünnungskonstanten.

Indem man den Ausdruck für $d n_e$ aus (408) übernimmt, hat man

$$a_{10} = \frac{8 \pi \omega_0}{h c^2 f_e} \, x_1 \, n_e \cdot k T_0 \,. \tag{414}$$

Wird berücksichtigt, daß $f_e = (2 \pi \mu k T_0)^{\frac{3}{2}}$ ist, so folgt als neue Ionisationsgleichung

$$\frac{x_1 \, n_e}{x_0} = W \sqrt{\frac{T_0}{T}} \left(\frac{2 \pi \mu k T}{\omega_0} \right)^{\frac{3}{2}} \log\left(1 - e^{-\frac{h \nu_m}{k T}} \right) . \tag{415}$$

Wir sehen hieraus, daß die genaue Kenntnis der Temperatur der Gasmasse ziemlich unwesentlich ist, da der Ionisationsgrad x_1/x_0 der Quadratwurzel aus T_0 proportional ist.

51. Anwendung der Ionisationstheorie auf die Nebel.

Die Formel (415) für das Ionisationsgleichgewicht der Nebelsubstanz ist der entsprechenden Formel des Wärmegleichgewichts in der Atmosphäre des anregenden Sterns nahe analog. Wenn nämlich $h \nu_m / k T$ größer als Eins ist, folgt näherungsweise $-\log(1 - e^{-h \nu/k T}) \sim e^{-h \nu/k T}$. Dann läßt sich eine einfache Korrespondenz zwischen den zwei Fällen herstellen: der Ionisationsgrad wird in beiden Fällen derselbe sein, wenn die Elektronendichte des Nebels um den Faktor $W\sqrt{T_0/T}$ kleiner ist als die Elektronendichte der Sternatmosphäre.

a) Der Trifid-Nebel. Als Beispiel wählen wir den Trifid-Nebel im Sagittarius. Dieser Nebel ist ein sphärisches Gebilde, dessen Durchmesser von HUBBLE auf 10′ geschätzt wurde. Der Nebel wird wahrscheinlich zum Leuchten angeregt durch einen Oe5-Stern der siebenten Größe, der im Innern des Nebels liegt. Damit können wir nun in folgender Weise den Abstand des Nebels abschätzen. Die mittlere absolute Helligkeit der O-Sterne dürfte nach PLASKETT[1] und WILSON[2] etwa $M_v = -3{,}5$ sein. Aus der bekannten Relation

$$5 \log p = M - m - 5 \tag{416}$$

zwischen der Parallaxe p, der absoluten Sterngröße M und der scheinbaren Größe m folgt in unserem Falle mit $M = -3{,}5$; $m = 7{,}0$ also $p = 0''{,}001$. Wahrscheinlich ist der Abstand des Nebels also 1000 Parsec. Der mittlere Radius der O- und der

<hr>

[1] Publ. Domin. Obs. Victoria Bd. 2, Nr. 16. 1924.
[2] Astron. Journ. Bd. 36, S. 1. 1924.

B-Sterne beträgt wahrscheinlich 5—10 Sonnenradien. Denn hat ein Stern z. B. die absolute Helligkeit $M_u = -3{,}5$ und den Radius $R = 7{,}5 \cdot R_0$, so muß er eine effektive Temperatur von $30\,000^\circ$ K besitzen, was wohl der mittleren Temperatur der

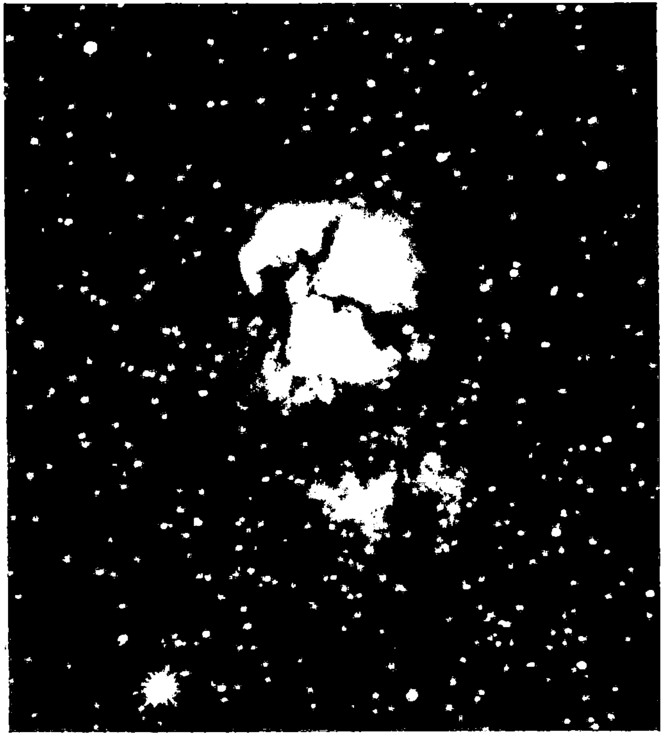

Abb. 24. Der Trifidnebel in Sagittarius.
(Nach NEWCOMB-ENGELMANN, 6. Ausg.: Populäre Astronomie, S. 718.)

O-Sterne nahekommt. Wir wollen deshalb für unseren O-Stern die folgenden Werte annehmen:

$$\text{Radius } R = 7{,}5 \cdot R_0\,; \quad T_e = 30\,000^\circ \text{K}\,.$$

Wenn der Nebel sich in einem Abstand von 1000 Parsec befindet, entspricht einem Winkeldurchmesser von 10′ ein linearer Durchmesser von 3 Parsec. Das meiste Licht kommt aus den mittleren Teilen des Nebels. Wir nehmen deshalb zur Berechnung der Verdünnungskonstanten den mittleren Abstand der Nebelsubstanz von dem anregenden Stern zu $r = 0{,}5$ Parsec an. Hieraus erhalten wir für die Verdünnungskoustante den Wert

$$W = \frac{\pi R^2}{4 \pi r^2} = 2{,}7 \cdot 10^{-14}. \tag{417}$$

Das Spektrum des Nebels zeigt nach HUBBLE neben den Wasserstofflinien sowohl die Hauptnebellinien N_1 und N_2, die von O^{++} herrühren, als auch das ultraviolette Dublett 3726—29 von O^+ mit etwa derselben Intensität. Wir schließen hieraus, daß O^+ und O^{++} in erster Näherung mit der gleichen Häufigkeit vorhanden sind. Die Ionisationsspannung von O^+ ist 34,94 Volt. Für die Temperatur T_0 der Gasmasse nehmen wir die effektive Temperatur des Sterns. Indem wir $T_0 = T$ und $n^{++}/n^+ = 1$ setzen, können wir aus (415) die Elektronendichte des Nebels berechnen. Wir finden dann

$$n_e = 470 \text{ cm}^{-3}. \tag{418}$$

Dieses Resultat beansprucht nicht mehr, als die Größenordnung anzudeuten. Es läßt sich bei möglichen Änderungen der eingehenden Größen ungezwungen um einen Faktor 10 vergrößern oder vermindern. Dennoch bekommt man einen guten Eindruck von der extremen Kleinheit der Dichten der galaktischen Nebel, denn diese Rechnung ist nicht speziell auf den Trifid-Nebel beschränkt. Wenn man bei den anderen Nebeln ähnlich verfährt, kommt man zu Resultaten derselben Größenordnung.

In nahem Zusammenhang mit der Ionisationsfrage steht die von HUBBLE gefundene Regel, daß die photographische Helligkeit eines diffusen Nebels dieselbe ist wie diejenige des eingebetteten Sterns. Wenn die effektiven Temperaturen der betreffenden Sterne genau bekannt wären, würde dieser Befund offenbar einen wichtigen Anhaltspunkt für die physikalische Analyse der Nebelsubstanz darbieten. Ein erster grober Versuch in dieser Richtung wurde von ZANSTRA[1] gemacht. ZANSTRA legt seiner Rechnung die auch von uns verwendete Annahme zugrunde, daß die Nebelatome im wesentlichen nur Strahlung auf der kurzwelligen Seite der Seriengrenze des normalen Atoms absorbieren. Der springende Punkt seiner Überlegungen ist, daß diese im kurzwelligen Gebiet

---

[1] Astrophys. Journ. Bd. 65, S. 50. 1927.

absorbierte Strahlung vorwiegend im photographischen Gebiet
wieder ausgestrahlt wird. Diese Annahme steht in einem gewissen
Gegensatz zu dem von uns oben vertretenen Standpunkt, daß die
Ausstrahlung auch größtenteils jenseits der normalen Seriengrenze
stattfindet. Wenn ν_1 und ν_2 die kurzwelligen und langwelligen
Grenzfrequenzen des photographischen Gebiets sind, folgt, daß die
photographisch gemessene Strahlung des Sterns durch einen Ausdruck von der Form

$$C \int_{\nu_1}^{\nu_2} \frac{\nu^3 \, d\nu}{e^{\frac{h\nu}{kT}} - 1} \tag{419}$$

gegeben wird, wo C eine gewisse Konstante ist. Die entsprechende,
jenseits der normalen Seriengrenze absorbierte Energie ist andererseits bei vollständiger Absorption im Nebel

$$C \int_{\nu_m}^{\infty} \frac{\nu^3 \, d\nu}{e^{\frac{h\nu}{kT}} - 1} \cdot \tag{420}$$

Wenn Zanstras Hypothese, daß diese vom Nebel aufgenommene
Energie im photographischen Gebiet wieder vollständig aus-
gestrahlt wird, richtig ist, folgt die Temperatur des anregenden
Sterns aus der Gleichung

$$\int_{\nu_1}^{\nu_2} \frac{\nu^3 \, d\nu}{e^{\frac{h\nu}{kT}} - 1} = \int_{\nu_m}^{\infty} \frac{\nu^3 \, d\nu}{e^{\frac{h\nu}{kT}} - 1} \cdot \tag{421}$$

Zanstra hat, was wohl unwesentlich ist, nicht die obige, aus
der Energiebilanz folgende, sondern die der Gleichheit der Zahl
ein- und ausgestrahlter Quanten entsprechende Relation verwendet, die aus der obigen entsteht, wenn ν^2 statt ν^3 geschrieben
wird. Diese Hypothese fordert eine ganz bestimmte effektive
Temperatur des anregenden Sterns. Zanstra berechnete die
folgende Tabelle 23 für die Größe

$$L = \int_{\nu_m}^{\infty} \frac{\nu^2 \, d\nu}{e^{\frac{h\nu}{kT}} - 1} \div \int_{\nu_1}^{\nu_2} \frac{\nu^2 \, d\nu}{e^{\frac{h\nu}{kT}} - 1}, \tag{422}$$

indem er sich die Nebel aus Wasserstoff gebildet dachte.

Man sieht, daß $L = 1$ einer Temperatur zwischen $30\,000\,°$ und $35\,000\,°$ entspricht, im Einklang mit unseren Vorstellungen von den Temperaturen der Sterne am Anfang der Spektralreihe. Ich glaube jedoch nicht, daß man diesem Resultat viel Gewicht beilegen kann, einerseits, weil die Tabelle zeigt, daß relativ kleine Änderungen der L-Werte große Änderungen der Temperatur veranlassen, und andererseits, weil die von ZANSTRA verwendete Hypothese wohl noch einer näheren Begründung bedarf, um physikalisch verbürgt zu sein.

Tabelle 23.

T	L	L in Größenklassen
$15\,000\,°$ K	0,0075	5,31
$20\,000$	0,066	2,95
$25\,000$	0,271	1,42
$30\,000$	0,72	0,36
$35\,000$	1,42	−0,37
$40\,000$	2,50	−0,99
$50\,000$	5,4	−1,83
$70\,000$	15,3	−2,96
$100\,000$	38	−3,95
$150\,000$	101	−5,01
$200\,000$	185	−5,68

b) Planetarische Nebel. Die Anwendung der Ionisationstheorie auf die planetarischen Nebel dürfte von besonderem Interesse sein angesichts der herrschenden Unsicherheit in den absoluten Helligkeiten und Temperaturen der Zentralsterne.

Es sei zuerst darauf aufmerksam gemacht, daß die scheinbare Helligkeit des Zentralsterns vom äußeren Rande des Nebels aus betrachtet nicht von der Parallaxe abhängig ist, sondern durch die scheinbare Helligkeit und den Winkelhalbmesser des Nebels bestimmt wird. Es seien nämlich m und p scheinbare Sterngröße und Parallaxe des Zentralsterns von der Erde betrachtet, und m', p' die entsprechenden Größen am Rande des Nebels gemessen. Dann ist nach (416)

$$m' + 5 \log p' = m + 5 \log p$$

oder, da der Winkeldurchmesser des Nebels

$$2D = \frac{p}{p'}$$

ist:
$$m' = m + 5 \log D. \tag{423}$$

In der Tabelle 24 sind die so berechneten Sterngrößen in einigen planetarischen Nebeln zusammengestellt.

Obwohl ein Vergleich mit den irregulären Nebeln nicht gut durchzuführen ist, wird man doch finden, daß die Helligkeiten

Tabelle 24. Helligkeiten der Zentralsterne vom Rande der Nebel gesehen. Daten nach Lick Obs. Publ. Bd. 13.

N.G.C.	m_p	D	m'_p	Anm. (Nebel)	N.G.C.	m_p	D	m'_p	Anm. (Nebel)
40	11	0',25	— 8	hell	246	9,5	2'	— 7	schwach
1535	10	0,2	—11	„	650	16	0,7	— 3	„
418	9	0,1	—14	sehr hell	1747	14	0,1	— 9	„
2022	13	0,2	— 8	hell	1501	12	0,5	— 7	„
2149	12	0,1	—11	„	2438	16	0,5	— 3	„
2371	12	0,25	— 9	„	2610	15	0,25	— 6	„
2329	9	0,2	—12	„	3584	12	1,5	— 5	„
3242	9	0,2	—12	„	4361	10	0,3	—10	„
3568	11	0,2	—10	sehr hell	6369	16	0,25	— 5	„
4593	10	0,1	—13	hell	6781	14	1,0	— 4	sehr schw.
6543	9,2	0,2	—12	sehr hell	6804	12	0,25	— 9	nicht hell
6720	13	0,5	— 6	hell	6853	12	3,0	— 3	zieml. schw.
6826	9	0,23	—11	sehr hell	6894	16	0,3	— 4	sehr schw.
7662	12	0,1	—11	„ „	7293	11	8,0	— 2	zieml. schw.

der anregenden Sterne vom Nebel aus gesehen in den beiden Fällen sich nicht systematisch voneinander unterscheiden. Man bemerkt ferner, daß im Fall der planetarischen Nebel die Helligkeit des Nebels mit der Helligkeit des Sterns vom Nebel aus gesehen korreliert ist im selben Sinne, wie ihn HUBBLE für die irregulären Nebel festgestellt hat. Soweit sind keine bedeutenden Unterschiede zwischen den beiden Arten von Objekten zu bemerken. Die Tatsachen, daß die Spektren der planetarischen Nebel einem wesentlich höheren Anregungsgrad entsprechen als die Spektren der irregulären Nebel, daß ferner die planetarischen Nebel um viele Größenklassen heller sind als die Zentralsterne, sind deshalb wohl nicht auf die absoluten Helligkeiten der Zentralsterne, sondern vorwiegend auf die effektiven Temperaturen zurückzuführen. Einem Helligkeitsunterschied von fünf Größenklassen, der oft vorkommt, entspricht nach Tabelle 23 eine effektive Temperatur von 150000° K. Die einzige Frage, die übrigbleibt, ist also, ob diese Temperatur mit dem beobachteten Ionisationsgrad und den absoluten Helligkeiten in Einklang zu bringen ist. Das scheint aber keine große Schwierigkeit zu bereiten.

Betrachten wir z. B. den Nebel 7662 (siehe Abb. 18), dessen Spektrum sowohl Linien des He als He$^+$ enthält. Die Funkenlinien sind jedoch so viel stärker, daß man vielleicht berechtigt ist, die Häufigkeit von He$^+$ etwa auf das Tausendfache der

Häufigkeit von He zu schätzen. Indem wir den früher für irreguläre Nebel abgeleiteten Wert der Elektronendichte anwenden und die Temperatur gleich 150000° annehmen, folgt aus (415) für die Verdünnungskonstante der Wert $W = 4 \cdot 10^{-17}$.

Wir können andererseits diese Konstante aus den Dimensionen des Sterns und des Nebels nach (417) berechnen. Nach VAN MAANEN ist der Radius des Nebels etwa 650 Erdbahnhalbmesser. Den Sternradius können wir in folgender Weise abschätzen. Der Radius eines B-Sterns der effektiven Temperatur 25000° und der absoluten Helligkeit $-3^m,5$ dürfte auf etwa 10 Sonnenradien zu schätzen sein. Für höhere Temperaturen sollte die (visuelle oder photographische) Helligkeit nach dem Gesetz von RAYLEIGH etwa proportional der Temperatur verlaufen. Ein Stern derselben absoluten Helligkeit und der Temperatur 150000° sollte also einen $1 : \sqrt{6} = 0,41$ mal kleineren Radius besitzen. Nun ist aber die absolute Helligkeit des Zentralsterns nach VAN MAANEN 9,7, also 13,2 Größenklassen schwächer als die des zum Vergleich herangezogenen B-Sterns. Die Dimension des Sterns ist also um noch einen Faktor, $10^{-\frac{1}{2} 0,4 \cdot 13,2} = 0,0025$ zu verkleinern, im ganzen 0,0011. Der Radius des Sterns ist somit rund ein Hundertstel des Sonnenradius, oder, anders gesagt: der Stern ist von der Größenordnung der Erde, wie die weißen Zwerge. Die entsprechende Verdünnungskonstante ist $1,5 \cdot 10^{-15}$ oder 40 mal größer als diejenige, die wir aus der Ionisationsgleichung erhielten. Wenn man bedenkt, daß der ultraviolette Teil des Sternlichts während des Durchgangs durch den Nebel bedeutend geschwächt sein dürfte, scheinen diese zwei Berechnungen miteinander vereinbar zu sein. Um die große Helligkeit des Nebels, verglichen mit der Helligkeit des Sterns, in der Weise von ZANSTRA zu erklären, muß man wahrscheinlich eine wesentlich größere Schwächung des ultravioletten Teils des Sternlichts voraussetzen gegenüber der obigen Rechnung. Dies würde größere absolute Helligkeiten der Sterne verlangen, also kleinere Parallaxen als die von VAN MAANEN gemessenen, die vielleicht durch systematische Fehler entstellt sind.

Die Form der planetarischen Nebel bietet viele interessante Probleme dar. Zunächst fragt es sich, ob die Ringnebel wirkliche Kugelschalen sind, oder ob die Ringform durch besondere Anregungsverhältnisse der Nebelsubstanz vorgetäuscht wird. Angesichts der früher erwähnten WOLFschen Entdeckung der

„geschichteten Emission" im Ringnebel in der Leier ist die Vorstellung einer einfachen Schalenform kaum aufrecht zu halten. Wenn man findet, daß der Nebelring im Lichte der He-Linien wesentlich größer erscheint als im Lichte der He^+-Linien, so ist damit gezeigt, daß die Anregung neben der Massenverteilung eine große Rolle spielt. Die Verteilung der Gase in den Nebeln ist deshalb sicher viel gleichförmiger als die Lichtverteilung. Das Vorkommen von mehreren Ringen, einer außerhalb des anderen (vgl. Abb. 18), zeigt andererseits, daß die Ringform nicht in allen Fällen auf die Anregungsverhältnisse allein zurückzuführen ist.

Die Behandlung des eigentlichen Problems der Struktur und des Gleichgewichts der planetarischen Nebel ist noch kaum über den Anfang hinausgekommen. Ein erster Versuch wurde von JEANS[1] gemacht, indem er die Ringform als eine Wirkung des Lichtdrucks auffaßte. Offenbar besteht, wenn der Lichtdruck viel größer als die Schwere ist, die Möglichkeit, daß der Gasdruck irgendwo ein Maximum besitzen und von dieser Stelle ab sowohl nach innen wie nach außen abnehmen wird. Wie von MILNE hervorgehoben wurde, ist das Vorhandensein eines solchen Maximums nicht wahrscheinlich, wenn die Resonanzlinien die Hauptrolle spielen. Die Verhältnisse in den Nebeln sind aber offenbar viel verwickelter als in der Kalziumchromosphäre, und Maxima des Gasdrucks sind nicht ohne weiteres zu verneinen. Eine weitere Bearbeitung dieser Frage ist notwendig, wenn man die Rolle des Lichtdrucks kennenlernen will.

Wir wissen andererseits nicht mit Sicherheit, daß die planetarischen Nebel wirklich in hydrostatischem Gleichgewicht sind. In einem Fall (Zirrusnebel im Schwan) wurde eine Bewegung des Nebels nach außen gemessen[2]. Die thermische Stabilität der Nebel dürfte auch gering sein, da die hohe Temperatur der Nebelmasse eine sehr schnelle „Verdampfung" der freien Elektronen im Nebel herbeiführen muß. Dadurch werden elektrische Kräfte für das Gleichgewicht von Wichtigkeit und es wird ein ständiger radialer Strom von Elektronen und Atomen aufrecht erhalten. Die genaue Diskussion dieser Frage ist vielleicht schwer durchzuführen, dürfte aber für das Verständnis der Natur der planetarischen Nebel wesentlich sein.

---

[1] Month. Not. Bd. 83, S. 481. 1923.

[2] E. HUBBLE: Siehe W. S. ADAMS, Publ. Astr. Soc. Pacific Bd. 38, S. 368. 1926.

52. Der interstellare Raum.

Die Frage, ob der Weltraum zwischen den Sternen vollkommen leer oder von irgendeinem Substratum erfüllt ist, wurde schon lange von den Astronomen diskutiert. Nach der Entdeckung der galaktischen Nebel, besonders der dunklen Nebel, ist die Frage offenbar zu bejahen, aber noch ist zu entscheiden, ob der Raum außerhalb der Nebel vollkommen durchsichtig ist oder nicht.

Zusammenfassend kann man wohl jetzt sagen, daß der interstellare Raum außerhalb der dunklen Nebel in hohem Grade optisch leer sein muß und daß die Anwendung des Gesetzes der inversen Quadrate auf die Abnahme der Helligkeit mit wachsendem Abstand im allgemeinen erlaubt ist. Dieses Resultat beruht vor allem auf den Arbeiten von SHAPLEY[1] und VAN RHIJN[2] über die Abstände der Kugelhaufen. Ein Kugelhaufen besteht aus etwa 50000 Sternen, die innerhalb eines kugelförmigen Raumes dichtgepackt sind. Rund hundert solcher Haufen sind bekannt. Sie finden sich sowohl innerhalb als außerhalb des eigentlichen Milchstraßensystems und eignen sich deshalb sehr gut zur Untersuchung der Absorption im Weltraum. Bisher ist aber keine Spur einer allgemeinen Absorption im Weltraum bemerkt worden.

Dennoch wissen wir, daß der interstellare Raum nicht vollkommen leer ist, und zwar aus der Existenz von selektiven Absorptionseffekten. Die Geschichte dieser Effekte ist sehr interessant. Im Jahre 1904 bemerkte HARTMANN[3], daß die H- und K-Linien im Spektrum des spektroskopischen Doppelsterns δ Orionis aus zwei Komponenten bestehen, von welchen das eine Paar synchron mit der Bahnbewegung hin und her pendelte, während das andere ruhig blieb, oder doch wenigstens mit viel kleinerer Amplitude oszillierte. Man nannte das ruhende Paar „ruhende Kalziumlinien", und nach und nach wurde von verschiedenen Astronomen eine Reihe von Sternen gefunden, deren Spektren solche Linien aufwiesen[4]. Fräulein HEGER[5] auf der Licksternwarte hat auch ruhende Natriumlinien gefunden, aber weitere Elemente sind,

---

[1] Harvard Bull. Nr. 864. 1929.

[2] Bull. Astr. Inst. Netherlands Bd. 4, Nr. 141. 1928.

[3] Astrophys. Journ. Bd. 19, S. 268. 1904.

[4] Siehe z. B. R. K. YOUNG, Publ. Domin. Obs. Victoria Bd. 1, Nr. 17, S. 219. 1922; O. STRUVE, Astrophys. Journ. Bd. 65, S. 163. 1927; Bd. 67, S. 353. 1928.

[5] Lick Obs. Bull. Bd. 10, S. 59. 1919 u. Bd. 11, S. 141. 1924.

soweit bekannt, nicht an diesem Phänomen beteiligt. Die betreffenden Sterne gehören sämtlich den früheren Spektralklassen an (früher als B3) und sind von großer absoluter Helligkeit, wie Sterne des P Cygni-Typus, O-Sterne und Novae. In mehreren Fällen hat man auch ruhende Kalziumlinien in Spektren von Sternen gefunden, die nicht spektroskopisch doppelt sind, bei welchen aber der Charakter der Kalziumlinien durch abweichende Radialgeschwindigkeiten und durch besondere Schärfe der Linien entdeckt wurde. Solche Sterne sind besonders von J. S. PLASKETT untersucht worden.

Die Deutung dieser ruhenden Linien war zuerst nicht ganz klar. So hat man gedacht, daß die betreffenden Sterne in großer Entfernung von einer Hülle von Kalziumgas umgeben seien. Als Stütze für diese Auffassung wurde angeführt, daß die „ruhenden" Linien bisweilen auch eine kleine Bahnbewegung zeigten. Die Deutung dieser Beobachtung dürfte jedoch unrichtig sein. Sie ist vermutlich einfach durch die Überlagerung eines ruhenden und eines bewegten Linienpaares vorgetäuscht. Denn wenn die Kalziumwolke den Stern permanent umgibt, muß die mittlere Radialgeschwindigkeit für beide Linienpaare dieselbe sein, was durchwegs nicht der Fall ist. Eine weitere Analyse der Radialgeschwindigkeiten der ruhenden Linien zeigte dann[1], daß sie zwar nicht die individuelle Bewegung eines Sterns, wohl aber die mittlere Bewegung von Sterngruppen mitmachen. So beteiligt sich das Kalziumsubstrat nach PLASKETT und PEARCE[2] auch an der Rotationsbewegung des ganzen Milchstraßensystems. Die Rotationsgeschwindigkeit aus den ruhenden Linien ergibt sich in guter Übereinstimmung mit den Resultaten von OORT[3], SCHILT[4] und PLASKETT[5].

PLASKETT dachte zuerst, daß die Kalziummassen zwar ziemlich gleichmäßig zwischen den Sternen verteilt seien, daß aber nur in der Nähe der heißeren Sterne die Zahl der ionisierten Atome groß genug sei, um sich durch Absorption bemerkbar machen zu können. Die Tatsache, daß sich die ruhenden Linien nur in Spektren früher als B3 fanden, würde dadurch auch eine einfache Erklärung erhalten. EDDINGTON[6] hat andererseits versucht, die

---

[1] J. S. PLASKETT, Publ. Domin. Obs. Victoria Bd. 2, S. 325. 1924.
[2] Month. Not. Bd. 90, S. 243. 1930.
[3] Bull. Astr. Inst. Netherlands Nr. 120. 132.
[4] Proc. Wash. Nat. Acad. Sc. Bd. 13, S. 642.
[5] Month. Not. Bd. 88, S. 395. 1928.
[6] Proc. Roy. Soc. London (A) Bd. 111, S. 424.

Ansicht zu begründen, daß die Absorption gleichmäßig durch den ganzen Weltraum stattfindet. Aus dieser Hypothese folgt offenbar eine starke Korrelation zwischen der Intensität der ruhenden Linien und dem Abstand der Sterne, die nach den Arbeiten von STRUVE[1] und PLASKETT und PEARCE[2] tatsächlich bestätigt wurde. Doch lassen sich regionale Effekte deutlich feststellen: die ruhenden Linien sind in der Cepheus-Gegend systematisch stärker und im Orion systematisch schwächer als in anderen Gegenden. Dies darf wohl als endgültiger Beweis der EDDINGTONschen Hypothese gelten. Die Tatsache, daß die ruhenden Linien in späteren Spektralklassen nicht gefunden wurden, ist durch die schwierigen Beobachtungsbedingungen zu erklären; denn die Intensität der stellaren Kalziumlinien in diesen Spektren ist so groß, daß die feinen interstellaren Linien zugedeckt werden.

Der physikalische Zustand der interstellaren Kalziummassen muß in sehr verstärktem Grade die charakteristischen Eigenschaften der galaktischen Nebel aufweisen. Die Temperatur des Gases muß mit der Temperatur der heißeren Sterne vergleichbar sein, die jetzt die Rolle der Zentralsterne der planetarischen Nebel übernehmen. Sie muß also von der Ordnung $10000-15000°$ K oder noch höher sein. Andererseits dürfte kaum mehr als ein Kalziumatom pro Kubikzentimeter vorhanden sein; wahrscheinlich ist die Dichte noch geringer. Unter solchen Umständen würden nach Rechnungen von EDDINGTON die Kalziumatome in der überwiegenden Mehrzahl beide Valenzelektronen verloren haben, während jedoch die dritte Ionisationsstufe nicht merklich vertreten ist. In der gleichen Weise wird Natrium fast nur im einfach ionisierten Zustand auftreten, während der neutrale und der zweifach ionisierte Zustand sehr selten sind. Vom Standpunkte der Ionisationstheorie erscheint es etwas merkwürdig, daß Natrium überhaupt ruhende Linien zeigt, deren Intensität mit den ruhenden Ca^+-Linien vergleichbar ist. Wenn beide Atomarten dieselbe Verteilung im Raume besitzen, scheint dies auf eine wesentlich größere Häufigkeit des Natriums hinzudeuten[3].

---

[1] Astrophys. Journ. Bd. 65, S. 163. 1927; Bd. 67, S. 353. 1928.
[2] Month. Not. Bd. 90, S. 243. 1930.
[3] Siehe B. P. GERASIMOVIC u. O. STRUVE, Astrophys. Journ. Bd. 69, S. 7. 1929.

Anhang.

Tabelle 25. Relatives Atomgewicht der Elemente.
Die links stehende Zahl gibt die Atomnummer, die rechts stehende das
Atomgewicht.

1. Wasserstoff, H . . .	1,008	41. Niobium, Nb	93,5
2. Helium, He	4,00	42. Molybdän, Mo	96,0
3. Lithium, Li	6,94	43. Masurium, Ma	
4. Beryllium, Be	9,01	44. Ruthenium, Ru . . .	101,7
5. Bor, B	10,82	45. Rhodium, Rh	102,9
6. Kohlenstoff, C . . .	12,00	46. Palladium, Pd	106,7
7. Stickstoff, N	14,008	47. Silber, Ag	107,88
8. Sauerstoff, O	16,00	48. Kadmium, Cd	112,4
9. Fluor, F	19,00	49. Indium, In	114,8
10. Neon, Ne	20,2	50. Zinn, Sn	118,7
11. Natrium, Na	23,00	51. Antimon, Sb	121,8
12. Magnesium, Mg . . .	24,32	52. Tellurium, Te	127,5
13. Aluminium, Al . . .	27,1	53. Jod, J	126,92
14. Silizium, Si	28,06	54. Xenon, Xe	130,2
15. Phosphor, P	31,04	55. Zäsium, Cs	132,8
16. Schwefel, S	32,07	56. Barium, Ba	137,4
17. Chlor, Cl	35,46	57. Lanthan, La	138,9
18. Argon, Ar	39,88	58. Cerium, Ce	140,2
19. Kalium, K	39,10	59. Praeseodymium, Pr . .	140,9
20. Kalzium, Ca	40,07	60. Neodymium, Nd . . .	144,3
21. Scandium, Sc	45,1	61. Illinium, Il	
22. Titan, Ti	48,1	62. Samarium, Sa	150,4
23. Vanadium, V	51,0	63. Europium, Eu	152,0
24. Chromium, Cr	52,0	64. Gadolinium, Gd . . .	157,3
25. Mangan, Mn	54,93	65. Terbium, Tb	159,2
26. Eisen, Fe	55,84	66. Dysprosium, Dy . . .	162,5
27. Kobalt, Co	58,97	67. Holmium, Ho	163,5
28. Nickel, Ni	58,68	68. Erbium, Er	167,7
29. Kupfer, Cu	63,57	69. Thulium, Tu	169,4
30. Zink, Zn	65,37	70. Ytterbium, Yb	173,5
31. Gallium, Ga	69,72	71. Cassiopeium, Cp . . .	175,0
32. Germanium, Ge . . .	72,5	72. Hafnium, Hf	179,0
33. Arsenik, As	74,96	73. Tantal, Ta	181,5
34. Selenium, Se	79,2	74. Wolfram, W	184,0
35. Brom, Br	79,92	75. Rhenium, Rh.	
36. Krypton, Kr.	82,9	76. Osmium, Os	190,9
37. Rubidium, Rb	85,45	77. Iridium, Ir	193,1
38. Strontium, Sr	87,63	78. Platin, Pt	195,2
39. Yttrium, Y	88,7	79. Gold, Au	197,2
40. Zirconium, Zr	90,6	80. Quecksilber, Hg . . .	200,6

Tabelle 25 (Fortsetzunng).

81. Thallium, Tl 204,4	87.		
82. Blei, Pb 207,2	88. Radium, Ra 226,0
83. Wismut, Bi 209,0	89. Actinium, Ac 226,0
84. Polonium, Po 210,0	90. Thorium, Th 232,1
85.	91. Uranium X_2, UX_2 . . 230,0
86. Niton, Nt 222,0	92. Uranium, U 238,2

Periodisches System der Elemente.

Untenstehende Abbildung 25 bringt die von MENDELEJEFF
und MAYER entdeckte Periodizität der chemischen Eigenschaften

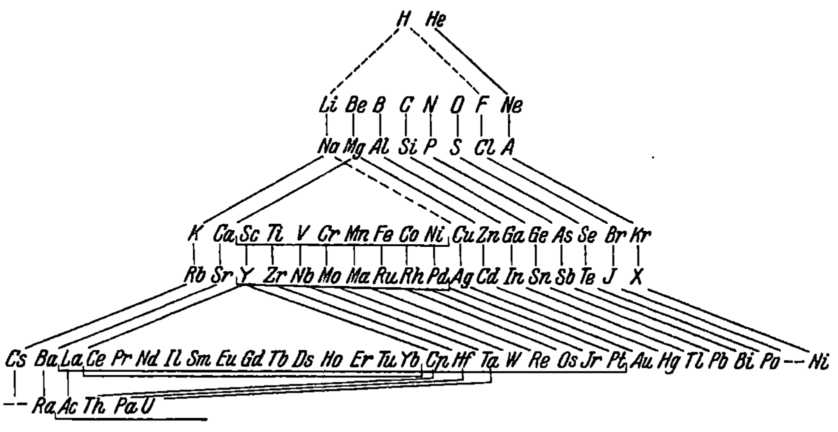

Abb. 25. Periodisches System der Elemente.
(Nach Handbuch d. Astrophysik III/I, S. 422, Abb. 1.)

der Atome zum Ausdruck. Die Perioden sind in Horizontalreihen
hingeschrieben, und chemisch ähnliche Elemente sind mit Strichen
verbunden, sofern sie sich in verschiedenen Reihen befinden.
Familien von chemisch ähnlichen Elementen derselben Reihe
sind mit Klammern versehen.

In den folgenden zwei Tabellen 26 und 27 geben wir nach
H. N. RUSSELL (Astrophys. Journ. Bd. 70, S. 11, 1929) eine
Übersicht der Bindungsenergien der Leuchtelektronen der Atome
in den verschiedenen Quantenzuständen. Die Energien der
Normalzustände der Atome sind fett gedruckt.

Tabelle 26. Bindungsenergie des Leuchtelektrons in neutralen Atomen (in Volt).

	1s	*2s*	*2p*	*3s*	*3p*	*3d*	*4s*	*4p*	*4d*	*5s*	*5p*	*5d*
1. H	13,54	3,38	3,38	1,50	1,50	1,50	0,81	0,81	0,81	0,54	0,54	0,54
2. He	24,48	4,75	3,61	1,86	1,57	1,51	0,99	0,87	0,85	0,61	0,56	0,54
3. Li		5,36	3,40	2,01	1,55	1,51	1,05	0,87	0,85	0,64	0,55	0,54
4. Be		9,29	6,57	2,86		1,62	1,32		0,90	0,76		0,57
5. B			8,28	3,34		1,52	1,49		0,87			0,57
6. C			11,22	3,78	2,42	1,57		1,19				
7. N			14,50	4,20	2,78	1,55	1,69		0,87	0,93		0,56
8. O			13,56	4,45	2,86	1,52	1,77	1,32	0,86	0,95		0,55
9. F			(17,3)	(4,7)	(3,0)							
10. Ne			21,47	4,93	3,17	1,53	1,86	1,41	0,86	1,00	0,80	0,55
11. Na				5,11	3,02	1,51	1,94	1,38	0,85	1,02	0,79	0,54
12. Mg				7,61	4,92	1,88	2,52	1,70	1,05	1,21	0,92	0,66
13. Al					5,95	1,95	2,83	1,89	1,15	1,31	0,99	0,75
14. Si					8,14		3,08		1,16	1,37		
15. P					(10,5)		(3,5)					
16. S					10,31	(1,98)	3,82	2,48	1,06	1,59	1,19	0,65
17. Cl					(12,9)		(3,9)	(2,6)				
18. A					15,69	(1,93)	4,19	2,84	1,06	1,69	1,29	0,65
19. K						1,65	4,33	2,72	0,94	1,72	1,27	0,59
20. Ca						3,57	6,09	4,21	1,42	2,19	1,57	0,81
21. Sc						5,13	6,57	4,59	1,66	2,40		
22. Ti						5,95	6,80	4,76	1,60	2,32		
23. V						6,68	7,04	4,92		2,35		
24. Cr						8,24	7,28	5,05		2,43		
25. Mn						5,76	7,40	5,09	1,64	2,54		
26. Fe						6,98	7,83	5,45	1,63	2,55		
27. Co						7,82	8,25	5,33		2,62		
28. Ni						8,63	8,65	5,25	1,65	2,55		
29. Cu						10,41	9,02	5,58	1,65	2,69		
30. Zn							9,36	5,30	1,66	2,72	1,80	0,89
31. Ga								5,98	1,68	2,92	1,89	0,94
32. Ge								7,89	1,87	3,26		1,04
33. As								(9,6)		3,4		
34. Se								(9,4)	1,9	3,4		0,8
35. Br								(11,4)		3,6		
36. Kr								(13,9)		3,9		
37. Rb									1,76	4,13	2,60	0,88
38. Sr									3,42	5,65	3,82	1,34
39. Yt									5,04	6,40	4,55	1,61

Tabelle 27. Bindungsenergie des Leuchtelektrons in einfach ionisierten Atomen (in Volt).

	1s	2s	2p	3s	3p	3d	4s	4p	4d	5s	5p	5d
2. He⁺	54,16	13,54	13,54	6,02	6,02	6,02	3,38	3,38	3,38	2,16	2,16	2,16
3. Li⁺	80,—	16,58	14,70	6,83	6,24	6,03	3,72	3,48	3,39	2,33	2,22	2,17
4. Be⁺		18,13	14,18	7,25	6,27	6,03	3,88	3,47	3,40	2,41	2,21	2,17
5. B⁺		23,—	20,41	9,00	7,27	6,43	4,52		3,56			
6. C⁺			24,28	9,90	8,01	6,31	4,87	4,22	3,52	2,85		2,24
7. N⁺			29,50	11,10	8,93	6,45	5,22		3,54	3,04		
8. O⁺			34,94	12,09	9,76	6,37	5,44			3,10		
9. F⁺			34,9	13,1								
10. Ne⁺			40,89	13,74	10,40	6,33	5,98					
11. Na⁺			47,02	14,31	10,83	6,20	6,18					
12. Mg⁺				14,97	10,56	6,13	6,33	5,01	3,34	3,51	2,94	2,20
13. Al⁺				18,74	14,12	8,19	7,48	5,73	5,15	3,92	3,22	3,34
14. Si⁺					16,27	6,46	8,24	6,25	3,80	4,18	3,44	2,40
15. P⁺					19,81	6,95	9,11	7,08	4,07	4,58		
16. S⁺					23,32	6,70	9,80	7,51	4,54	4,75		
17. Cl⁺					23,9	10,25	10,56	7,98	4,79	5,08		
18. A⁺					27,62	11,23	11,00	8,42	4,90	5,16		
19. K⁺					31,68	11,50	11,62	9,07	5,43	5,08		
20. Ca⁺						10,14	11,82	8,72	4,80	5,37	4,35	2,84
21. Sc⁺						12,19	12,80	9,58	5,40	5,68		
22. Ti⁺						13,45	13,60	9,98	5,55	5,90		
23. V⁺						14,7	14,4	10,3				
24. Cr⁺						16,6	15,1	10,7				
25. Mn⁺						13,93	15,70	10,91	5,85	6,50		
26. Fe⁺						16,3	16,5	11,7				
27. Co⁺						17,2	16,8	11,7				
28. Ni⁺						18,19	17,15	11,75		7,20		
29. Cu⁺						20,34	17,62	12,13		6,99		
30. Zn⁺							17,89	11,79	5,92	6,97	5,40	3,35
31. Ga⁺							18,8	14,00	5,68	7,14		
32. Ge⁺							15,98	6,00	8,28	6,31	3,62	

Tabelle 28. Werte einiger häufig vorkommender Konstanten.

Universelle Konstanten.	Zahl	Logarithmus
H Masse des Wasserstoffatoms	$1,662 \cdot 10^{-24}$	$\overline{24},2206$
μ Elektronenmasse	$9,01 \cdot 10^{-28}$	$\overline{28},9546$
e Elektronenladung	$4,77 \cdot 10^{-10}$	$\overline{10},6789$
c Lichtgeschwindigkeit	$2,999 \cdot 10^{10}$	$10,4769$
k BOLTZMANNsche Konstante	$1,372 \cdot 10^{-16}$	$\overline{16},1374$
R Gaskonstante $= k/H$	$8,26 \cdot 10^{7}$	$7,9168$
a STEFANS Konstante	$7,64 \cdot 10^{-15}$	$\overline{15},8832$
h PLANCKS Konstante	$6,55 \cdot 19^{-27}$	$\overline{27},8161$
G Gravitationskonstante	$6,66 \cdot 10^{-8}$	$\overline{8},8235$
RYDBERGS Konstante	$109\,678,3$	$5,0401$
σ_0 Streuvermögen eines Elektrons, $\sigma_0 = \dfrac{8\,\pi}{3}\left(\dfrac{e^2}{\mu\,c^2}\right)^2$	$6,664 \cdot 10^{-25}$	$\overline{25},8219$
LOSCHMIDTS Zahl (Zahl der Moleküle pro cm³, 0° C und bei Standarddruck)	$2,67 \cdot 10^{19}$	$19,4263$
Konstante des WIENschen Verschiebungsgesetzes λT	$0,289°$ cm	$\overline{1},4609$
Ein „Volt" $=$ ergs	$1,59 \cdot 10^{-12}$	$\overline{12},2014$
Astronomische Konstanten.		
Sonne:		
Masse (g)	$1,985 \cdot 10^{33}$	$33,3978$
Radius (cm)	$6,951 \cdot 10^{10}$	$10,8421$
Mittlere Dichte (gcm⁻³)	$1,4109$	$0,1495$
Schwerebeschleunigung an der Oberfläche	$2,736 \cdot 10^{4}$	$4,4371$
Flächenhelligkeit (erg·cm⁻³)	$2,08$	$0,3171$
Helligkeit (erg·sek⁻¹)	$3,780 \cdot 10^{33}$	$33,5775$
Abs. Sterngröße (bol.)	$4,85^{m}$	$0,6857$
Eff. Temperatur	$5740°$ K	$3,7590$
Erdbahnhalbmesser (cm)	$1,494 \cdot 10^{13}$	$13,1744$
Parsek (cm)	$3,08 \cdot 10^{18}$	$18,4888$
Jahr (sek)	$3,156 \cdot 10^{7}$	$7,4991$
Lichtjahr (cm)	$9,461 \cdot 10^{17}$	$17,9759$

Namen- und Sachverzeichnis.

Abbot 5
Abel 186.
Absorptionsbanden 54
Absorption (Linien) 123, 128
Absorptionskoeffizient
  1. Oberer Grenzwert im Stern-
    innern 57
  2. in Sternatmosphären 176, 177
Adams 145, 146, 147, 184
Adiabatische Invarianz im Zwei-
  körperproblem 113
Ähnlichkeit, mechanische 89
A-Klasse 3
Aluminiumoxyd 179
Amerikanebel 209
Anger 169
Anregung der Elemente,
  1. auf der Sonne 145, 149
  2. auf den Sternen 148, 67
Äquipartitionsgesetz 107
Aston 112
Asymmetrie der Strahlungsintensi-
  tät 41
Atkinson 112, 179
Aufbau der Elemente aus Wasser-
  stoff 112
Austauschphänomene 88

Barnard 209
Bartlett 219
Baxandall 179, 180
Beals 199
Becker 213
Bialobjesky 132
Birge 180, 181
Bjerknes 83, 95
B-Klasse 3
Bok 229
Bogenlinien, Intensität von 159

Boltzmanns Prinzip,
  1. Prüfung desselben in Stern-
    atmosphären 145, 147
Bowen 213
Breite einer Linie 48, 53, 137, 141,
  142, 143, 144, 216
Bremsspektrum 49
Brill 6
Burwell 201

Campbell 205, 213
Cannon 1
Carroll 200
Cauchy 25
Cepheiden 96
Chapman 85, 101
Christy 179
Chromosphäre 121, 182
  1. Stabilität der Chromosphäre 196
  2. Dichte der Chromosphäre 197
Clausius 119
Comptoneffekt 46
Cowling 101, 105

Dämpfung einer Spektrallinie 51
Darwin 18, 25
Dauer der Sternentwicklung 105
Davidson 184, 185
Debye 31, 32, 34
Dichte eines Sterns 10
Diffusion von Elektronen 101
Dikarbon 180
Dimensionen eines Sternes 10
Dirac 18, 117
Dissoziationsgleichgewicht 21
Divergenz, Tensor- und Vektor- 61
Dopplerbreite 52
Druckverbreiterung 171
Dynamische Labilität 95
Dynamisches Gleichgewicht 107

Eddington 14, 15, 34, 36, 65, 69, 98, 99, 131, 133, 144, 155, 220, 241, 242
Effekte absoluter Helligkeit 168f.
Ehrenfest 18, 179
Einstein 11, 44, 50, 87, 112, 119, 192
Eisen 148, 169
Elektrischer Druck 16, 70
Elektronen freie 46, 177
Elektronendichte der umkehrenden Schicht,
    1. der Sonne 150
    2. der Sterne 165, 166, 170
Emden 68, 69
Emissionslinien 138f., 198f.
Emissionsnebel 208
Energieerzeugung 64, 111
Entwicklungsgeschichte 115
Erhaltung der Energie 61
Erhaltung des Impulses 61
Ersatzoszillatoren 137
Evershedeffekt 94

Fabry 132, 134, 224
Farbenhelligkeitsdiagramm 8, 9
Faye 90
Fehlerintegral 23
Fermi 117
Fermi-Dirac-Statistic 21
F-Klasse 3
Flashspektrum 182, 183
Foster 172
Fowler 18, 25, 80, 117, 157, 161, 163, 164, 165, 167, 173, 198
Franck 202
Freie Weglänge in Nebeln 220
Funkenlinien, Intensität der 162

Galaktische Nebel 208
Gasnebel 208
Gaunt 59
Gauß 84
G-Band 169, 181
Geologische Altersbestimmung der Erde 105, 111
Gerasimovic 149, 242
Gibbs 18, 19, 21
G-Klasse 3

Grand Ensembles 18
Granulation 89
Grenzfrequenz 49
Grotrian 214
Guggenheim 80

Haldane 120
Hale 184
Halm 110
Hamilton 19
Hartmann 240
Haufenveränderliche 96
Häufigkeit der Elemente,
    1. auf der Sonne 152, 153, 154, 167
    2. auf den Sternen 167
Hauptreihe 10
Helium 169, 211
Helligkeit der Sterne 7, 8
Helmholtz 13, 88
Hertzsprung 8, 10, 106, 221
Higgs 156
Hogg 156, 165
Holtsmark 54, 172
Homologie des Sternbaus 116
Houtermans 112
Hubble 106, 221, 222, 232, 234, 239
Humason 201
Hydrodynamische Gleichungen 60, 20
Hydrostatik 63

Impuls, Erhaltung des 60
Impulsstrom 60, 62
Innes 229
Intensitätsabfall der Absorptionslinien 164
Interferenzeffekt der Elektronenstreuung 47
Ionisationsgleichgewicht 26
    1. auf der Sonne 250
    2. in den Nebeln 230, 232

Jackson 132
Jauncey 55
Jeans 15, 87, 89, 90, 91, 98, 99, 109, 113, 115, 133, 239
Joulesche Wärme 48

Joy 179, 204, 205
Julius 132, 133, 184

Kalzium,
    1. Die H- und K-Linien 142, 240
    2. Restintensität der H- und K-Linien 195
    3. Häufigkeit und Ionisation 156
    4. Wirkung der absoluten Helligkeit 179, 173
    5. Chromosphäre 189
Kanonische Wahrscheinlichkeitsverteilung 20
Kienle 184
King 132, 180
Kirchhoff 42, 63
K-Klasse 3, 92, 98
v. Klüber 141
Kohlenwasserstoff 169, 181
Korona 121, 182
Korrelation zwischen Helligkeit und Ausdehnung eines Nebels 222
Kramers 49, 50, 57
Kuhlenkampf 50

Lagrange 25
Laminarbewegung 87, 95
Lane 14
Langperiodisch Veränderliche 96
Lindblad 133
Lindeman 14, 15
Liouville 20
Ludendorff 206

Magnetfelder 99, 101, 105
van Maanen 211, 238
Masse eines Sterns 10
Massen-Helligkeitsrelation 67, 74, 75
Massenverlust der Sonne und der Sterne 116, 197
Massen vis. Doppelsterne 10
Mayer 13, 38
McCrea 76, 154, 187, 189, 197
Megh Nad Saha 157, 167, 182.
Menzel 180
Merrill 180, 201, 206, 228, 229
Milne 71, 75, 77, 87, 126, 133, 135, 144, 157, 161, 167, 173, 174, 175, 176, 178, 189, 190, 239

Milner 31
Minnaert 141, 185. 186
Minkowski 137
Mira 204
Mitchell 173, 182, 183, 185
M-Klasse 3, 179, 198
Molekulare Banden 178
Molekülfunkenspektren 179
Molekulargewicht, mittleres 30
Moore 146, 213
Multiplette 146

Natriumlinien 143
Natürliche Breite einer Spektrallinie 51, 137
Nebel 208f.
Nebuliumproblem 213
Newall 15
N-Klasse 3, 179, 198
Novae 203

O-Klasse 3, 198
Oort 241
Oppenheimer 50, 59
Optische Länge 121
Ornstein 185
Orthmann 203
Oszillatorenstärke 137

Pannekoek 185, 186, 224
Pauli 18, 21
Pauliverbot 16, 117
Payne 154, 156, 169, 172, 230, 242
Pearce 241, 242
Persico 85
Phasenraum 19
Phasenwahrscheinlichkeit 19
Photosphäre 120
Pickering 200, 205
Pike 185
Planetarische Nebel 208, 210, 236
Plaskett 5, 11, 199, 200, 232, 241, 242
Pleiaden 9
Plummer 98
Poincaré 84
Poynting 48
Pringsheim 203
Pulsationstheorie 97

Quantelung des idealen Gases 118

Radioaktivität 111
Randverdunkelung 126, 127, 134
Reibung 63
Relaxationszeit 109, 197
Resonanzbanden 179
Resonanzlinien 162
Restintensität 144, 168, 185
Riesen und Zwerge 8, 168
Riesenstern, Bau eines 70
Richardson 88
v. Rijn 240
R-Klasse 3, 180
Rosseland 84, 96, 109, 133, 181, 225
Rotierende Sterne 82
Rowland 146
Rubinowitz 219
Rufus 181
Russell 7, 8, 14, 15, 69, 76, 99, 117,
    145, 146, 147, 150, 151, 153, 154,
    155, 157, 168
RV-Tauri-Sterne 97
Röntgenabsorption 55

Sackur 18
Sampson 5, 6, 98, 132
Sanford 180
Sauerstoff 213, 215, 216
Scandium 169
Schilt 106, 107, 241
Schmidt 88
Schuster 130, 132
Schwarzschild 132, 141, 142
Schwingungen, zonale 99
Seares 6, 110
Shane 181
Shapley 98, 106, 135, 239
Siriusbegleiter 11, 75
S-Klasse 3, 180
Sonnenflecke 77, 90, 92, 93, 95
Sonnenmagnetismus 77, 92
Sonnenrotation 77, 90, 99
Spaltlose Spektralaufnahmen 4
Spannungstensor 61
Spektralklassen, Deutung der 157
Starkeffekt, innerer 53, 135, 172
Stabilität des Sternbaues 78, 84, 114

Stern 18, 120
Sterne, veränderliche 96
Sternhaufen 108
    Alter von Sternhaufen 110
Stewart 7, 8, 133, 155
Stickstoff 213
Stirling 25
Stöße, Einw. auf Spektrallinien 48,
    53
Strahlung, Fortbewegung von 37, 39
Strahlungsdruck 64, 185, 190, 193
Strahlungsfluß 40
Strahlungsgleichgewicht 121
Strahlungstensor 41
Stratton 185
Streukoeffizient 137
St. John 185
Strontium 169, 173
Struve 155, 156, 169, 172, 230, 242
Sugiura 155
Swanspektrum 180

Tetrode 18
Thomsonwärme 48
Thomsonstreuung 46
Titan 169
Titanmonoxyd 180
Tolman 120
Trifidnebel 232, 233
Trkal 18

Umkehrende Schicht 121
Umwandlung der Materie in Strah-
    lung 112
Unsöld 95, 141, 144, 145, 155, 181,
    189

Verbotene Übergänge 213, 218, 219,
    227, 228
Verteilung d. El. in einem Stern 99
Viskosität der Sternsubstanz 85
Viskosität, turbulente 87
Vogt 84, 115

Wahrscheinlichkeitskoeffizient 19
Wärmegleichgewicht, lokales 148
Wärmeleitung 38
Wärmetod 119

Wasserstoff 186, 197
  1. auf d. Sonne,
  2. auf Sternen 76, 92, 169
Wasserstoffanomalie 100, 134, 173,
  177, 178, 229
Wasserstoffähnlich 27
Wasserstoffchromosphäre 188
Wasserstoffverbindungen 178, 179
Wechselwirkungsenergie 23, 30
Wilsing 5, 6, 89
Wilson 232
Wilszynski 89
Wirtz 211
Wolf 217

Wollaston 180
Wolf-Rayet-Sterne 198, 221
Woltjer 185
Wood 218
Wooley 144
Wright 199, 212, 217, 221, 223

v. Zeipel 83
Zirkonoxyd 180
Zirrusnebel 239
Zustandsgleichung 14
Zwaan 196
Zwerge, weiße 10, 117
Zwicky 120